应用型高等院校"十三五"规划教材/计算机类

主　编　唐　友　刘胜达
副主编：薄小永　王淑艳　孙明思
参　编　付　强　韩庆安

数据结构与算法

Data Structures and Algorithms

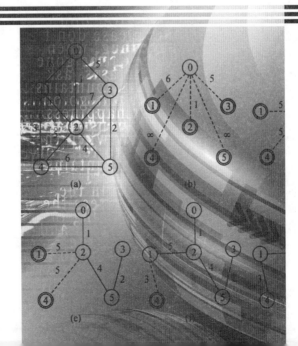

哈尔滨工业大学出版社

内 容 简 介

　　数据结构与算法是计算机及相关专业的核心课程,本书在编排上贴近当前应用型高等院校"数据结构"课程的现状和发展趋势,同时兼具强理论性和强实践性。本书共九章,从线性结构、树形结构和图形结构三个方面,采用"逻辑结构＋物理结构＋基本操作实现＋典型应用"的统一讲解模式,各部分的基本操作实现算法均采用 C 语言进行描述,并围绕查找、排序进行分析讨论。另外,本书还从基本能力和拓展能力两个方面对学生进行训练。

　　本书可以作为高等学校计算机科学与技术、软件工程、网络工程、数据科学与大数据技术专业本科生基础课教材,也可供从事相关领域科研工作的技术人员阅读参考。

图书在版编目(CIP)数据

　　数据结构与算法/唐友,刘胜达主编. —哈尔滨:哈尔滨工业大学出版社版社,2020.7(2021.1 重印)
　　ISBN 978－7－5603－8560－0

　　Ⅰ.①数⋯　Ⅱ.①唐⋯ ②刘⋯　Ⅲ.①数据结构②算法分析　Ⅳ.①TP311.12

　　中国版本图书馆 CIP 数据核字(2019)第 243057 号

策划编辑　杜　燕
责任编辑　周一瞳
封面设计　高永利
出版发行　哈尔滨工业大学出版社
社　　址　哈尔滨市南岗区复华四道街 10 号　邮编 150006
传　　真　0451－86414749
网　　址　http://hitpress.hit.edu.cn
印　　刷　哈尔滨市颉升高印刷有限公司
开　　本　787mm×1092mm　1/16　印张 19　字数 474 千字
版　　次　2020 年 7 月第 1 版　2021 年 1 月第 2 次印刷
书　　号　ISBN 978－7－5603－8560－0
定　　价　46.80 元

前　言

　　C 语言程序设计基础使学生初步掌握了程序设计的思想与方法,通过程序的编写,可以解决一些工作、学习和生活中的常见问题,但对于数据间关系复杂且海量的问题却感觉无从入手。对问题中的数据及其关系进行抽象,并采用合理的结构进行存储,以及不同存储结构间的比较,这些问题是数据结构与算法这门课程需要解决的关键问题。数据结构与算法是计算机及相关专业的核心课程,也是许多其他专业课程的前期必修课程,计算机及其相关专业硕士研究生考试也将数据结构与算法列为必考科目。

　　本书在选材与编排上,根据数据间关系的不同,将数据结构分为线性结构、树形结构和图形结构。线性结构包括线性表、栈、队列、串、数组和广义表,栈和队列合并一章,数组和广义表合并一章,其他内容各成一章。树形结构独立一章,重点介绍二叉树等内容。图形结构独立一章,重点讲解最小生成树和关键路径等内容。数据的查询、检索和排序是提高数据应用效率的有效途径,所以本书除三种结构内容的编排外,又增加了查找和排序两章内容。以上内容组成了本书的内容,既能符合数据结构与算法课程教学大纲的要求,又能为硕士研究生考试提供考研大纲。

　　本书在内容编排过程中,考虑到不同读者的学识水平,采取由浅入深、逐渐递进的方式,每章节后的习题供学生对所学知识做进一步理解和巩固。数据结构与算法课程内容多且抽象,特别是算法的实现更具抽象性,希望通过本书的编写总结,对学生掌握知识提供帮助。另外,本书算法描述上均采用 C 语言实现,学生通过代码的编写,可直观地查看运行结果,有利于抽象概念的理解。

　　本书由吉林农业科技学院唐友、黑龙江财经学院刘胜达任主编;吉林农业科技学院薄小永、王淑艳、孙明思任副主编;东北农业大学付强、珠海世纪鼎利科技有限公司韩庆安参编。作者编写分工如下:第 1 章由唐友编写;第 3、5 章由薄小永编写;第 2、4 章由王淑艳编写;第 6、7 章由孙明思编写;第 8 章由刘胜达编写;第 9 章 1～5 节由付强编写;第 9 章 6～11 节由韩庆安编写。全书由唐友统稿。本书编写还得到了各单位有关领导的大力支持,在这里深表谢意。

　　本书在编写过程中,由于编者水平有限,书中难免会有不足和疏漏之处,还请各位读者批评指正,我们将根据问题反馈做进一步修改。

编　者

2020 年 2 月

目　　录

第1章 绪 论

计算机科学是一门包含各种各样与计算和信息处理相关主题的系统学科,包括抽象的算法分析、形式化语法等,是研究计算机及其周围各种现象和规律的科学,也是研究计算机系统结构、程序系统(即软件)、人工智能以及计算本身的性质和问题的学科。从1946年世界上诞生了第一台电子计算机以来,计算机科学与技术的发展日新月异,计算机的应用也从最初的数值计算扩展到非数值计算的各个领域,其表示和处理的对象也由单纯的数值数据扩展到字符数据、图形图像数据、声音数据等相对较复杂、带有一定结构、存在一定关联的数据形式,这给各类程序设计带来了新的问题和困难。为编写出能很好地完成处理各种具体问题的程序,必须对所要处理的问题中包含的各种数据对象的特性及数据对象之间存在的各种关系进行深入分析和研究,从而更好地进行程序设计,这就是数据结构课程需要研究的主要目标和任务。

1.1 什么是数据结构

数据结构是相互之间存在一种成某种特定关系的数据元素的集合。在各类实际应用问题中,数据元素之间总是存在着各种关系,描述数据元素之间关系的方法称为结构。通常,可根据数据元素之间所存在的关系的不同特征,用以下4类基本结构予以描述。

(1)集合。指结构中的数据元素之间只存在"同属一个集合"的关系。

(2)线性结构。指结构中的数据元素之间存在"一个对一个"的关系。

(3)树形结构。指结构中的数据元素之间存在"一个对多个"的关系。

(4)图形结构。指结构中的数据元素之间存在"多个对多个"的关系。

如图1-1所示为4类基本结构示意图。

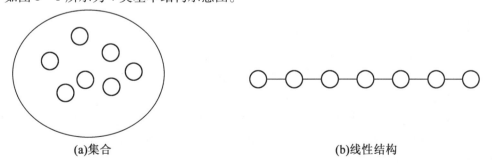

(a)集合　　　　　　　　　　　　　　　　(b)线性结构

图1-1　4类基本结构示意图

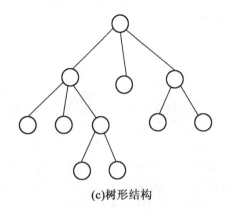
(c)树形结构

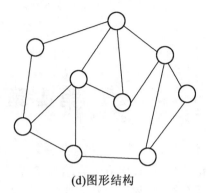
(d)图形结构

续图 1-1

1. 数据结构的形式定义

借助集合论,数据结构可描述为一个二元组,即

$$Data\_Structure = (D,S) \qquad (1-1)$$

其中,D 是数据元素的有限集合;S 是 D 集上关系的有限集合。可通过以下例子加以理解。

【例 1-1】 复数的数据结构表示。

在计算机科学中,复数可定义为

$$Complex = (C,R) \qquad (1-2)$$

其中,C 是包含两个实数的集合 $\{r_1,r_2\}$;R 是定义在集合 C 上的一种关系 $\{<r_1,r_2>\}$,其中有序对 $<r_1,r_2>$ 分别代表复数的实部和虚部。

【例 1-2】 某城市的电话号码簿的数据结构表示。

某城市的电话号码簿可定义为

$$Telephone\_Book = (T,R) \qquad (1-3)$$

其中,$T = \{(u_1,t_1),(u_2,t_2),\cdots,(u_n,t_n)\}$,$n$ 表示用户个数,u_i 表示用户名,t_i 表示对应的电话号码;$R = \{<N_i,N_{i+1}> | N_i,N_{i+1} \in T,i=1,2,\cdots,n-1\}$,$N_i = \{u_i,t_i\}$。

【例 1-3】 成绩管理系统中某班级学生的学期成绩表的数据结构表示。

某班级学生的学期成绩表可定义为

$$Score\_Table = (D,R) \qquad (1-4)$$

其中,$D = \{(r_1,n_1,S_{11},\cdots,S_{1k}),(r_2,n_2,S_{21},\cdots,S_{2k}),\cdots,(r_m,n_m,S_{m1},\cdots,S_{mk})\}$,$m$ 为该班学生数,k 为学期课程数,r_i 为学生序号,n_i 为学生姓名,S_{i1} 为第一门课程成绩,$\cdots$,S_{ik} 为第 k 门课程成绩;$R = \{<N_i,N_{i+1}> | N_i,N_{i+1} \in T,i=1,2,\cdots,m-1\}$,$N_i = (r_i,m_i,S_{i1},\cdots,S_{ik})$。

数据结构的形式定义是从数学角度对操作对象的描述,也就是说,是通过抽象得到的数学模型。这种数学模型描述的是数据元素之间的逻辑关系,因此又称数据的逻辑结构。相对于数据的逻辑结构,为在计算机中实现对应的操作,还必须讨论它在计算机中的表示方式。

2. 数据的存储结构(物理结构)

数据的逻辑结构在计算机中的表示(映象)称为数据的存储结构或物理结构,这个映像包括数据元素的表示和数据元素之间关系的表示两方面。

在计算机中,数据信息的表示(存储)单位有位(b)、字节(B)、千字节(KB)、兆字节(MB)等,不同类型的数据在存储时需要的空间大小是不同的。一般地,一个字符型数据需要 1 字节,一个整型数据需要 2 字节,一个实型数据则需要 4 字节……数据的逻辑结构中包含的数据元素在计算机中的存储形式称为元素(Element)或结点(Node),若此数据元素由多个数据项组成,则每个数据项对应在元素或结点中的部分称为域(Field),根据数据项中的数据的类型,分为数据域(Data Field,存放普通类型的数据)和链域(Link Field,存放指针型数据,又称指针域)。因此,所谓元素或结点,是指数据元素在计算机中的映像(存储结构)。

数据元素之间的关系在计算机中表示时,通常可采用顺序映像和非顺序映像两种不同的方式实现。所谓顺序映像,是指数据元素之间的逻辑关系借助对应结点的存储单元的相对位置关系来表示。也就是说,逻辑关系相邻的数据元素用物理位置相邻的结点顺序表示,而非顺序映像指数据元素之间的逻辑关系借助对应结点中链域(表示结点存储单元地址的指针)中的数据来具体描述,与各结点的实际存储位置无关。

综上可知,数据的逻辑结构中描述数据元素之间的关系与数据存储结构中结点的物理位置之间虽然没有必然的对应关系,但在逻辑结构基础上定义的基本操作则需要依赖于数据的存储结构。因此,研究数据结构,一定涉及有关的基本操作及实现方法。

3. 基本操作及实现

对于任何一种数据结构,当其包含的数据元素之间的关系确定以后,对应的存储结构也可以根据具体问题的需要而确定。若求解过程需要涉及结构中元素的值或存储位置的改变、元素的增加或删除等,这些对原来存储结构的修改行为就是所谓的基术操作。通常,在定义某种数据结构时,所对应的各种基本操作也同时予以定义;将它表示成物理结构时,也同时给出对应的基本操作函数。

因此,完整的数据结构概念可认为是由数据的逻辑结构、存储(物理)结构及基本操作集三个部分组成的,可用以下形式加以描述,即

$$Data\_Structure = (D, S, P) \tag{1-5}$$

其中,D 是数据元素的有限集合;S 是 D 集上关系的有限集合;P 是对 D 的基本操作集。

1.2 基本概念和常用术语

1. 数据

数据(Data)是描述客观事物的文字、声音、图形图像等所有能输入计算机中并被计算机程序加工处理的符号(信息)的集合。一般意义下的数据形式,如整数和实数等,只是数据的特例。一个编译程序或文字处理程序处理的数据是文件中的字符串,而多媒体处理程序处理的是通过特殊编码定义后的图形、图像、声音、动画等数据。对于计算机而言,数据的含义非常广泛,一切通过各种编码形式输入计算机中并进行处理的对象均可归属到数据的范畴中。

2. 数据元素

数据元素(Data Element)是数据的基本单位,是数据集合中的一个个体,在计算机程序中通常作为一个整体进行考查和处理。所谓基本单位,是指其大小可变,可根据描述数据个体的性质的需要确定。每个数据元素既可以只包含一个数据项(Data Item 或 Field),也可以由若干数据项组合而成。数据项是构成一个数据元素具有独立现实意义、不可分割的最小单位。

3. 数据对象

数据对象(Data Object)是性质相同的数据元素的集合,是数据集合中的一个子集。例如,整型数据对象是集合$\{0, \pm 1, \pm 2, \cdots\}$,字母字符数据对象是集合$\{A, B, \cdots, Z, a, b, \cdots, z\}$等。

1.3　数据类型和抽象数据类型

1. 数据类型

数据类型(Data Type)是程序设计语言中对于常量、变量、表达式在程序执行期间所有可能取值的集合,以及在这些值上可以进行的操作,如在 C 语言中定义为 int 类型的整型变量的取值范围及其可以参与的加减乘除和取模等运算。

每一种程序设计语言都有一组固有的或基本的数据类型。对于 FORTRAN 语言而言,基本数据类型有 INTEGER、REAL、LOGICAL、CHARACTER 和 COMPLEX 等;对于 C 语言而言,则为 int、float、long int、double、char、enum 和指针等。许多现代的程序设计语言中允许定义新的类型,这些新的类型既可以是对基本数据类型的限制,也可以是若干基本类型的组合形式。

如果某个数据对象是仅由单值构成形式组成的类型,则称为原子类型,如整型、字符型等;相反,若是由一组值构成形式组成的类型,则称为结构类型或组合类型,它可进一步分解为若干成分,每一个成分既可以是原子类型,也可以是另一结构类型。在程序设计语言中提供的基本操作都是在原子类型上进行的。

从某种意义上说,数据类型可理解成在程序设计语言中已经实现的数据结构。

2. 抽象数据类型

抽象数据类型(Abstract Data Type, ADT)是一种数据类型及在这种数据类型上定义的一组操作。抽象数据类型不仅包括数据类型的定义,同时也为这种类型说明了一个有效的操作集合。从某种意义上看,抽象数据类型与数据类型在本质上相通。例如,在各种计算机上都具有“整型”数据类型,它所定义的数学特性是一致的,由于它在不同处理器中的实现方法可以有差别,因此它就是一种抽象数据类型,但是在抽象数据类型层次分析中,数据类型的范畴更广,它不仅可以包括在处理器中已经定义并实现的数据类型,也可以包括用户自己设计的数据类型。“抽象”的意义就在于数据类型的数学抽象特性。

利用抽象数据类型来描述数据结构有助于在设计一个软件系统时不必首先考虑其中包含的数据对象及操作在不同的处理器中的表示和实现细节,而是在构成软件系统的每个相对独立的模块上定义一组数据和对应的操作,把这些数据表示和操作细节留在模块内部解决,在更高的层面进行软件的分析和设计,提高软件的整体性和复用率。

与数据结构的形式定义相对应,一个抽象数据类型也可以用一个三元组来描述,即

$$\text{Abstract} \quad \text{Data} \quad \text{Type} = (D,S,P) \tag{1-6}$$

其中,D 是数据元素的有限集合;S 是 D 集上关系的有限集合;P 是对 D 的基本操作集。抽象数据类型的定义格式可采用如下形式:

ADT 抽象数据类型名{

　　数据对象:<数据对象的定义>

　　数据关系:<数据关系的定义>

　　基本操作:<基本操作的定义>

}ADT 抽象数据类型名

其中,数据对象和数据关系的定义用伪码描述。基本操作的定义采用如下格式:

基本操作名(参数表)

　　初始条件:<初始条件的描述>

　　换作结果:<操作结果的描述>

其中,"初始条件"描述操作执行之数据结构和参数应满足的条件,若不满足,则操作失败,并返回相应的出错信息,且初始条件为空时,可省略;"操作结果"则表示操作正常完成之后数据结构的变化状况和应返回的结果。

抽象数据类型可以借助处理器中已存在的数据类型来表示和实现。也就是说,可以通过某种具体的高级程序设计语言的固有数据类型和自定义数据类型,并使用过程和函数来表示和实现抽象数据类型。在所有的算法语言中,C 语言是一个数据类型丰富、使用广泛的高级程序设计语言,尽管 C 语言不直接支持 ADT,但鉴于目前国内的现实,本书采用 C 语言阐述各种数据类型的 ADT 说明、表示和实现。

下面以复数为例,给出一个完整的抽象数据类型的说明、表示和实现方法。

在计算机科学中,复数可定义为一种简单的抽象数据类型,即

$$\text{Complex} = (C,S,P)$$

其中,C 是含有两个实数的集合 $\{r_1,r_2\}$;S 是定义在集合 C 上一种关系 $\{<r_1,r_2>\}$,有序对 $<r_1,r_2>$ 表示 r_1 是复数的实部,r_2 是复数的虚部;P 是对 C 的基本操作集。

(1)说明部分。

说明部分采用如下格式:

ADT Complex{

数据对象:$C=\{(r_1,r_2)\mid r_1,r_2\in \mathbf{R},\mathbf{R}$ 是实数集$\}$

数据关系:$\{(r_1,r_2)\mid (r_1,r_2)$ 表示 r_1 是复数的实部,r_2 是复数的虚部;每个元素表示定义在 C 上一个孤立的值$\}$

基本操作:

Void Create(float x,float y,Complex &c)

生成一个复数 c,c = x + iy

Complex Add(Complex c1, Complex c2)

求两个复数 c1 和 c2 的和 sum = (x1 + x2) + i(y1 + y2)

Complex Sub(Complex c1, Complex c2)

求两个复数 c1 和 c2 的差 difference = (x1 - x2) + i(y1 - y2)

Complex Mult(Complex c1,Complex c2)

求两个复数 c1 和 c2 的积 product = (x1 * x2 - y1 * y2) + i(y1 * x2 + y2 * x1)

float Realpart (Complex c)

　　取复数 c 的实部 realpart = x

　　float Imagepart (Complex c)

　　取复数 c 的虚部 Imagepart = y

　　｝ADT Complex

　　（2）表示部分。

　　表示部分采用如下格式：

```
typedef struct Complex{                        /*复数类型*/
  float realpart;                              /*实部*/
  float imagepart;                             /*虚部*/
}Complex;
```

　　（3）实现部分。

　　实现部分采用如下格式：

```
Void Create(float x,float y,Complex &c){       /*生成一个复数 c,c = x + iy*/
  c.realpart = x;
  c.imagepart = y;
}

Complex Add(Complex c1,Complex c2){            /*求两个复数 c1 和 c2 的和 sum*/
Complex sum;
sum.realpart = c1.realpart + c2.realpart;
sum.imagepart = c1.imagepart + c2.imagepart;
return sum;
}

Complex Sub(Complex c1,Complex c2){
Complex difference;
difference.realpart = c1.realpart - c2.realpart;
difference.imagepart = c1.imagepart - c2.imagepart;
return difference;
}

Complex Mult(Complex c1,Complex c2)      {/*求两个复数 c1 和 c2 的积 product*/
Complex product;
product.realpart = c1.Realpart * c2.realpart - c1.imagepart * c2.imagepart;
product.imagepart = c1.imagepart * c2.Realpart + c2.imagepart * c1.Realpart;
return product;
}

float Realpart(Complex c){                     /*求复数 c = x + iy 的实部 x*/
Return c.realpart;
}

float Imagepart(Complex c){                     /*求复数 c = x + iy 的虚部 y*/
return c.imagepart;
}
```

　　通过上述实例可以得到对抽象数据类型的概念更完整准确的理解。

1.4 算法和算法分析

1.4.1 算法的概念

通常,算法(Algorithm)是指解决问题的一种方法或一个过程。如果把问题看作函数,则算法就能把输入转化成输出,同一问题可以有多种不同的求解算法,一个给定的算法可以用来描述解决特定问题的一个具体的求解方案。了解对于同一问题的多种求解算法有助于对算法的运行效率进行分析和比较,加深对算法的理解。

在数据结构中,算法是对特定问题求解步骤的一种描述,是指令的有限序列,它具有以下特性。

1. 有穷性

一个算法必须由有限步组成,在有限的时间内执行结束。"有限"的含义是指算法的描述在篇幅上有穷,可经过一定的时间运行得到结果,算法的运行方向是逐步趋于结束的。

2. 确定性

一个算法所描述的每一步都有明确的含义,表示算法执行过程中的实际动作,完成算法所规定的具体任务,不能存在理解上或执行中的歧义。

3. 可行性

一个算法所描述的行为对于使用该算法的人或计算机必须是可读、可理解、可执行的。也就是说,可以根据算法的描述,完成对问题的求解,得到正确的结果。

4. 输入性

一个算法可以有零个或多个输入,表示某个问题所对应的初始状态或条件。

5. 输出性

一个算法必须有一个或多个输出,表示对该问题的求解结果。

对于算法,还有三个问题必须了解:

(1)如何为一个特定的问题设计一个算法;

(2)用什么方式将算法正确和完整地加以描述;

(3)所选择的算法的运行效率怎样,如何评价一个算法的效率。

1.4.2 算法的描述

可以采用多种方法将一个算法的求解过程和步骤完整、准确地描述出来。一般地,描述算法的常用方法有自然语言描述法、伪码表示法、流程图表示法、程序设计语言表示法等。以计算 5! 为例,采用上述各种方法进行描述的过程大致如下。

1. 自然语言描述法

用自然语言来描述算法,就是用文字形式将指定算法的求解步骤正确表述。具体形式如下。

设 T 表示被乘数,I 表示乘数,计算结果存放到被乘数 T 中,则:

(1)使 $T = 1$;

（2）使 $I=2$；

（3）使 $T \times 1$，结果存放到 T 中，即 $T \times I \to T$；

（4）使 I 的值加 1，即 $I+1=\to I$；

（5）如果 I 不大于 5，返回继续执行（3）（4）（5），否则算法结束。

2. 伪码表示法

用伪码来描述算法，就是用与某种程序设计语言的语法、结构和规范相类似的形式将算法加以描述，格式可以采用英文或中文混合书写。具体形式如下：

```
BEGIN{算法开始}
1→t
2→i
DO UNTIL i >5
t * i - >t
i +1 - >i
ENDDO
Print t
END{算法结束}
```

3. 流程图表示法

用流程图来描述算法，就是使用国际标准的流程图图形符号来表述算法的求解步骤。通常，有 ANSI 标准和 ISO 标准等。采用 ANSI 标准的算法流程图格式如图 1-2 所示。

4. 程序设计语言表示法

用程序设计语言来描述算法，就是直接使用某种程序设计语言表述算法的求解过程。在数据结构课程中常用于描述算法的程序设计语言有 PASCAL、C、C++、Java 等，本书采用 C 语言作为描述算法的主要工具。以 C 语言为例，具体形式如下：

```
void operation(){
  int t =1,i =2;
  while(i < =5){
    t =t * i;
    i + +;
  }
  printf("result = % d \n",t);
}
```

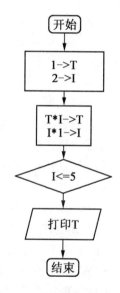

图 1-2 采用 ANSI 标准的
算法流程图格式

1.4.3 算法分析

估量一个算法或计算机程序效率的方法称为算法分析（Algorithm Analysis）。所谓算法分析，就是对一个算法所消耗的资源的估算。

1. 算法的衡量标准

一个"好"的算法，通常以下列标准衡量。

（1）正确性。

算法的正确性是指对于一切合法的输入数据，该算法经过有限时间的运行都能够得到正确的结果。一个算法应包括两个方面的内容:一是解决问题的方法;二是实现这一方法的一系列指令(语句、步骤)。要确认一个算法所用的方法和(或)公式的正确性,可能需要引用一组相关的引理和定理,证明一系列指令(语句)确实完成了符合规定的操作。

如果算法比较简单,可使用一些不太严格的证明方法验证,当然也可以借助严格的形式化证明方法;如果算法相对复杂,则通常可通过分解为一系列相对简单的算法段逐一加以验证,此时可能需要通过专门的测试方案和工具实现。

"正确性"的含义一般分为以下 4 个层次:

①算法不含语法错误;

②算法对于正确的输入数据能得到符合规格说明要求的结果;

③算法对于通过精心设计的测试用例中的输入数据也能得到符合规格说明要求的结果;

④算法对于一切合法的输入数据都能得到符合规格说明要求的结果。

显然,要达到第 4 层意义上的正确极为困难,一般以第 3 层意义的正确性作为衡量一个算法是否合格的标准。

(2)可读性。

可读性好的算法有助于设计者和他人阅读、理解、修改和引用(重用);否则,晦涩难懂的算法不仅容易隐藏较多的错误,也增加了人们在阅读、理解、修改、调试和引用(重用)等方面的困难和不便。

(3)健壮性。

健壮性又称坚固性,指当输入数据非法时,算法也能做出正确的反应或进行相应的处理,不致造成损失或产生错误的输出结果。一个健壮性好的算法,能对输入数据进行语法检验(甚至能进行语义检验),提出修改错误的具体建议并提供重新输入数据的机会。它既不会简单地拒绝输入,也不会放任错误的存在和泛滥。

(4)时间效率和存储需求。

算法的时间效率通常指算法的执行时间,对于一个问题,如果存在多个可行的算法,则执行时间较短的算法效率高;算法的存储需求指算法执行过程中所需要的最大存储空间。算法的时间效率与存储需求都与问题的规模相关,它们是进行算法度量的两个主要指标。

除此之外,一个好的算法还应具有灵活性、可重用性和自适应性等。

2.算法分析方法

通常,可以采用两种方法进行算法分析:实测法和事后估计法。

(1)实测法。

实测法是使用源程序分别实现针对同一问题的多种算法,然后输入适当的数据运行,测量这些算法的各自开销。应当指出的是,这种方法并不尽如人意。首先,需要编写多个程序,并花费较多的时间和精力进行测量,才能得出比较的结果,且不论测量误差及其对结果的影响,事实上只需要保留其中之一就够了;其次,仅凭实验进行比较,很可能因为其中之一"写得好"而得出片面的结论,而算法的真正质量反而没有得到正确的体现,测试数据的选择也可能对结果产生影响;最后,可能出现即使是较好的那种算法也超出了预定的开销,那么不得不再重复一遍同样的过程,即寻找一种新的算法,再编写程序实现它。

（2）事后估计法。

事后估计法又称渐近算法分析（Asymptotic Algorithm Analysis），简称算法分析（Algorithm Analysis），它可以估算当问题规模变大时，某种算法及实现它的程序的效率和开销。若多个算法程序中的某一个总是比其他"稍快一些"，虽然它可能无法给出算法优越性的具体量值，但算法分析比较的目标已经实现，也就是说从多个算法中确定了个"较好的"算法。这种方法在实际应用中被证明十分有效，尤其是当人们需要确定某种算法是否值得实现时。因此，在算法分析实践中大多采用这种方法。

3. 算法分析的内容

在具体进行算法分析之前，先了解以下几个概念。

（1）问题规模。一般是指输入量的数目。

（2）基本操作。通常是指完成该操作所需的时间与操作数的取值无关的性质的操作。

（3）代价。即实现一个算法所需的资源需求。

（4）增长率。是指当问题规模增大时，算法代价增长的速率。

（5）最佳、最差和平均代价。分别是指算法实现对资源需求的最小、最大和平均情况。

通常，算法分析的主要目的是考查算法的时间效率和空间需求，分别从算法的时间复杂度和空间复杂度两个方面进行分析。

①时间复杂度。

算法的时间复杂度是指算法对时间的需求。一个算法的运行时间通常与所解决问题的规模大小有关。例如，在排序问题中，排序的元素个数 n 就是问题规模，排序算法中基本操作语句的重复执行次数随着问题规模 n 的增大而增加。

一般情况下，算法中基本操作重复执行的次数是问题规模 n 的某个函数 $f(n)$。因此，算法的时间效率可记为

$$T(n) = O(f(n)) \qquad\qquad (1-7)$$

表示随问题规模 n 的增大，算法的执行时间的增长率和 $f(n)$ 的增长率相同，称为算法的渐近时间复杂度，简称时间复杂度。表达式中 O 的含义是指 $T(n)$ 的数量级。一般情况下，当 $T(n)$ 为多项式时，可只取最高次幂项，且系数也可省略。例如，有

$$T(n) = 3n^2 + n - 9$$

则 $T(n) = O(n^2)$。

一般地，算法所消耗的时间是每条语句的执行时间之和，每条语句的执行时间是其执行次数（频度）与该语句执行一次所需时间的乘积。在计算机中，程序语句的执行时间与计算机的性能有关，因此在分析算法的执行效率时假设语句执行时间与机器无关，只考虑所有语句的执行次数。

算法中的基本操作可以理解为算法程序中最深层循环内的语句中的基本操作，它的执行次数（频度）与包含它的语句的执行次数相同。

通常情况下，时间复杂度的表示以 $O(f(n))$ 形式体现，如 $O(1)$、$O(n)$、$O(n^2)$、$O(\log n)$、$O(2^n)$ 等。对各种具体算法进行时间效率分析时，根据 $f(n)$ 的具体形式，常称

某个算法的时间复杂度是常量阶 $O(1)$、线性阶 $O(n)$、平方阶 $O(n^2)$、对数阶 $O(\log n)$、指数阶 $O(2^n)$。常数阶表示算法的时间复杂度与问题规模无关,当一个算法的时间复杂度体现为指数阶时,通常认为不是一个有效的算法。

②空间复杂度。

空间复杂度是指算法执行过程对计算机存储空间的要求,称为算法的空间复杂度。类似于时间复杂度,记为

$$S(n) = O(f(n)) \tag{1-8}$$

其中,n 是问题的规模。

通常,执行一个算法程序除需要存储空间存放本身所用的指令、常数、变量和输出数据外,还需要一些辅助空间用于对数据进行处理及存储处理过程中的中间信息。若输入数据所占的空间只取决于问题本身而与算法无关,则只需分析除输入和程序外的辅助空间需求。算法的空间复杂度通常就是指这种辅助空间需求的大小。

实践中,算法的时间复杂度与空间复杂度是彼此相关的两个方面。有时,为追求执行效率,必须增加一些空间用于存放并非属于真正数据的附加信息,如链表结构中结点的指针域,这种额外空间需求称为"结构性开销"。从理论上讲,这种结构性开销应该尽可能小,而访问的路径又应该尽可能多且有效。这种互相矛盾目标之间的权衡也正是研究算法和数据结构的乐趣和魅力所在。

下面通过实例来加深对以上有关算法分析的概念和含义的理解。

【例 1-4】 以下算法实现奇偶性判断,试分析时间复杂度。

```
int isOdd(int n)
{
  if(n% 2 = =0)                            (1)
    return 1;                              (2)
  else
    return 0;                              (3)
}
```

分析:语句(1)执行 1 次;根据表达式 n%2 = =0 结果,可能执行语句(2)或语句(3)1次。语句总执行次数为 $T(n) = 1 + 1 = 2$。

因此,算法的时间复杂度为常数阶 $O(1)$。算法的执行时间与问题规模 n 无关。

【例 1-5】 以下算法实现计算矩阵 a 的值,试分析时间复杂度。

```
void cal(int a[][MAX],int n)
{
int i,j;                                  (1)
for(i =0;1 <n;i + +)                       (2)
  for(j =0;j <n;j + +)                     (3)
    a[i][j] =i * j;                        (4)
}
```

分析:语句(1)执行 1 次;语句(2)中 i = 0 执行 1 次,i < n 执行 $n + 1$ 次,i + + 执行 n次,共 $2n + 2$ 次;语句(3)作为语句(2)的循环体语句,执行 n 次,每次执行语句(3)的 j = 0

执行 1 次,$j < n$ 执行 $n+1$ 次,$j++$ 执行 n 次,因此语句(3)共执行 $2n^2+2$ 次;语句(4)嵌套在语句(2)和语句(3)中,共执行 n^2 次。语句的总执行次数为 $T(n) = 3n^2 + 4n + 2$。

因此,算法的时间复杂度为 $T(n) = O(n^2)$。

由此例可以看出,算法的时间复杂度可以看作是最深层循环内的语句重复执行次数(频度)的数量级。

【例 1-8】 递归算法实现求 $n!$,试分析时间复杂度。

```
int  fact(int n)
{
  if(n < =1)
    return 1;                          (1)
  else
    return(n * fact(n-1));             (2)
}
```

分析:语句(1)的时间复杂度为 $O(1)$,递归调用 $fact(n-1)$ 的时间是 $T(n-1)$,因此可得

$$T(n) = O(1)　　(n \leqslant 1 \text{ 时})$$
$$T(n) = T(n-1) + O(1)　　(n > 1 \text{ 时})$$

当 $n > 1$ 时,有

$$T(n-1) = O(1) + T(n-2)$$
$$T(n-2) = O(1) + T(n-3)$$
$$\cdots\cdots$$

由此可推出

$$T(n) = (n-1)O(1) + T(1) = O(n)$$

因此,递归求 $n!$ 算法的时间复杂度为 $O(n)$。

1.5 习　　题

1. 数据结构通常研究数据的(　　)及运算。

　A. 物理结构和逻辑结构　　　　　　　B. 存储和抽象

　C. 理想和抽象　　　　　　　　　　　D. 理想与逻辑

2. 数据结构中,在逻辑上可以把数据结构分成(　　)。

　A. 动态结构和静态结构　　　　　　　B. 紧凑结构和非紧凑结构

　C. 线性结构和非线性结构　　　　　　D. 内部结构和外部结构

3. 数据在计算机存储器内表示时,如果元素在存储器中的相对位置能反映数据元素之间的逻辑关系,则称这种存储结构为(　　)。

　A. 存储结构　　　　　　　　　　　　B. 逻辑结构

　C. 顺序存储结构　　　　　　　　　　D. 链式存储结构

4.线性结构是指数据元素之间存在一种( )。

A.一对多关系 B.多对多关系

C.多对一关系 D.一对一关系

5.在非线性结构中,每个结点( )。

A.无直接前驱

B.只有一个直接前驱和个数不受限制的直接后继

C.只有一个直接前驱和后继

D.有个数不受限制的直接前驱和后继

第 2 章 线 性 表

有关线性结构的实例在人们的日常生活中可以经常见到,如在公交车车站或候车室检票口等候上车的乘客队列、电话号码簿中依次排列的单位名称或住宅用户及对应的电话号码序列等。这类例子共同的特点是:结构中存在一个唯一的头元素,其前面没有其他元素;存在一个唯一的尾元素,其后面没有其他元素;而中间的所有元素,其前面只存在一个唯一的元素与之直接相邻,其后面也只存在一个唯一的元素与之直接相邻。

线性结构就是具有上述特点的一种数据结构。所谓线性结构,是指在数据元素的非空有限集合中,存在唯一的一个称为"第一个"的数据元素(头结点);存在唯一的一个称为"最后一个"的数据元素(末结点)。除第一个外,集合中的每个数据元素都只有一个直接前驱;除最后一个外,集合中的每个数据元素都只有一个直接后继。

2.1 线性表概述

线性表(Linear List)是一个数据元素的有限序列,其元素可以是一个数、一个符号,也可以是由多个数据项组成的复合形式,甚至可以是一页书或其他更复杂的信息。例如,由26 个大写英文字母组成的字母表(A,B,C,…,X,Y,Z)就是一个线性表,表中的每个数据元素均是一个大写字母。再如,某高校 2000 年以来拥有副教授以上职称的教师个数(48,64,77,93,112,136,167,…,235)也是一个线性表,表中的每个数据元素均是一个正整数。这两个线性表都是包含简单数据元素的例子。

对于包含多个数据项的较复杂的线性表形式,也有许多实际的例子。以某个班级学生的学期课程成绩表为例,假设该班共有 48 名同学,某学期共开设英语、高等数学、计算机导论、哲学 4 门考试课程,则学期结束时,该班每个同学的所有课程成绩可汇总到按照某种顺序(如学号)编排的一张表格中(表 2 - 1)。

表 2 - 1 中,每行也是一个数据元素,代表一个学生的学期综合情况,由学号、姓名、英语、高等数学、微机基础和哲学 6 个数据项组成,称为一个记录,整个表格包含 48 个记录。通常,把包含大量记录的线性表称为文件。

综上所述,线性表中的数据元素可以是多种形式的。但是,对于同一个线性表,其中的数据元素必须具有同一种形式。也就是说,同一线性表中的数据元素必须同属一个数据对象集合,表中相邻的数据元素之间存在某种序偶关系。

表 2 – 1　某班学生的学期课程成绩表

学号	姓名	英语	高等数学	微机基础	哲学
99001	张维	82	70	83	76
99002	王大名	70	62	88	79
99003	陆丽	77	86	81	80
99004	潘志强	83	40	26	66
…	…	…	…	…	…
99047	郭世雄	75	67	56	90
99048	严春光	86	65	78	80

若将线性表记为

$$(a_1, a_2, \cdots, a_i, a_{i+1}, \cdots, a_n) \qquad (2-1)$$

则 a_1 即为表中的第一个数据元素(头结点), a_n 为最后一个数据元素(末结点), a_{i-1} 领先于 a_i, a_i 领先于 a_{i+1}, 称 a_{i-1} 是 a_i 的直接前驱元素, a_{i+1} 是 a_i 的直接后继元素。当 $i=1$, $2, \cdots, n-1$ 时, a_i 有且仅有一个直接后继; 当 $i=2, 3, \cdots, n$ 时, a_i 有且仅有一个直接前驱。

线性表中数据元素的个数 $n(n \geq 0)$ 定义为线性表的长度, 当 $n=0$ 时, 称该线性表为空表。在一个非空的线性表中, 每一个数据元素都对应于表中的一个确定位置, 表中代表任一数据元素的符号 a_i 中下标 i 的取值即指示该元素在表中的位置, $i=1$ 时表示头结点, $i=n$ 时表示末结点, 因此称数据元素 a_i 的下标 i 为该元素在线性表中的位序。

在线性表中, 数据元素之间的相对位置关系可以与数据元素的值有关, 也可以无关。当数据元素的位置与它的值相关时, 称为有序线性表, 表中的元素按照其值的某种顺序(递增、非递减、非递增、递减)进行排列; 否则, 称为无序线性表, 此时表中的数据元素位置与它的值之间没有特殊的联系。

线性表是一种比较灵活的数据结构, 可以根据不同的需要对线性表进行多种操作运算。一般地, 将对线性表的基本操作归为以下几种:

(1)存取线性表中的第 i 个元素;

(2)修改线性表中的第 i 个元素;

(3)在线性表中的第 i 个元素之前(之后)插入一个新元素;

(4)删除线性表中的第 i 个元素;

(5)按照某种需要重新排列线性表中的元素顺序;

(6)在线性表中查找满足某条件的特定元素;

(7)判断当前线性表是否为空等。

将上述基本操作进行组合可以实现对线性表的各种更复杂的运算。例如, 求某个线性表中包含的数据元素个数(线性表的长度); 将同属一个数据对象集合的两个线性表按照元素值的非递减顺序归并为一个新的线性表, 或求这两个线性表的交集、并集; 将一个线性表按照某种需要拆分为两个线性表等。

2.2　线性表的顺序存储和实现

线性表的表示和实现有两种标准途径——顺序表(Array-based List 或 Sequential List)和链表(Linked List),本节讨论顺序表,下节讨论链表。

2.2.1　线性表的顺序表示

所谓线性表的顺序表示,是指用一组地址连续的存储单元依次存储线性表中的数据元素,称为顺序表。因为这种方式与高级程序设计语言中一维数组的表示和实现相一致,所以也称数组表示法。采用顺序表表示的线性表,表中逻辑位置相邻的数据元素将存放到存储器中物理地址相邻的存储单元之中,表中元素的逻辑关系与存储顺序(物理关系)相符。也就是说,顺序表中数据元素的逻辑关系是用其在存储结构中的物理(位置)关系来表示的。

假设线性表 $(a_1,\cdots,a_{i-1},a_i,a_{i+1},\cdots,a_n)$ 中每个数据元素的存储空间大小为 l 个字节,并以其所占存储空间的第一个字节的地址作为该元素的存储位置,则线性表中任一数据元素的存储位置为

$$\mathrm{LOC}(a_i) = \mathrm{LOC}(a_1) + (i-1)l \tag{2-2}$$

其中,$\mathrm{LOC}(a_1)$ 为线性表中第一个数据元素 a_1 的存储位置,也称线性表的起始位置(首地址)。线性表的顺序存储结构见表 2-2。

表 2-2　线性表的顺序存储结构

存储地址	内存状态	数据元素在线性表中的位序
b	a_1	1
$b+l$	a_2	2
…	…	…
	a_i	i
$b+(i-1)l$	…	…
…	a_n	n
$b+nl$		
…		空闲
$b+(\mathrm{MAX}-1)l$		

综上所述,在顺序表中,任一数据元素的存放位置是从起始位置开始,与该数据元素的位序成正比的对应存储位置,可以借助上述存储地址计算公式确定。因此,可以根据顺序表中数据元素的位序随机访问表中的任一元素,即顺序表是一种随机存取的存储结构。

2.2.2　顺序表的实现

一维数组是实现顺序表最为简便和直观的形式,直接反映了顺序表的结构特点。由

于在大多数高级程计语言(FORTRAN、COBOL、PASCAL、C 等)中,数组的长度是不可变的,而各个顺序表的长度却不同,且在操作过程中可能发生变化,因此用数组实现顺序表,必须根据需要设置足够的数组长度,以备扩展。

采用定长数组实现顺序表的方式如下:

```
#define MAXSIZE 100                     /* 预定义数组长度 */
Typedef struct Sqlist
{
  ElemType data[MAXSIZE];              /* ElemType 泛指某种数据类型,下同 */
  int length;                          /* 顺序表的当前长度 */
}Sqlist;
```

在实际应用中,顺序表的最大长度问题随问题的不同而改变,而且在操作过程中所需要存储空间长度也会发生变化,因此也可以采用 C 语言中动态分配的一维数组形式来实现。具体方式如下:

```
#define INIT - size 100                /* 初始分配的存储空间长度 */
#define INCREM 10                      /* 存储空间在分配的增量 */
typedef struct Sqlist                  /* 存储空间在分配的增量 */
{
  ElemType * slist;                    /* 存储空间的基地址 */
  int length;                          /* 顺序表的当前长度 */
  int listsize;                        /* 当前分配的存储空间容量 */
}Sqlist;
```

两种存储表示方式中数据元素的长度单位均为 sizeof(ElemType),可以利用上述两种存储表示实现对顺序表的各种操作。为了算法表示的需要,首先假设函数执行结果状态标志如下:

```
#define OK 1
#define ERROR 1
```

下面讨论顺序表的各种基本操作,约定采用动态分配的一维数组形式表示顺序表。

1. 顺序表的初始化

顺序表的初始化就是为顺序表分配一个预定义大小的一维数组,并将其当前长度设为 0。

程序 2 - 1:顺序表的初始化。

```
int InitList_sq( Sqlist * L)
{
  L - >slist =(ElemType * )malloc(INIT_SIZE * sizeof(ElemType));
  if (! L - >slist)return ERROR;       /* 初始化失败 */
  L - >length = 0;                     /* 置空表长度为 0 */
  L - >listsize = INIT_SIZE;           /* 设置初始空间容量 */
  return OK;
}
```

注意:在定义线性表时,数据元素的下标从 1 开始,而 C 语言的数组元素的下标从 0 开始,因此表中的第 i 个元素是 L - >slist[$i-1$]。

2. 顺序表的插入

顺序表的插入是指在顺序表的第 $i-1$ 个元素和第 i 个元素之间插入一个新的元素，此时顺序表中插入位置前后元素之间的逻辑关系发生变化，因此除非插入位置是当前表中的最后一个元素之后，否则必须通过顺序移动数据元素的存储位置才能实现。顺序表的插入过程示意图如图 2-1 所示。

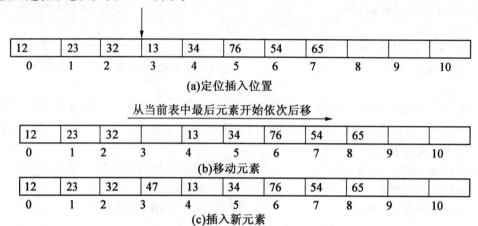

图 2-1　顺序表的插入过程示意图

程序 2-2：顺序表的插入。

```
int ListInsert_sq(Sqlist *L,int i,ElemType e)
{
    int k;
    if(i<1||i>L->Length+1) return ERROR;            /*插入位置不正确*/
    if(L->length>=L->listsize)                      /*当前存储空间已满*/
    {
        L->slist=(ElemType*)realloc(L->slist,(L->Listsize+INCREM)*
        sizeof(ElemType));
        if(!L->slist)return ERROR;                  /*申请空间失败*/
        L->listsize+=INCREM;
    }
    for(k=L->length-1;k>=i-1;k--) *                 /*插入位置后数据元素依次后移*/
        L->slist[k+1]=L->slist[k];
        L->slist[i-1]=e;                            /*插入新数据元素*/
        L->length++;                                /*当前表长加1*/
    return OK;
}
```

顺序表的插入算法时间耗费主要在元素的移动上，移动元素的个数取决于插入位置。最好情况是插入位置在顺序表表尾，无须移动元素；最坏情况是在第一个位置插入，需要移动 n 个元素。在长度为 n 的顺序表 i 位置前插入一个元素，需要移动 $n-i+1$ 个元素，可以有 $n+1$ 个插入位置，在插入位置等概率条件下，插入一个元素的平均移动次数为

$$\frac{1}{n+1}\sum_{i=1}^{n+1}(n-i+1) = \frac{n}{2}$$

因此,算法的时间的复杂度为 $O(n)$。

3. 顺序表的删除

顺序表的删除是指删除顺序表中第 i 个位置的元素,使得被删除位置 i 前后的第 $i-1$ 个元素和第 $i+1$ 个元素之间的逻辑关系发生变化,并使顺序表的当前长度减 1。由于删除操作也会导致顺序表存储结构的改变,因此除非删除位置是当前表中最后一个元素,否则也必须通过顺序移动数据元素的存储位置的途径才能实现。顺序表的删除过程示意图如图 2-2 所示。

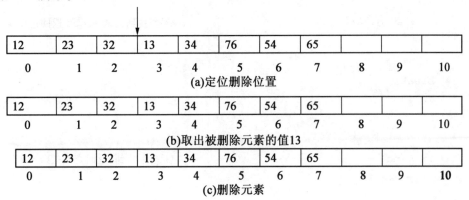

图 2-2 顺序表的删除过程示意图

程序 2-3:顺序表的删除。

```
int ListDelete_sq(Sqlist * L,int i,ElemType * e)
{
  int j;
  if(i <1 || i >L - >length)retern ERROR;
  * e =L - >slist[i -1];
  for(j =i;j <L - >length;j + +)
    L - >slist[j -1] =L - >slist[j];
  L - >length - -;
  return OK;
}
```

与插入算法一样,删除算法时间主要耗费在元素的移动上。最好情况是删除位置在顺序表末尾,无须移动元素;最坏情况是删除位置是第一个元素,需要移动 $n-1$ 个元素。在长度为 n 的顺序表的 i 位置删除元素,需要移动 $n-i$ 个元素,在删除位置等概率条件下,删除一个元素的平均移动次数为

$$\frac{1}{n}\sum_{i=1}^{n+1}(n-i) = \frac{n-1}{2}$$

因此,算法的时间复杂度为 $O(n)$。

4. 顺序表的查找

顺序表的查找是指在顺序表中查找某个其值等于给定值的元素位置。可以从数组的第一个元素位置开始依次进行比较,直到找到对应的元素,则返回该元素在表中的位序;否则,若表中不存在该元素,则返回失败标志。

程序2-4:顺序表的查找。

```
int listLocate_sq(Sqlist *L,ElemType e,int *pos)
{
  ElemType *end = L - >slist + L - >length;        /*设置 end 为顺序表的表尾位置*/
  ElemType *p = L - >slist;                         /*设置 p 为顺序表的起始位置*/
  int i;
  for( i = 1;p < end;p + +)                         /*从第一个元素开始依次比较*/
  {
    if( *p = = e)                                   /*若找到元素 e,pos 返回位序*/
    {
      *pos = i;
      break;
    }
    i + +;
  }
  if(p > = end)                                     /*若未找到,返回查找失败*/
    return ERROR;
  else
  return OK;
}
```

查找算法的时间耗费主要在元素的依次比较上。因此,算法的时间复杂度为 $O(n)$。

5.求顺序表的长度

求顺序表的长度相对简单,只要将其当前长度返回即可。

程序2-5:求顺序表的长度。

```
int ListLengh_sq( Sqlist *L)
{
  return L - >length;
}
```

因此,算法的时间复杂度为 $O(1)$。

6.判断顺序表是否为空

判断顺序表是否为空也很简单,只要判断其当前长度是否为 0 即可,若表长为 0,则为空表。

程序2-6: 判断顺序表是否为空。

```
int ListEmpty_sq( Sqlist *L)
{
    if(! L - >length) return OK;
    else return ERROR;
}
```

因此,算法的时间复杂度为 $O(n)$。

用顺序表实现线性表的各种操作,其优点是简单直观、容易理解。但同时也可以看到,对于某些可能实现线性表的各种操作,如插入或删除,不可避免地需要移动大量的数据元素。另外,由于线性数组长度相对固定的静态特性,因此当表中数据元素的个数较大且变化也较大时,操作过程相对复杂,会导致存储空间的浪费。这些问题都可以通过采用线性表的另一标准实现途径——链表形式解决。

2.3　线性表的链式存储和实现

采用链式存储结构表示和实现的线性表称为线性链表。

链表的特点是采用一组任意的存储单元来存放线性表中的数据元素,这些存储单元可以是连续的,也可以是不连续的。在链表中,数据元素之间的逻辑关系并不依赖其对应的存储地址,而是通过设置专门用于指示数据元素之间逻辑关系的指针来描述。因此,链表中的每个数据元素是由用于存放代表其本身信息的数据域和用于存放指示数据元素之间逻辑关系的指针域两部分组成。数据元素的这种特殊存储方式称为结点(Node)。

根据链表结点中包含指针域的指针个数、指针指向和连接方式,可将链表分为线性链表、循环链表、双向链表、多重链表、十字链表、二叉链表、邻接表、邻接多重表等,其中线性链表、循环链表和双向链表用于实现线性表的链式存储结构,其他形式则用于实现扩展线性结构(数组和广义表等)或非线性结构(树、图等)。

2.3.1　单链表

线性链表又称单链表,在每个结点中只包含一个指针,用于指示该结点的直接后继结点,整个链表通过指针相连,最后一个结点没有后继结点,其指针置为空(NULL)。这样,链表中所有的数据元素(结点)构成一对一的逻辑关系,实现线性表的链式存储。对线性链表的存取操作必须借助一个头指针(Head)才能实现。具体方法是:由头指针指向链表的第一个结点的存储位置,再定义一个搜索指针指向头指针所指结点,通过移动搜索指针依次访问链表中的每一个结点,直至到达表尾。线性链表的结点结构示意图如图 2 - 3 所示。

图 2 - 3　线性链表的结点结构示意图

例如,有一个线性表为(A,B,C,D,E),采用线性链表方式实现存储的结果如图 2 - 4 所示。

存储地址	数据域	指针域
12	C	46
28	B	12
26	A	28
46	D	34
34	E	NULL

头指针
H=26

头指针
H=26

A → B → C → D → E ∧

图 2 - 4　采用线性链表方式实现存储的结果

由图 2 - 4 可知,在链表中不必考虑它所表示的线性表中数据元素(结点)在存储器中实际的存储状态(各结点的物理存储地址),只要保证其对应线性表中数据元素逻辑关系的正确性即可。

采用 C 语言描述线性链表的存储结构,可以通过定义对应结点结构的途径实现,具体表示如下：

```
typedef struct LNode
{
  ElemType data;
  struct LNode * next;
}LNode,*LinkList;
```

定义一个符合上述格式的线性链表的头指针 H,将它指向线性链表中的第一个结点,若 H 的值为空,则表示该线性链表的长度为 0,是一个空表。

有时,也可以根据需要在线性链表的第一个结点之前另设一个头结点,在其数据域中存储诸如线性链表长度等的附加信息,也可以不存放任何信息。此时,头指针 H 应指向头结点。判断带头结点的线性链表是否为空可以通过检查头结点的指针域是否为空来确定。带头结点的线性链表示意图如图 2 - 5 所示。

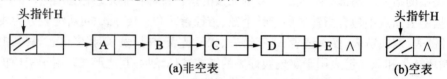

图 2 - 5　带头结点的线性链表示意图

借助头指针 H,可以实现对线性链表的各种操作。下面以有头结点单链表为例实现线性链表的基本操作。

1. 线性链表的初始化

线性链表的初始化就是为线性链表设定一个头指针 H 指向头结点,并使其指针域为空。

程序 2 - 7:线性链表的初始化。

```
LNode * InitList(LinkList H)
{
  H =(LNode * )malloc(sizeof(LNode));    /* 申请一个头结点 */
  if(! H)return ERROR;                    /* 申请失败 */
  H - >next =NULL;                        /* 头结点的指针域置空 */
  return H ;
}
```

因此,算法的时间复杂度为 $O(1)$。

2. 线性链表的插入

线性链表的插入是指在线性链表的第 $i-1$ 个结点和第 i 个结点之间插入一个新的结点,此时线性链表中插入位置前后结点之间的逻辑关系发生变化,因此除非插入位置是当前表中的最后一个结点之后,否则必须通过同时修改插入位置之前结点和当前插入结点的指针指向才能实现。

线性链表的插入无须移动元素,插入算法的基本步骤如下：

(1)寻找插入位置,即第 $i-1$ 个结点的位置;

(2)申请结点存储空间,生成新结点;

(3)修改第 $i-1$ 个结点和新结点指针域,将新结点链接在链表中。

线性链表的插入过程示意图如图 2-6 所示。

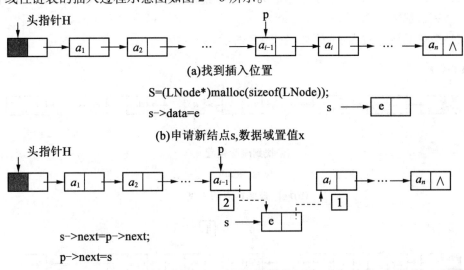

(a)找到插入位置

S=(LNode*)malloc(sizeof(LNode));

s->data=e

(b)申请新结点s,数据域置值x

s->next=p->next;

p->next=s

(c)修改指针域,将新结点s插入

图 2-6 线性链表的插入过程示意图

程序 2-8:线性链表的插入。

```
/*在第 i 个位置之前插入元素 e*/
int InsertList(LinkList H,int i,ElemType e)
{
  LNode *p = H, *s;
  int j = 0;
  while(p&&j < i-1)                        /*寻找插入位置*/
  {
    p = p - >next;
    j + +;
  }
  if(! p||j > i-1)                          /*若插入位置不存在,返回失败*/
    return ERROR;
    s = (LNode *)malloc(sizeof(LNode));     /*申请一个新结点,存储元素 e*/
    if(! s)return ERROR;
  s - >date = e;
  s - >next = p - >next;                    /*插入结点,修改指针域*/
  p - >next = s;
  return OK;
}
```

线性链表的插入算法时间主要耗费在寻找插入位置上,需要从链表头指针开始依次访问结点,直到找到插入位置为止。因此,算法的时间复杂度为 $O(n)$。

3. 线性链表的删除

线性链表的删除是指删除线性链表的第 i 个结点。此时,线性链表中删除位置前后结点之间的逻辑关系发生变化,因此必须通过修改删除位置之前结点的指针指向才能实现。与插入结点一样,删除过程首先寻找要删除结点的前一个结点位置,再通过修改结点的指针域完成删除操作。

线性链表的删除过程示意图如图2-7所示。

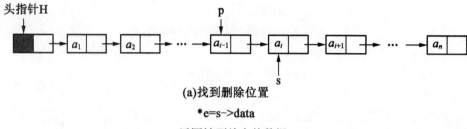

(a)找到删除位置

*e=s->data

(b)返回被删结点的数据

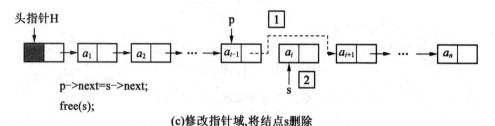

p->next=s->next;

free(s);

(c)修改指针域,将结点s删除

图2-7 线性链表的删除过程示意图

程序2-9:线性链表的删除。

```
/* 删除第 i 个元素,通过 e 返回删除元素的值 */
int DeleteList(LinkList H,int i,ElemType * e)
{
  LNode * p = H, * s;
  int j = 0;                          /* 寻找删除位置 */
  while(p&&j < i - 1)
  {
    p = p - > next;
    j + +;
  }
  if(! p||j > i - 1)                  /* 删除位置不存在,返回失败 */
    return ERROR;
  s = p - > next;                     /* 修改结点指针域,删除结点 s */
  p - > next = s - > next;
  * e = s - > data;                   /* e 返回删除结点 s 的值 */
  free(s);                            /* 释放删除结点的存储空间 */
  return OK;
}
```

与插入算法一样,线性链表删除算法的时间主要耗费在寻找删除位置上。因此,算法的时间复杂度为 $O(n)$。

4. 线性链表的查找

线性链表的查找是指在线性链表中查找第 i 个结点是否存在。如果存在,则返回

OK;否则,返回 ERROR。

程序 2 - 10:线性链表的查找。

```
int GetList(LinkList H,int i,ElemType * e)
{
    LNode * p;
    int j = 1;
    p = H - > next;
    while(p&&j < i)
    {
        p = p - > next;
        j + + ;
    }
    if(! p||j > i)
        return ERROR;
    * e = p - > data;
    return OK;
}
```

因此,算法的时间复杂度为 $O(n)$。

线性链表是一种动态的储存结构,可以根据实际需要动态申请存储空间,使用结束后立即将空间释放给系统,不会造成资源的浪费。同时,数据的插入、删除等操作也不需要移动大量的数据元素,只需修改结点指针的指向即可,因此比较适合于存储结构多变或变化较大的情况。但是,线性链表也有缺陷,由于表中各结点存储地址与数据元素之间的逻辑关系无关,查找过程每次都必须从头指针开始,因此它是一种非随机存取的存储结构。

2.3.2　循环链表

在线性链表中,最后一个结点的指针指向 NULL,表示该线性链表的结束。如果把表尾结点的指针改为指向该链表的第一个结点,则整个线性链表构成一个闭合的回路,称这种头尾相连的线性链表形式为循环链表。整个链表就像一条单向环形的公交线路,人们可以从线路中的任一站点出发到达整个线路的其他站点。有头结点循环链表存储结构示意图如图 2 - 8 所示。

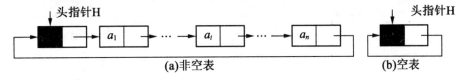

图 2 - 8　有头结点循环链表存储结构示意图

在循环链表中,可以从链表的任一结点出发,顺着指针链查找到表中的其他结点。所有对循环链表的操作与线性链表基本一致,唯一的差别在于算法中判断链表是否到达表尾的条件不再是搜索指针 p 所指结点指针域的值是否为空(p - > next = = NULL),而是是否等于头指针 H(p - > next = = H)。

另外,在循环链表中,有时只设尾指针而不设头指针,既可以方便地找到链表的表尾,又可以顺着表尾指针立刻找到表头结点,因此可以简化某些特定的操作。

例如,将两个以循环链表方式实现的线性表串接合并成一个表时,只需要修改两个表的表尾结点指针域的值,使它们分别指向另一个表的表头结点或表中的第一个结点即可。这样,整个操作的时间复杂度仅为 $O(1)$。而使用头指针时,必须首先借助搜索指针找到第一个表的表尾结点,将其指针域的值改指向第二个表中的第一个结点,然后再继续查找第二个表的表尾结点,再将其指针改指向第一个表的表头结点或第一个结点,时间复杂度为 $O(n)$。利用尾指针的操作过程如图 2-9 所示。

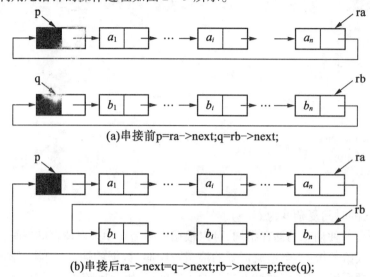

图 2-9　利用尾指针的操作过程

2.3.3　双链表

如果在线性链表的结点中增加一个指针域,用来指向结点的直接前驱,则从表中的任一结点出发,既可以向后查找结点的后继,也可以向前查找结点的前驱。整个链表包含分别指向前驱和后继的两条链,称为双向链表。单侧循环的双向链表存储结构示意图如图 2-10 所示。

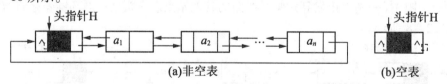

图 2-10　单侧循环的双向链表存储结构示意图

双向链表的存储表示描述如下:

```
typedef struct DuLNode
{
  ElemType data;
  struct DuLNode  *prior;
  struct DuLNode  *next;
}DuLNode,* DuLinkList;
```

另外,也可以使双向链表中的两条链均构成闭合回路,形成双向循环链表。双向循环链表存储结构示意图如图 2 – 11 所示。

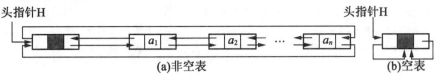

(a)非空表 (b)空表

图 2 – 11 双向循环链表存储结构示意图

在双向链表或双向循环链表中,对于一些只涉及一个方向指针且存储结构不变的操作(如查找、求表长等),其算法实现与线性链表相同。但是进行插入或删除等结构需要变化的操作时,必须同时进行两个方向上指针修改,操作过程比线性链表复杂。

2.4 顺序表和链表的比较

顺序表存储位置是相邻连续的、可以随机访问的一种数据结构,一个顺序表在使用前必须指定起始长度,一旦分配内存,则在使用中不可以动态地更改。它的优点是访问数据比较方便,可以随机访问表中的任何一个数据。

链表是通过指针描述元素关系的一种数据结构,它可以是物理地址不连续的物理空间,不能随机访问链表元素,必须从表头开始,一步一步搜索元素。它的优点是对于数组,可以动态地改变数据的长度,分配物理空间。如果一个数组在使用中查询较多,而插入、删除数据较少,数组的长度不变,选择顺序表比较合理;如果插入、删除较多,数组的长度不定,则可以选择链表。

2.5 线性表的应用

【例 2 – 1】 假设顺序表 L 中的元素按元素的值递增排列,试设计一个算法,在 L 中插入元素 x,并继续保持有序。

【解】 首先判断顺序表,若空间已满,则追加空间;然后从最后一个元素开始找插入位置,找到则插入,并表长加 1。具体算法如下:

```
int ListInsert_sq(Sqlist * L,ElemYype x)
{
  int k ;
  if(L - >length > = L - >listsize)              /*若顺序表已满,则追加空间 */
  {
    L - >slist = (ElemType * )realloc(L - >slist,(INIT_SIZE + INCREM) * sizeof
(ElemType));
    if(! L - >slist) return ERROR;
    L - >listsize + = INCREM;
  }
  for(k = L - >length -1;k > = 0&&L - >slist[k] >e;k - -)
```

```
                                                 /* 从后往前找插入位置 */
   L - >slist[k +1] = L - >slist[k];
  L - >slist[k +1] = x;                          /* 插入元素 */
  L - >length + +;                               /* 表长加 1 */
  return OK;
  }
```

【例2-2】　给定一个带头结点的单链表 H,设计一个算法,利用原有结点将单链表逆置。

【解】　首先将原链表断开成两个部分:第一部分包含头结点和第一个结点;第二部分为剩余的其他结点。逆置过程可通过循环,将第二部分的每个结点逐个插入第一部分中头结点的后面,即可实现单链表的逆置。具体算法如下:

```
LinkList invert (LinkList H)
{
   LinkList q,r;                            /* 定义搜索指针 */
   if (H - >next&& H - >next - >next)       /* 指针 q 指向第二个结点 */
   {
     q = H - > next - >next;
     H - >next - > next = NULL;             /* 将单链表断开成两个部分 */
     while (q)                              /* 循环,如果 q 结点存在 */
     {
       r = q - >next;                       /* 指针 r 指向 q 的后继 */
       q - >next = H - >next;               /* q 结点插入第一部分的头结点后 */
       H - >next = q;
       q = r;                               /* 指针 q 指向第二部分的第一个结点 */
     }
   }
   return H;
}
```

【例2-3】　两个有序表的合并。设有两个递增排列的有序表 a 和 b,要求合并后仍按递增(非递减)有序组织。

合并两个有序表,可以通过依次取出两个表中的第一个元素首先进行比较,从中得到值较小的元素,放入结果有序表的第一个元素位置;然后将上次比较中值较大的元素与另一个表的第二个元素继续进行比较,得到值较小的元素,放入结果有序表中的第二个元素位置……依此类推,将两个表中的所有元素逐个放入结果有序表为止。下面分别讨论以顺序表和单链表为存储结构的操作算法。

当有序表均为顺序表时,可定义一个结果有序表 c,然后进行合并操作。具体算法如下:

```
int merge(Sqlist *a,Sqlist *b,Sqlist *c)
{
   int i =0,j =0,k =0;
   if (c - >listsize < (a - >length +b - >length))   /* 若表空间不够追加空间 */
   {
```

```
    c - >slist = (ElemType * )realloc(c - >slist, (c - >listsize + INCREM) *
    sizeof(ElemType));
    if(! c - >slist) return ERROR;
    c - > listsize + = INCREM;
  }
  while(i < a - > length && j < b - >length)            /* 循环,合并元素 */
  {
    if(a - >slist[i] = =b - >slist[j]) j + +;
    if(a - >slist[i] < b - >slist[j])
    {
      c - >slist[k] = a - >slist[i];
      i + +;
      k + +;
    }
    else
    {
      c - >slist[k] = b - >slist[j];
      j + +;
      k + +;
    }
  }
  while(i < a - >length)
  {
    c - >slist[k] = a - >slist[i];
    i + +;
    k + +;
  }
  while(j < b - >length)
  {
    c - >slist[k] = b - >slist[j];
    j + +;
    k + +;
  }
  c - >length = k;
  return OK;
}
```

当有序表均为单链表且不带头结点时,可定义一个头指针 hc,然后进行合并操作。
假设结点的类型为 LNode,则具体算法如下:

```
LNode *Merge(LNode *ha, LNode *hb)
{
  LNode *hc, *p, *q, *r;
  p = ha - >next;
  q = hb - >next;
  if(p - >data < q - >data)
```

```
    {
      p = p - > next;
      hc = ha;
    }
    else if(p - >data > q - >data)
    {
      q = q - >next;
      hc = hb;
    }
    if(p - >data = = q - >data)
    {
      p = p - >next;
      q = q - >next;                          /*跳过比表首元素*/
      hc = ha;
    }
    r = hc - > next;
    while (p&&q)                              /*合并结点,链入结果表 hc*/
    {
      if (p - >data < q - >data)
      {
        r - >next = p;
        r = p;
        p = p - >next;
      }
      else if(p - >data > q - >data)
      {
        r - >next = q;
        r = q;
        q = q - >next;
      }
      else if(p - >data = = q - >data)        /*两表元素相等,跳过 hb 表当
                                              前元素*/
        q = q - >next;
    }
    if(p) r - >next = p;                      /*表 a 中剩余元素链入表 c*/
    if(q) r - >next = q;                      /*表 b 中剩余元素链入表 c*/
    return hc;
  }
```

【例 2 - 4】　一元多项式相加。

多项式的算术运算是线性表应用的一个经典问题。对于一个一元多项式,如果是正则的,其系数项可以采用一个顺序表(每个元素仅存储系数项或存储系数项及指数项)来表示和存储;如果是非正则的,一般以单链表表示,每个结点中设置三个域,分别存储系数项、指数项和指针。根据一元多项式的运算规则,若指数项相等,则系数项相加;若指数项

不等,则分别按指数项大小的升序直接将各分式对应的结点复制到结果多项式中即可。

因此,对于两个一元多项式的相加,无论采用顺序表还是单链表存储,其基本算法皆可描述如下(分别从表中第一个元素位置开始)。

(1)表 a 和表 b 均未处理。

①对当前位置的元素进行比较,若指数项相等,则对应系数项相加,和不为零时,放入结果多项式的表 c 中,表 a 和表 b 中的比较位置同时后移,重复步骤①。

②若指数项不等,将较小的元素放入结果多项式的表 c 中,并后移该表中元素的比较位置,重复步骤①。

(2)表 a 和表 b 之一已处理。

将未处理完的表的剩余元素依次放入表 c 中。

2.6　基本能力上机实验

2.6.1　实验目的

(1)了解线性表的定义和基本操作。
(2)了解线性表的顺序存储结构。
(3)掌握顺序表中各种操作的实现方法。

2.6.2　实验内容

(1)定义一个线性表。
(2)初始化线性表。
(3)向线性表中插入元素。
(4)删除线性表中元素。

2.6.3　实验步骤

运用所学知识在 C 环境下编写实验内容中相关操作的代码。

部分参考代码如下:

```c
#include <stdio.h>
#include <stdlib.h>
#define LIST_INTSIZE 50
typedef char DataType;
typedef struct
{
DataType *elem;
int length;
int listsize;
}SeqList;
int InitSeqList(SeqList *L)
{
```

```
L - >elem =(DataType * )malloc(LIST_INTSIZE +1) * sizeof(DataType));
if(L - >elem = =NULL)
{
  printf("\t \t \t 内存分配错误 \n");
  return 0;
}
L - >length =0;
L - >listsize =LIST_INTSIZE;
printf("\t \t \t 内存分配成功 \n");
return 1;
}
int InsertSeqList(SeqList * L,int i,DataType x)
{
int j;
if(L - >length = =L - >listsize)
{
  pritf("\t \t \t 顺序表已满 \n");
  return 0;
}
else
{
  if(i <1 ||i >L - >length +1)
  {
    pritf("\t \t \t 位序不合法 \n");
    return 0;
  }
  else
  {
    for(j =L - >length;j > =1;j - -)
    {
      L - >elem[j +1] = L - >elem[j];
    }
    L - >elem[i] =x;
    L - >length + +;
    return 1;
  }
}
}
```

2.7 拓展能力上机实验

2.7.1 实验目的

(1) 了解线性表的定义和基本操作。
(2) 了解线性表的链式存储结构。
(3) 掌握链表中各种操作的实现方法。

2.7.2 实验内容

(1) 定义一个线性链表。
(2) 初始化线性链表。
(3) 向线性链表中插入元素。
(4) 删除线性链表中元素。
(5) 退出程序。

2.7.3 实验步骤

运用所学知识在 C 环境下编写实验内容中相关操作的代码。
部分参考代码如下：

```c
#include <stdio.h>
#include <stdlib.h>
typedef char DataType;
typedef struct node
{
DataType data;
struct node *next;
} LNode;
LNode *head;
void CreatLinkList()
{
LNode *p, *s;
char x;
int z = 1;
head = (LNode *)malloc(sizeof(LNode));
head->next = NULL;
p = head;
printf("\n\t\t\t 建立一个线性链表");
printf("\n\t\t\t 说明:请逐个输入字符,结束标记为'#'! \n");
while(z)
{
printf("\t\t\t 输入:");
```

```
scanf("% c",&x);
getchar();
if(x! ='#')
{
s = (LNode * )malloc(sizeof(LNode));
s - >data = x;
s - >next = p - >next;
p - >next = s;
p = s;}
else z = 0;
}}
int LenLinkList()
{
int n = 0;
LNode * p = head;
while(p - >next)
{p = p - >next;n + +;}
return n;
}
void InsertLinkList(int i,char x)
{
int j;
LNode * s, * p;
s = (LNode * )malloc(sizeof(LNode));
s - >data = x;
if(i < 1)
{
printf(" \n \t \t \t 输入位置不合法！ \n");
free(s);
return;
}
else
{
j = 0;
p = head;
while(p! = NULL && j < i -1)
{
j + +;
p = p - >next;
}
if(p! = NULL)
{
s - >next = p - >next;
p - >next = s;
```

```
}
else
{
printf("\n\t\t\t 未找到插入位置! \n");
free(s);
return;
}}}
void DeleteLinkList(int i)
{
LNode *p,*q;
int j=0;
if(head->next==NULL)  printf("\n\t\t\t 链表为空没有元素可以删除! \n");
if(i<1)
{
printf("\n\t\t\t 位置不合法 \n");
return;
}
p=head;
while(p->next && j<i-1)
{ p=p->next;j++;}
if(!(p->next)||j>i-1)
{
printf("\n\t\t\t 没找到要删除的位置 \n");
return;
}
q=p->next; p->next=q->next;
free(q);
}
int SearchLinkList()
{
printf("\t\t\t 请学生自己完成! \n");}
DataType GetfromLinkList()
{printf("\t\t\t * * * * * * * * * *! \n");}
void ShowLinkList(){
LNode *p=head;
printf("\n\t\t\t 显示线性表的所有元素:");
if(head->next==NULL)
printf("\n\t\t\t 链表为空! \n");
else
{
printf("\n\t\t");
while(p->next! =NULL)
{
printf("\t% c",p->next->data);
```

```
p = p - > next; } } }

main()
{ char choice;
int i,j = 1;
DataType x;
while(j)
{
printf(" \n \n \n \n");
printf(" \t \t \t - -线性链表 - - \n");
printf(" \n \t \t \t * * * * * * * * * * * * * * * * * * * * * * * * * * * *");
printf(" \n \t \t \t *    1 - - - - - -建表              * ");
printf(" \n \t \t \t *    2 - - - - - -插入              * ");
printf(" \n \t \t \t *    3 - - - - - -删除              * ");
printf(" \n \t \t \t *    4 - - - - - -求表长            * ");
printf(" \n \t \t \t *    5 - - - - - -按值查找          * ");
printf(" \n \t \t \t *    6 - - - - - -读取元素值        * ");
printf(" \n \t \t \t *    7 - - - - - -显示线性表        * ");
printf(" \n \t \t \t *    0 - - - - - -退出              * ");
printf(" \n \t \t \t * * * * * * * * * * * * * * * * * * * * * * * * * * * * \n");
printf(" \t \t \t 请选择菜单号(0 - -7):");
scanf("% c",&choice);    getchar();
if(choice = ='1')
CreatLinkList();
else if(choice = ='2')
{
printf(" \n \t \t \t 请输入位置 i 和数值 x(输入格式:i,x):");
scanf("% d,% c",&i,&x);
InsertLinkList(i,x);
}
else if(choice = ='3')
{
printf(" \n \t \t \t 请输入要删除元素的位序:");
scanf("% d",&i);
DeleteLinkList(i);
}
else if(choice = ='4')
{ printf(" \t \t \t 表长为:% d \n",LenLinkList());}
else if(choice = ='5')
SearchLinkList(x);
else if(choice = ='6')
GetfromLinkList(i);
else if(choice = ='7')
ShowLinkList();
```

```
else if(choice = ='0')
{
j = 0;
printf("\t\t\t 程序结束！\n");|
else printf("\n 输入错误！请重新输入！\n");
}}
```

2.8 习 题

一、选择题

1.用单链表方式存储的线性表,存储每个结点需要两个域,一个是数据域,另一个是
(　　)。

　A.当前结点的所在地址　　　　　　　　B.后继结点的所在地址

　C.空指针域　　　　　　　　　　　　　D.空闲域

2.单链表的存储密度(　　)顺序表的存储密度。

　A.大于　　　　　　　　　　　　　　　B.等于

　C.小于　　　　　　　　　　　　　　　D.不能确定

3.一个顺序表的第一个元素的存储地址是 100,每个元素的长度为 5,则第 7 个元素
的地址是(　　)。

　A.130　　　　　　　　　　　　　　　　B.125

　C.120　　　　　　　　　　　　　　　　D.135

4.设线性链表中结点结构为(date,next),已知指针 q 所指结点是指针结点的直接前
驱,若在 ∗q 与 ∗p 之间插入结点 ∗s,则应执行(　　)操作。

　A. s − >next = p − >next; p − >next = s;

　B. q − >next = s; s − >next = p;

　C. p − >next = s − >next; s − >next = p;

　D. p − >next = s; s − >next = q;

5.设线性链表中结点的结构为(data ,next),已知指针 p 所指结点不是尾结点,若在
∗p 之后插入结点 ∗s,则应执行(　　)操作。

　A. s − >next = p; p − >next = s;

　B. s − >next = p = − >next; p − >next = s;

　C. s − >next = p − >next; p = s;

　D. p − >next = s; s − >next = p;

6.设线性链表中结点的结构为(data,next),若想删除结点 p 的直接后继,则应执行
(　　)操作。

　A. p − >next = p − >next − >next;

　B. p = p − >next; p − >next = p − >next − >next;

　C. p − >next = p − >next;

　D. p = p − >next − >next;

7. p 指向线性链表中的某一结点,则在线性链表的表尾插入结点 s 的语句序列是( )。

A. while(p - >next! = NULL) p = p - >next; p - >next = s; s - >next = NULL;

B. while(p! = NULL) p = p - >next; p - >next = s; s - >next = NULL;

C. while(p - >next! = NULL) p = p - >next; s - >next = p; p - >next = NULL;

D. while(p! = NULL) p = p - >next - >next; p - >next = s; s - >next = p - >next;

二、程序设计题

1. 试分析顺序表和链表的优缺点。

2. 对于线性表的两种存储结构,如果线性表的元素数基本不变,且很少进行插入和删除操作,要求以最快的速度存储线性表中的元素,应该选择哪种存储结构? 请说明理由。

3. 在单链表和双向链表中,能否从当前结点出发访问到任结点?

4. 试编写一个算法,计算带头结点循环单链表的长度。

5. 试编写一个算法,在一个递增有序排列的单链表中输入一个新结点 x,并保持有序。

6. 试编写一个算法,在一个有头结点的单链表中对表中任一值只保留一个结点,删除其余值相同的结点。

7. 试编写个算法,在一个双向循环链表中将结点 x 插入指定结点 p 之前。

第3章 栈和队列

通过第2章的学习可以知道,最常见的线性结构是线性表,其元素的相互位置决定了它们之间的关系。然而在遇到实际问题时,元素之间的关系是由其出入线性结构的早晚决定的,即出入时间,这时涉及两种不同的线性结构:栈(或堆栈)和队列(或队)。栈,元素进入线性结构(插入操作)的时间越早,走出线性结构(删除操作)的时间就越晚;队列,元素进入线性结构的时间越早,走出线性结构的时间就越早。由于元素之间的关系是由其出入线性结构的早晚决定的,因此栈和队列也称时间有序表,在结构操作上可以将栈和队列看成元素插入和删除位置操作受限的两种特殊线性表。

3.1 栈

如图3-1所示为羽毛球盒进球和出球示意图,在这个过程中不难发现,由于羽毛球盒是在一端开口的,因此最后装入羽毛球盒的羽毛球最先被取出来,即后进先出(Last In First Out,LIFO)。如果将羽毛球盒看作一种线性结构,那么该结构只允许在同一端进行插入和删除操作,且最晚进入结构的元素将最早出去,将符合这种规则的线性结构称为栈(Stack)。在计算机领域中,很多问题都会使用栈来进行解决,如编程语言编译器、递归算法的实现等。

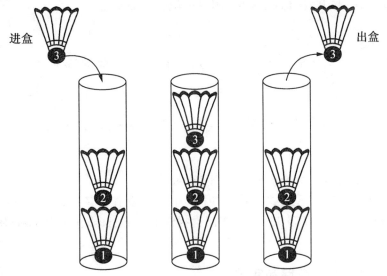

图3-1 羽毛球盒进球和出球示意图

3.1.1 栈的定义

栈出入元素遵循后进先出的原则,将最早进入栈的部分称为栈底(bottom),最晚进入栈的部分称为栈顶(top),其中在栈顶负责完成元素的插入和删除操作。栈顶删除元素的过程称为出栈或弹栈操作(pop),栈顶插入元素的过程称为进栈或压栈操作(push),对栈顶元素进行复制取值的过程称为取栈顶操作(top)。对于栈来说,刚被创建时或中间某一过程元素被全部弹出时,栈中元素个数为零,这时称栈为空栈。

栈的抽象数据类型定义如下:

Data:$\{x_i \mid x_i \in \text{ElemSet}, i=1,2,3,\cdots,n,n>0\}$ 或 Φ;ElemSet 为元素集合。

Relation:$\{<x_i, x_{i+1}> \mid x_i, x_{i+1} \in \text{ElemSet}, i=1,2,3,\cdots,n-1\}$,$x_i$ 为栈底,x_n 为栈顶。

Operations:

  initialize:

    操作前提: 无。

    操作结果: 分配相应存储空间并初始化。

  isEmpty:

    操作前提: 无。

    操作结果: 如果栈 Stack 为空则返回 1,否则返回 0。

  isFull:

    操作前提: 无。

    操作结果: 如果栈 Stack 为满则返回 1,否则返回 0。

  top:

    操作前提: 栈 Stack 非空。

    操作结果: 复制返回栈顶元素数据值,栈顶元素不变。

  push:

    操作前提: 栈 Stack 非满,已知待插入的数据值。

    操作结果: 将该数据值的元素进栈,使其成为新的栈顶元素。

  pop:

    操作前提: 栈 Stack 非空。

    操作结果: 将栈顶元素出栈,如果栈中还有元素,将出现新的栈顶元素。

  clear:

    操作前提: 无。

    操作结果: 清除栈 Stack 中的所有元素。

  destroy:

    操作前提: 无。

    操作结果: 释放栈 Stack 占用的动态存储空间。

上述栈的抽象数据类型定义给出了栈的 8 种基本操作。其中,initialize 和 destroy 属于构造类函数;isEmpty、isFull 和 top 属于属性操纵类函数;push、pop 和 clear 属于数据操纵类函数。

3.1.2 栈的顺序存储和实现

1. 栈的顺序存储

采用连续的存储空间存储栈中的元素称为栈的顺序存储。第 2 章中顺序表的操作涉及对大量数据的移动,而栈是在栈顶一端进行进栈和出栈操作,不涉及对大量数据的移动。另外,栈在高级程序设计语言中可以使用数组进行存储,数组对数据的操作更加便利。采用顺序存储方式的栈称为顺序栈。在实际应用中,栈的顺序存储结构是比较常见的。

栈结构可用数组实现,数组元素下标为 0 的单元作为栈底 bottom,栈顶元素下标地址用 top 指针表示,top 初始值为 -1,此时 top = -1 可作为栈空的标志。假设数组元素个数最大为 maxSize,即栈能容纳的最大结点个数(栈容量 stackSize)。由于栈顶指针 top 是从 -1 开始,每增加一个结点,top 自加 1,因此当栈满时,top 是最大容量数减 1,即 top = stackSize -1。如图 3-2 所示为顺序栈栈空、非空非满和栈满的情况。

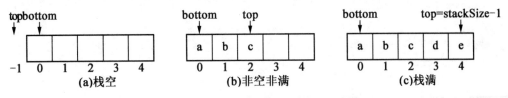

图 3-2 顺序栈栈栈空、非空非满和栈满的情况

上述论述是一种方案,另一种方案是 top 初始值设置为与栈底 bottom 相同,指向下一个进栈元素的位置,此时栈空的标志为 top = bottom,栈满的标志为 top = stackSize。此种方案方便计算,同时当同一个数组存放多个栈时,逻辑处理更方便。本书在数组中存取栈时采取的是第一种方案。

2. 顺序栈的定义

用数组对栈元素进行存储,确定栈的物理结构,有了物理结构之后下一步需对其进行进一步描述。首先,数组需要被创建,数组的长度应根据用户解决的实际问题来确定,使其满足能够处理各种数据规模,这部分内容交由 initialize 函数处理。通过分析可知,还需要两个变量,一个是用来指向数组的指针变量,另一个是数组容量变量。同时,栈中元素个数根据进栈、出栈操作随时发生变化,需要一个变量描述栈中元素的个数,即栈中元素实时个数。由于栈这种结构无论是进栈还是出栈都是在同一端操作,即 top 端,通过 top 值与 bottom 值的关系可以计算出栈中元素个数,因此需要再加一个变量 top 来描述该栈。通过分析可知,对于一个顺序栈,最少需要指针 array、数组容量 maxSize、栈顶下标 top 等 3 个属性进行描述。顺序栈中属性和栈的几种形态如图 3-3 所示。

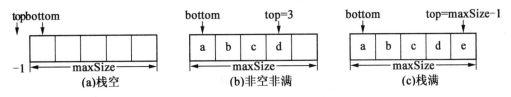

图 3-3 顺序栈中属性和栈的几种形态

3. 顺序栈的基本操作分析

由于顺序栈容量有限,因此一旦栈元素单元空间耗尽,则需要进行较复杂的操作,此时调用 doubleArray 函数。这一过程在进栈操作中体现,栈空间耗尽(top = maxSize -1)时首先需分配比当前数组长度大的新数组作为栈的存储结构(长度扩大一倍),然后将栈元素内容拷贝到新栈中,接着对旧栈存储空间进行释放,最后再进行进栈操作。针对以上操作,缺点是栈满时需要进行大量数据操作,时间复杂度为 $O(n)$;优点是进栈操作提高了程序的健壮性。这种方法避免了空间的浪费,体现了"用多少,分配多少"的思想,即"分期付款"技术,该方法对存储空间的使用更加合理。同时,由于栈顶下标 top 属于成员属性,成员函数也有 top,因此为了避免二者重复,成员属性用 Top 表示。具体顺序栈定义与基本操作如程序 3 - 1 所示。

程序 3 - 1:顺序栈定义与基本操作(seqStack. h)。

```c
#include <stdio.h>
#include <stdlib.h>
#define INITSIZE 100

typedef char elemType;
typedef struct
{
  elemType *array;
  int Top;
  int maxSize;
} stack;

void initialize(stack *L);                    //初始化顺序栈
int isEmpty(stack *L){ return(L->Top == -1); };
                                              //栈为空返回1,否则返回0
int isFull(stack *L){ return(L->Top == L->maxSize-1); };
                                              //栈满返回1,否则返回0
elemType top(stack *L);                       //返回栈顶元素的值,不改变栈顶
void push(stack *L, elemType e);              //将元素 e 压入栈顶,使其成为新
                                              //的栈顶
void pop(stack *L);                           //将栈顶元素弹栈
void clear(stack *L){ L->Top = -1; };         //清除栈中所有元素
void destroy(stack *L){ free(L->array); };    //释放栈占用的动态数组

void initialize(stack *L)                     //初始化顺序栈
{
  L->Top = -1;
  L->maxSize = INITSIZE;
  L->array = (elemType *)malloc(sizeof(elemType) * INITSIZE);
  if(! L->array) exit(1);
}

elemType top(stack *L)                        //返回栈顶元素的值,不改变栈顶
{
  if(isEmpty(L)) exit(1);
  return L->array[L->Top];
```

```
}

void push(stack * L, elemType e)                    //将元素 e 压入栈顶,使其成为新
                                                      的栈顶
{
  int i;
  if(isFull(L))                                     //栈满时重新分配 2 倍的空间,
                                                      并将原空间内容复制出来
  {
    elemType * oldarr = L - >array;
    L - >array = (elemType * )malloc(sizeof(elemType) * 2 * L - >maxSize);
    for(i = 0; i < = L - >Top; i + +) L - >array[i] = oldarr[i];
                                                    //逐个复制结点
    L - >maxSize = 2 * L - >maxSize;
    free(oldarr);
  }
  L - >array[ + +L - >Top] = e;                     //新结点放入新的栈顶位置
}

void pop(stack * L)                                 //将栈顶元素弹栈
{
  if(L - >Top = = -1) exit(1);
  L - >Top - - ;
}
```

顺序栈的基本操作中涉及 8 种操作,其中 push 函数涉及对栈容量空间的判断,所以时间复杂度有时会达到 $O(n)$,剩余其他 7 个函数时间复杂度均为 $O(1)$。

有了上述对顺序栈的定义和基本操作的实现,接下来可以把它作为一个工具来解决实际问题。以计算机程序为例,实现键盘输入字符的倒序输出。栈遵循后进先出的原则,可以将键盘输入的字符按照输入的顺序依次进栈,然后再进行取栈顶操作,直到把所有的输入字符全部取出打印为止,此时在屏幕上看到的顺序就是原输入字符的逆序输出,具体实现如程序 3 - 2 所示。

程序 3 - 2:顺序栈结构的应用(main. cpp)。

```
#include < stdio.h >
#include < stdlib.h >
#include "seqStack.h"

int main()
{
  stack s;                                          //声明一个 stack 类型的变量
  char ctemp;
  int i;

  initialize(&s);                                   //初始化栈
```

//从键盘输入 8 个字符,依照输入次序分别进栈

```
printf("Input the elements:");
for(i =1; i < =8; i + +)
{
    ctemp = getchar();
    push(&s, ctemp);
}
```

//将栈中的结点逐个出栈,并输出到屏幕上

```
printf("Output the elements in the stack one by one:");
while(! isEmpty(&s))
{
    ctemp = top(&s);
    pop(&s);
    printf("% c", ctemp);
}
printf(" \n");
return 0;
}
```

该程序的运行结果如下:

Input the elements:niliJ

Output the elements in the stack one by one:Jilin

4.共享栈

根据实际应用情况,在有需要的情况下,有时会同时对多个栈进行操作,如果对每个栈都进行空间分配,则需要耗费大量的空间。而且每个栈的内容不同,栈元素时刻在发生变化,同一时间不可能所有的栈空间都满,所以一定会存在栈剩余空间,大量剩余空间闲置会降低空间的使用率。为解决这种难题,可以采用共享栈方案,在一段连续的空间上定义多个栈。共享栈存储空间初始化时,根据每个栈的空间情况,按比例划分每个栈的空间大小,无须将每个栈的空间都设置到最大。假设没有办法衡量每个栈的最大空间,则可以按照平均分配的方法划分每个栈的空间,即使某个栈空间耗尽,其余的栈也会有很多剩余空间,通过栈的左右移动对满栈进行空间扩充,继而实现后续进栈操作。共享栈中包含多个栈,为便于管理,可以再设置两个小数组,一个用于存放每个栈的 bottom 指针,另一个用于存放每个栈的 top 指针。多个栈共享一个栈空间的初始化状态如图 3 −4 所示。

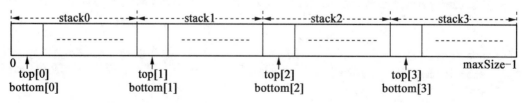

图 3 −4　多个栈共享一个栈空间的初始化状态

在共享栈中,一段连续的大空间上每个栈都拥有一个连续的小空间,栈顶指针 top[i] 指向下一个元素将要进栈的位置。共享栈的每个栈使用过程中,如果有 m 个栈,每个栈栈空的条件为 top[i] = bottom[i]。每个栈栈满的条件有两种:当 i < m − 1 时,top[i] = bottom[i + 1];当 i = m − 1 时,top[i] = maxsize。共享栈中的不同状态如图 3 − 5 所示。

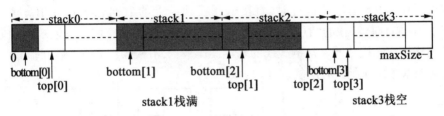

图 3 − 5 共享栈中栈的不同状态

共享栈中栈的个数为两个的情况是共享栈的一个特例,其中一个栈空间耗尽会造成另外一个栈的移动,此时将两个栈的栈底分别设置在连续空间的两端,两栈相向设置。只要整个共享栈空间有剩余,每个栈都可以进行进栈操作,无须再次分配空间大小。两个栈共享一个栈空间如图 3 − 6 所示,栈空的条件为 top[i] = bottom[i],i = 0 或 1,两个栈不一定同时栈空;栈满的条件为 top[0] = top[1],即两个栈当中只剩下一个空位置的时候栈满,两个栈必定同时栈满。

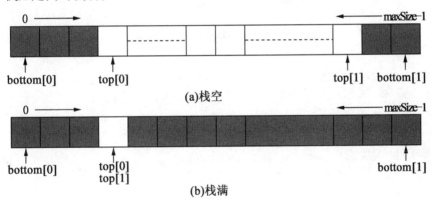

图 3 − 6 两个栈共享一个栈空间

3.1.3 栈的链式存储和实现

与线性表的单链表方式相似,栈的链式存储采用不连续的空间和附加指针构成链式栈,即表示存储元素与元素之间的关系。链式栈的形式及其操作如图 3 − 7 所示,每个结点由元素和指针构成,整个栈的栈顶指针 top 指向栈顶的结点,也就是整个链式栈的第一个结点。由于栈的进栈和出栈活动都是在栈顶进行操作,因此在整个链式栈的最前端无须设置头结点。相对于顺序栈,链式栈使用的情况较少,链式栈的每个结点由元素和指针构成,指针字段占用了一定的存储空间,其优点是链式栈不受预设空间的限制,可根据空间使用情况,实时进行扩增。

链式栈结构定义及操作实现如程序 3 − 3 所示。结构体 Node 用于表示链式栈的结点结构,data 用于保存数据元素,next 用于表示指向下一个结点的指针。链式栈的基本操作中,进栈操作 push 函数在执行时,首先为新结点分配存储空间,然后对新节点内容进行赋值,最后将新节点链入到链式栈的最前端,成为整个链式栈新的栈顶结点,它的下一个结点为原链式栈的栈顶结点。出栈操作 pop 函数在执行时,首先记住栈顶结点的地址,然后将原栈顶结点的下一个结点设置为新的栈顶结点,最后对原栈顶结点的存储空间进行释放。取栈顶操作 top 函数在执行时,直接返回栈顶结点的数据元素 data 值。清栈操作 clear 函数在执行时,对栈的结点进行循环遍历,逐个释放存储空间,使栈变为空栈,清栈操作和销栈操作作用相同。从链式栈的基本操作来看,清栈操作 clear 函数时间复杂度为 $O(n)$,其他基本操作函数时间复杂度均为 $O(1)$。

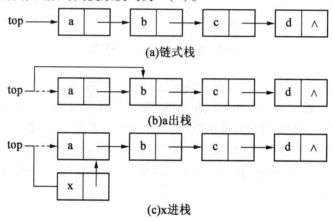

(a)链式栈

(b)a出栈

(c)x进栈

图 3 - 7　链式栈的形式及其操作

程序 3 - 3:链式栈结构定义及操作实现(linkStack. h)。

```
#include <stdio.h>
#include <stdlib.h>
typedef char elemType;
typedef struct
{
  elemType data;
  struct Node * next;
}Node;

typedef struct
{
  Node * Top;
}linkStack;

void initialize(linkStack * s){ s - >Top = NULL; };
                                           //初始化栈,使其为空栈
int isEmpty(linkStack * s){ return(s - >Top = = NULL); };
                                           //栈空返回1,否则返回0
int isFull(lingStack * s){ return 0; };     //栈满返回1,否则返回0。结点
                                           空间不连续,故总能满足
```

```
elemType top(linkStack * s);
void push(linkStack * s, elemType e);
void pop(linkStack * s);
void clear(linkStack * s);
void destroy(linkStack * s){ clear(s); };

elemType top(linkStack * s)
{
  if(! s - >Top) exit(1);                          //栈空
  return s - >Top - >data;
}

void push(linkStack * s, elemType e)
{
  Node * tmp = (Node * )malloc(sizeof(Node));

                                                   //先赋值自己
  tmp - >data = e;
  tmp - >next = s - >Top;

  s - >Top = tmp;                                  //链入栈
}

void pop(linkStack * s)
{
  Node * tmp;
  if(! s - >Top) exit(1);                          //栈空

  tmp = s - >Top - >next;                          //用 tmp 记住原栈顶结点空间,
                                                   用于弹栈后的空间释放
  s - >Top = s - >Top - >next;                     //实际将栈顶结点弹出栈

  free(tmp);                                       //释放原栈顶结点空间
}

void clear(linkStack * s)
{
  Node * tmp;
  tmp = s - >Top;

  while(tmp)
  {
    s - >Top = s - >Top - >next;
    free(tmp);
```

```
                tmp = s - >Top;
        }
}


int main()
{
    linkStack s;                                    //声明一个 linkStack 类型的
                                                    变量

    char ctemp;
    int i;

    initialize(&s);                                 //初始化栈

                                                    //从键盘输入 8 个字符,依照输
                                                    入次序分别进栈
    printf("Input the elements:");
    for(i = 1; i < = 8; i + +)
    {
        ctemp = getchar();
        push(&s, ctemp);
    }

                                                    //将栈中的结点逐个出栈,并输
                                                    出到屏幕上
    printf("Elements popped from stack:");
    while(! isEmpty(&s))
    {
        ctemp = top(&s);
        pop(&s);
        putchar(ctemp);
    }
    putchar('\n');

    return 0;
}
```

3.2　栈的应用和递归

1.括号配对检查

要运行 C 语言程序,必须首先将源程序交由编译器进行编译。编译器的任务之一是检查源程序中是否存在语法错误,如果存在错误,则必须首先将这些语法错误进行改正,然后再编译并生成目标代码。而语法检查的任务之一就是检查括号是否配对,如括号

"("和"["和"{"后边必须依次跟随相应的")"")"和"}"。由于源程序中的两个括号(如{和})之间可能相距几百行,目测并不容易,因此必须采用一些有效的手段帮助编译器发现这些错误。

栈是用于解决这个问题的最有效的一种数据结构。当扫描到开括号时(如"["),如果语法正确,后边就要出现与它相匹配的闭括号(如"]")。在检查符号是否匹配时,借助栈是最有效的手段,具体算法如下:

(1)首先创建一个空栈;

(2)从源代码中读入符号;

(3)如果读入的符号是开括号,就将其进栈;

(4)如果读入的符号是一个闭括号但栈是空的,则出错;

(5)将栈中的符号出栈;

(6)如果出栈的符号和读入的闭括号不匹配,则出错;

(7)继续从文件中读入下一个符号,非空则转向(3),否则执行(8);

(8)如果栈非空,报告出错,否则括号配对成功。

步骤(4)中,如果为空,则说明少了一个开括号"("或是多了一个闭括号")";步骤(8)中,如果栈非空,则说明多了开括号;步骤(6)判断了常规的不匹配。检查符号是否匹配的过程如图 3-8 所示,利用栈来分析括号串"(({)"。当读入"{"时,出栈元素不是"{",则说明该串中符号不匹配,发生了语法错误。

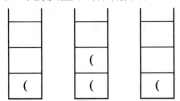

(进栈　　　(进栈 读入},(出栈,结果不匹配

图 3-8　检查符号是否匹配的过程

程序 3-4 展示了一个简单且核心的算数表达式符号匹配检测程序,用它可以检测表达式(3+6)*(5+1))和(3+6)*((5+1)的符号匹配情况。

程序 3-4:核心且简单的算术表达式符号匹配检测程序。

```c
#include <stdio.h>
#include <stdlib.h>
#include "seqStack.h"

int main()
{
  char str[20];
  stack s;                                    //建立一个字符栈
  char ch;
  int i;

  initialize(&s);                             //栈初始化
```

```
printf("Input the string:");
scanf("% s", str);

i = 0;
ch = str[i + +];
while(ch ! = '\0')
{
  switch(ch)
  {
  case '(':
   push(&s, ch);
   break;
   case ')':
   if(isEmpty(&s))
   {                                        //读入一个闭括号,栈空,找不到
                                            匹配的开括号
     printf("An opening bracket '(' is expected! \n");
   }
   else
     pop(&s);
   break;
  }
  ch = str[i + +];
}
if(! isEmpty(&s))                          //表达式读入结束,发现栈中还
                                          有多余的开括号
  printf("A closing bracket ')' is expected! \n");

return 0;
}
```

2. 表达式计算。

（1）表达式转换

在高级编程语言中,算数表达式是最基本的组成元素,它由操作数、运算符及括号构成。为叙述方便,这里限定运算符为加、减、乘、除、乘方等 5 种,括号仅有小括号。算符表达式中,运算符常常出现在两个操作数之间,这种形式通常称为中缀式。中缀式有利于人的理解,但不便于计算机的处理。因此,在编译时,编译器会首先把中缀式转换成后缀式,即操作数在前、运算符在后的形式,如中缀式 A + B 转换为后缀式 AB + 。后缀式又称逆波兰式,此名字源于一位波兰数学家,该数学家于 1951 年首先使用了这种标记。例如,表达式 5 * (7 − 2 * 3) + 8/2 转换为后缀式为 5 7 2 3 * − * 8 2/ + ,为了不至于把 5723 看成一个数,这里给每个操作数的下面加了一个下划线以示区别。而在计算机中处理时,一个操作数无论大小,都占一个整数应该占有的字节数,因此在计算机内处理时不会混淆。后缀式和中缀式在求值时是完全等价的,但后缀式中没有括号。

当一个算数表达式为后缀形式时,编程计算其值就非常简单了。首先声明一个栈,然

后依次读入后缀式的操作数和运算符。若读到的是操作数,则将其进栈;若读到的是运算符,则将栈顶的两个操作数出栈,后弹出的操作数为被操作数,先弹出的为操作数。将得到的操作数完成运算符所规定的运算,将结果进栈,然后继续读入操作,直到后缀式中的所有操作数和运算符读入并完成如上操作为止。以上所有操作完毕后,栈中应该只剩一个操作数,弹出该操作数,它就是表达式的值。计算后缀式表达式 5 7 2 3 ∗ − ∗ 8 2/ + 值的全过程见表 3 – 1。以上假定所有操作均为二元操作,请思考若有一元操作该如何处理。

表 3 – 1 计算后缀式表达式 5 7 2 3 ∗ − ∗ 8 2/ + 值的全过程

步骤	读剩的后缀式	栈中内容	步骤	读剩的后缀式	栈中内容
1	5 7 2 3 ∗ − ∗ 8 2/ +		7	∗ 8 2/ +	5 1
2	7 2 3 ∗ − ∗ 8 2/ +	5	8	8 2/ +	5
3	2 3 ∗ − ∗ 8 2/ +	5 7	9	2/ +	5 8
4	3 ∗ − ∗ 8 2/ +	5 7 2	10	/ +	5 7 2
5	∗ − ∗ 8 2/ +	5 7 2 3	11	+	5 4
6	− ∗ 8 2/ +	5 7 6	12		9

虽然后缀式具有非常明显的优点,但是在源程序中用的还是中缀式。如何将一个中缀式的表达式转化为后缀式的表达式?下面仍以表达式 5 ∗ (7 − 2 ∗ 3) + 8/2 为例,它的后缀式为 5 7 2 3 ∗ − ∗ 8 2/ +。仔细观察后可知,在这两种形式中,操作数的相对位置相同,运算符位置因优先级不同而发生了变化,后缀式中虽然去掉了括号,但运算符出现的位置已经考虑了运算优先级问题,因此次序仍然正确。算术运算优先级最高是括号,其次是乘法和除法,最后是加法和减法,如果相邻的两个运算符同为加、减、乘、除四种算符之一,它们的优先级相同,虽然在数学中先计算谁都可以,但计算机中每一步都要求无二义性,因此可以遵循先到先计算(即左结合)的原则。例如,表达式 2 + 3 − 4 中可以认为前面的 + 优先级高,因此此式与 (2 + 3) − 4 的计算过程是一样的。

同理,分析表达式 5 ∗ (7 − 2 ∗ 3) + 8/2,由于 2 ∗ 3 是同一括号内的子表达式 (7 − 2 ∗ 3) 中级别最高的,因此它必须首先被计算,即将其变为 2 3 ∗。经过这样变换之后,2 3 ∗ 在地位上就相当于一个操作数,子表达式 (7 − 2 ∗ 3) 中的 − 运算就可以继续运算了,且该子表达式也只剩下了这种运算了,所以子表达式 (7 − 2 ∗ 3) 转换成了后缀式 7 2 3 ∗ − 且去掉了括号。注意,子表达式 (7 − 2 ∗ 3) 转换成后缀式 7 2 3 ∗ − 之后,在地位上已相当于一个先计算出的操作数,已体现出了括号的作用。继续取运算符,由于 ∗ 号的优先级高于 + 号,因此 + 等待,∗ 运算进行,即此时的后缀式变成了 5 7 2 3 ∗ − 的形式。再把 5 7 2 3 ∗ − 看成一个操作数,继续类似的处理过程,最后得到后缀式 5 7 2 3 ∗ − ∗ 8 2/ +。

如图 3 – 9 所示为将中缀式 5 ∗ (7 − 2 ∗ 3) + 8/2 变为后缀式 5 7 2 3 ∗ − ∗ 8 2/ + 的全过程,栈的下边是读入的运算符、操作数,栈的右边是当前的输出。

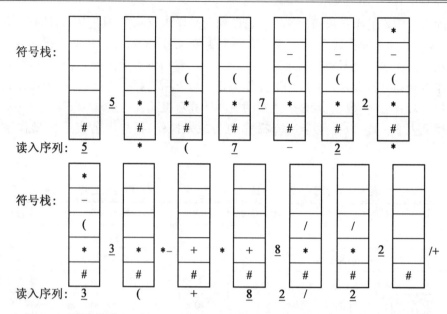

图 3 - 9　将中缀式 5 * (7 - 2 * 3) + 8/2 变为后缀式 5 7 2 3 * - * 8 2/ + 的全过程

（2）算法。

编译程序处理表达式是将自左至右顺序读入表达式的各个操作数、运算符。当读入的是操作数时，可以直接输出（如输出到屏幕或输出到某一数组中）；当读入的是操作符时，因为操作符的读入顺序和后缀式中操作符的出现顺序通常并不一致，后面运算符的优先级可能更高，所以操作符要先暂存起来，根据后面读入的情况看其是否可以输出。当后面读入的运算符和在这之前最后读入的运算符相比优先级低时，才可以输出已经保存起来的运算符。由于读入一个运算符后总是和在这之前刚刚保存的运算符进行比较，因此若新读入的运算符优先级低，则将在这之前刚刚保存的运算符输出，完成后缀式的转换，否则将新读入的运算符保存。可以看出，这种结构实际上是一种堆栈。由于在表达式中可能有多重括号，因此严格地讲应为：在同一对括号内，处于栈顶的运算符的优先级最高。对于括号，开括号有着两面性，即将进入栈的开括号优先级最高，已经在栈顶的开括号优先级最低。括号在后缀式中最终是要消失的，这要依赖于闭括号，读入一个闭括号，才能消除已经进栈的开括号。

（3）表达式计算。

设立一个用于保存运算符的堆栈，自左至右依次读入中缀式的运算符和操作数，然后执行以下操作。

①先将一个底垫"#"压栈，设其优先级为最低。

②若读入的是操作数，则立即输出。

③若读入的是闭括号，则将栈中的运算符依次出栈，并将其放在操作数序列之后。出栈操作一直进行到遇到相应的开括号为止，并将开括号出栈。开、闭括号均不放入输出序列。

④若读入的是开括号，则进栈。

⑤若读入的是运算符，如果栈顶运算符优先级高，则栈顶运算符出栈。出栈操作一直要进行到栈顶运算符优先级低为止，然后将新读入的运算符进栈保存。

⑥在读入操作结束时,将栈中所有剩余运算符依次出栈,并放在操作数序列之后,直至栈中只剩一个底垫"#"为止。

程序 3 - 5 ~ 3 - 7 实现了将一个算术表达式转换为一个后缀式表达式和计算一个后缀表达式的值。为易于理解,假定输入的算术表达式合法,运算符都是二元的,运算数都是一位的。读者可以试着输入 9 - 3 * 2 + (7 - 2) * 2 或者 5 * (7 - 2 * 3) + 8/2。需要特别注意的是,要保证表达式中参与运算的操作符和任何一步运算结果都限定为一位数字,如果不限定为一位数字,算法需要改变。此任务可作为课后作业进行练习。

程序 3 - 5:一个算术表达式转换为一个后缀式表达式。

```c
char * inToPost( char * str)
{
stack s;                              //用字符栈
int i, j;
char ch, topCh;
char * result;

result = (char *)malloc(sizeof(char) * 80);
initialize(&s);
push(&s, '#');                        //铺垫一个底垫

i = 0; j = 0;
while(str[i] ! = '\0')
{
  if((str[i] > = '0')&&(str[i] < = '9'))
    result[j + +] = str[i + +];
  else
  {
    ch = str[i + +];
    switch (ch)
    {
      case '(': push(&s, '('); break;      //优先级最高,直接入栈
      case ')':                            //弹栈,弹出元素进入作为后缀式,直
                                           到弹出一个左括号

        topCh = top(&s); pop(&s);
        while(topCh ! = '(')
        {
          result[j + +] = topCh;
          topCh = top(&s);
          pop(&s);
        }                                  //')'字符不入栈
        break;
      case '*':
      case '/': topCh = top(&s);
        while((topCh = = '^') || (topCh = = '*') || (topCh = = '/'))
```

```
                                          // * 、/为左结合,故后来者优先级低
        {
          pop(&s);
          result[j + +] = topCh;
          topCh = top(&s);
        }
      push(&s, ch);
      break;
    case '+':
    case '-': topCh = top(&s);
      while((topCh ! = '(') && (topCh ! = '#'))   // 只有左括号和底垫优先级比 + 、- 低
        {
          pop(&s);
          result[j + +] = topCh;
          topCh = top(&s);
        }
      push(&s, ch);
      break;
      }
    }
  }

                                          // 将栈中还没有弹出的操作符弹空
  topCh = top(&s);
  while(topCh ! = '#')
  {
    result[j + +] = topCh;
    pop(&s);
    topCh = top(&s);
  }

  result[j] = '\0';                          // 后缀字符串加结束符'\0'
  return result;
}
```

程序 3 - 6：计算一个后缀式表达式的值。

```
int calcPost(char * str)
{
  int op1, op2, op;
  stack s;
  int i;

  initialize(&s);
  i = 0;
  while(str[i] ! = '\0')
```

```
  {
    if((str[i] > = '0') && (str[i] < = '9'))        //数字进栈
      push(&s, str[i]);
    else
    {
      op2 = top(&s) - '0'; pop(&s);                 //栈顶数字字符转数字,'3'转为3
      op1 = top(&s) - '0'; pop(&s);

      switch(str[i])
      {
        case '*': op = op1 * op2; break;            //如果是运算符为'*',则做*运算
        case '/': op = op1 / op2; break;
        case '+': op = op1 + op2; break;
        case '-': op = op1 - op2; break;
      };
      push(&s, op + '0');                           //每一步计算结果进栈
    }
    i + +;
  }

  op = top(&s) - '0';
  pop(&s);

  return op;
}
```

程序 3 - 7:计算表达式的值。

```
#include <stdio.h>
#include <stdlib.h>
#include "seqstack.h"

char *inToPost(char *str);
int calcPost(char *str);

int main()
{
  char inStr[80];
  char *postStr;
  int result;

  printf("Input the expression:");
  scanf("% s", inStr);

  postStr = inToPost(inStr);                        //获得表达式的后缀式
  result = calcPost(postStr);                       //计算表达式的值
```

```
    printf("% s\n", postStr);                            //在屏幕上输出后缀式
    printf("The result of the expression is:% d\n", result);
                                                         //输出表达式结果
    free(postStr);
    return 0;
}
```

3. 汉诺塔问题与递归求解

栈还有一个重要应用就是在程序设计语言中实现递归。递归是算法设计中最常用的手段,它通常把一个大型复杂问题的描述和求解变得简洁和清晰。因此,递归算法常常比非递归算法更易设计,尤其是当问题本身或所涉及的数据结构是递归定义时,使用递归方法更加合适。

若在一个函数、过程或者数据结构定义的内部又直接(或间接)出现定义本身的应用,则称它们是递归的。在以下三种情况下,常常使用递归的方法。

(1)定义是递归的,如数学上的阶乘函数;

(2)数据结构是递归的,如链表;

(3)问题的解法是递归的,如汉诺塔问题、八皇后问题、迷宫问题等。

下面以汉诺塔问题为例,采用递归算法对其进行求解。

【例 3 – 1】 假设有 3 个分别命名为 A、B、C 的塔座,在塔座 A 上插有 n 个直径大小各不相同,从小到大编号为 $1, 2, \cdots, n$ 的圆盘(图 3 – 10)。现要求将塔座 A 上的 n 个圆盘移至塔座 C 上,并仍按同样顺序叠排,圆盘移动时必须遵循下列规则:

(1)每次只能移动一个圆盘;

(2)圆盘可以插在 A、B、C 中的任一塔座上;

(3)任何时刻都不能将一个较大的圆盘压在较小的圆盘之上。

问题分析:如何实现移动圆盘的操作呢? 可以用分治求解的递归方法来解决这个问题。设 A 柱上最初的盘子总数为 n,则当 $n = 1$ 时,只要将编号为 1 的圆盘从塔座 A 直接移至塔座 C 上即可,否则执行以下三步:

(1)用 C 柱做过渡,将 A 柱上的 $(n-1)$ 个盘子移到 B 柱上;

(2)将 A 柱上最后一个盘子直接移到 C 柱上;

(3)用 A 柱做过渡,将 B 柱上的 $(n-1)$ 个盘子移到 C 柱上。

具体移动过程如图 3 – 10 所示,图中 $n = 4$。

根据这种求解,如何将 $n - 1$ 个圆盘从一个塔座移至另一个塔座的问题是一个与原问题具有相同特征属性的问题,只是问题的规模小 1,因此可以用同样的方法求解。

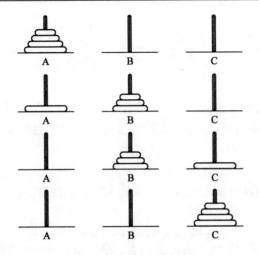

图 3 - 10 汉诺塔问题

为便于描述算法,将搬动操作定义为 move(A, n, C),是指将编号为 n 的圆盘从塔座 A 移到塔座 C,同时设一个初值为 0 的全局变量 m,对搬动进行计数如下:

```
int m = 0;
void move(char A, int n, char C)
{
  cout < < + +m< <", "< <n< <", "< <A< <", "< <C< <endl;
}
```

程序 3 - 8:汉诺塔问题的递归算法。

(1)如果 $n=1$,则直接将编号为 1 的圆盘从塔座 A 移到塔座 C,递归结束。

(2)否则:

①递归,将塔座 A 上编号为 1 至 $n-1$ 的圆盘移到塔座 B,塔座 C 做辅助塔;

②直接将编号为 n 的圆盘从 A 移到 C;

③递归,将塔座 B 上编号为 1 至 $n-1$ 的圆盘移到塔座 C,塔座 A 做辅助塔。

算法描述:

```
void Hanoi(int n, char A, char B, char C)      //将塔座 A 上的 n 个圆盘按规则搬到
{                                               C 上,B 做辅助塔
  if(n = = 1) move(A, 1, C);
  else
  {
    Hanoi(n-1, A, C, B);                        //将 A 上编号为 1 至 n-1 的圆盘移
                                                到 B,C 做辅助塔
    move(A, n, C);                              //将编号为 n 的圆盘从 A 移到 C
    Hanoi(n-1, B, A, C);                        //将 B 上编号为 1 至 n-1 的圆盘移
                                                到 C,A 做辅助塔
  }
}
```

3.3　队　列

如图 3 – 11 所示为日常排队的队列示意图,这种结构为另一种常用的线性结构,从结构上来看,随着队首元素的出队,越早从队尾进入到队列中的元素越早离开队列,即先进先出(First In First Out,FIFO)。例如,在车站售票口排队买票、在移动营业大厅排队办理业务等,都遵循队列的这种先进先出原则。在队列的这种结构中,流入元素的一端称为队尾,对应的操作为进队操作;流出元素的一端称为队首,对应的操作为出队操作。

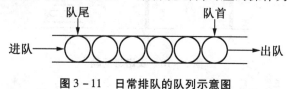

图 3 – 11　日常排队的队列示意图

3.3.1　队列的定义

队列可以看作插入删除位置操作受限的线性表,它的插入和删除分别在表的两端进行。队列的删除操作只能在队首(front)进行,而插入操作只能在队尾(rear)进行,从而保证了队列的先进先出特点。将元素从队首删除的操作称为出队(deQueue),将元素在队尾位置插入的操作称为进队(enQueue)。队列的抽象数据类型如程序 3 – 9 所示。除进、出队之外,队列的基本操作还包括判队空 isEmpty、队满 isFull、将队列清空 makeEmpty 以及取队首元素数据值的操作 front 等。这些操作的含义与堆栈的相应操作是类似的。

程序 3 – 9:队列的抽象数据类型。

```
Data:{xᵢ | xᵢ ∈ ElemSet,i = 1,2,3,…,n,n > 0} 或 Φ;ElemSet 为元素集合。
Relation:{ <xᵢ,xᵢ₊₁> | xᵢ,xᵢ₊₁ ∈ ElemSet,i = 1,2,3,…,n – 1},xᵢ 为队首,xₙ 为队尾。
Operations:
  initialize
    前提:  无。
    结果:  分配相应空间及初始化。
  isEmpty
    前提:  无。
    结果:  队列 Queue 为空返回 1,否则返回 0。
  isFull
    前提:  无。
    结果:  队列 Queue 为满返回 1,否则返回 0。
  front
    前提:  队列 Queue 非空。
    结果:  返回相应队首元素的数据值,队首元素不变。
  enQueue
    前提:  队列 Queue 非满,已知待进队的数据值。
    结果:  将该数据值的元素进队,使其成为新的队尾元素。
  deQueue
```

前提： 队列 Queue 非空。

结果： 将队首元素出队,该元素不再成为队首元素。

clear

前提： 无。

结果： 删除队列 Queue 中的所有元素。

destroy

前提： 无。

结果： 释放队列 Queue 占用的动态空间。

3.3.2 队列的顺序存储和实现

存储队列的最简单的办法是使用数组,即所谓队列的顺序存储,用一组连续的空间存储队列中的元素及元素间关系。如果队列中的元素个数最多为 maxSize,那么存储该队列的数组应有 maxSize 个分量,其下标的范围为 0 ~ maxSize − 1。另外,可以使用队首指针 Front 和队尾指针 Rear 分别指示队首元素和队尾元素存放的下标地址,用于删除队首元素和指示到何处去排队。在初始化队列时,可使其队尾指针 Rear = 0,表示下标为 0 的数组元素将存放第一个进队的元素。然而,这时可否将队首指针 Front 同样设置为 0 呢? 这样会不会出现什么矛盾呢?

一般情况下,为简化操作,通常依据队首指针 Front 和队尾指针 Rear 的关系来判断队空或队满。如果采用惯例,队首指针 Front 给出的是实际队首元素的地址,而队尾指针 Rear 给出的是实际队尾元素的地址。在初始化队列时,如果设 Front = Rear(都为 0),那么当第一个元素进队后,根据上述约定,Front = 0,Rear = 0,同样有 Front = Rear(图 3 − 12),这就意味着 Front = Rear 作为队空的标志是不可行的。那么,如何避免这个矛盾呢? 解决这个矛盾的方法有三种:第一种方法是让 Front 指向真正的队首元素,而 Rear 指向真正存放队尾元素的后一数据单元,这样初始化时,将 Front 和 Rear 都置为 0,Front 和 Rear 相等,意味着队列是空的,第一个元素进队后,队列非空,队首指针 Front 仍为 0,而队尾指针 Rear 为 1;第二种方法是让 Front 指向真正的队首元素的前一数组单元,而 Rear 指向真正的队尾元素,这样初始化时,将 Front 和 Rear 都置为 0,Front 和 Rear 相等同样意味着队列是空的,第一个元素进队后,被放置在下标为 1 的数组单元,队首指针 Front 仍为 0,而队尾指针 Rear 为 1;第三种方法是另外设立队空标志。第一种和第二种处理方式是类似的,这里仅对第一种方式加以讨论,第三种方式同样是可行的,但为了避免设置标志带来的麻烦,通常不予采用。

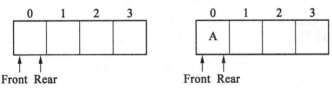

图 3 − 12 队列初始化时和一个元素进队后

图 3 − 13(a)(b)分别是初始化及第 1 个元素 A 进队后的情况;图 3 − 13(c)是元素 B 进队后的情况,这时真正的队尾元素为 B,队尾指针 Rear 指向队尾元素的后一数组单元,它的值为 2;图 3 − 13(d)(e)分别是队首元素出队后的情况,(e)表示在经过二次出队之

后队首指针 Front 和队尾指针 Rear 的值相等,都为 2,意味着队空;图 3-13(f)表示元素 C 进队后的情况,队尾指针 Rear 指针为 3,已经达到了数组单元下标的最大值。当元素 D 继续要求进队时,出现了一个矛盾。可以将元素 D 放入下标为 3 的最后一个数组元素之内,但根据惯例,队尾指针 Rear 将变为 4,显然是不合理的,因为它不在合理的下标范围之内。解决这个矛盾的方法有两种:第一种是将现有队列向数组左端移动,即将元素 C 放入下标为 0 的数组单元,而将新元素 D 放入下标为 1 的数组单元,最后将队尾指针 Rear 设置为 2,这种方法虽然解决了问题,但是时间代价太大,会引起全部数据的移动,一般不予采用;第二种是从逻辑上认为下标为 0 的单元是下标为 3 的单元的后一单元,即认为存储队列的数组是环形的,这样在元素 D 被放入下标为 3 的数组单元之后,队尾指针 Rear 的值将为 0,而不是 4,从而解决了矛盾,这种处理方法通常称为"循环技术"。因此,顺序存储的队列通常称为循环队列。如图 3-13(g)所示为元素 D 进队后的情况,元素 E 进队后的情况如图 3-13(h)所示。在图 3-13(h)所示的情况之后,如果元素 F 继续进队,会出现什么情况呢? 显然,如果允许元素 F 进队,那么根据惯例,队尾指针 Rear 和队首指针 Front 又相等了,这与队空的条件是完全一样的,因此这种情况必须避免。在不增加队满标志的条件下,进队之前可以将队尾指针 Rear"后移一步"(但当队尾指针 Rear 为 3 时,后移一步应为 0,所以不能笼统地称为将指针加 1),然后再看是否和队首指针 Front 相等,如果相等,则认为队列的空间已经用完——队满,无法执行进队操作。要想继续执行进队操作,必须将队列的存储空间增大,这样就以最多牺牲一个单元为代价圆满地解决了队满标志和队空标志矛盾的问题。

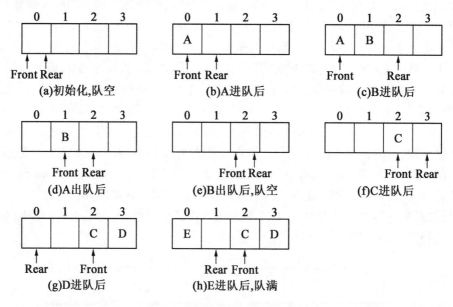

图 3-13　循环队列进出队分析

根据以上分析可以得出,在 Front 为实际的队首元素的下标地址,队尾 Rear 为实际队尾元素的下一数组单元的下标地址的情况下,队空的条件为 Rear = Front,队满的条件为 (Rear + 1)% maxSize = Front。注意:队满条件中包括了 Rear 为 maxSize - 1 的情况,这时队尾指针 Rear 的值将为 0。如果 Rear 不等于 maxSize - 1,那么取模后效果依然是 Rear 只简单加 1。在执行进队操作 enQueue 时,如果发现满足了队满条件,则执行操作

doubleQueue,将创建比当前数组的单元个数多一倍的新的数组作为队列的存储结构,再将原队列中的所有元素复制到新的数组中去,重新设置队首指针 Front、队尾指针 Rear,其实现过程类似于顺序栈的相应过程。操作 increment 完成"后移一位"的功能,如果 Front 或 Rear 指针的当前值为 maxSize − 1,后移一位之后其值为 0,完成"循环"功能,否则仅简单加 1 即可。

顺序存储的队列结构 Queue 的实现如程序 3 – 10 所示。

程序 3 – 10:顺序存储的队列结构、基本操作函数及其实现。

```c
#include <stdio.h>
#include <stdlib.h>

typedef int elemType;

typedef struct
{
    int Front, Rear;
    int maxSize;
    elemType *array;
}Queue;

void initialize(Queue *que, int size);          //初始化队列元素的存储空间
int isEmpty(Queue *que);                        //判断队空否,空返回1,否则为0
int isFull(Queue *que);                         //判断队满否,满返回1,否则为0
elemType front(Queue *que);                     //读取队首元素的值,队首不变
void enQueue(Queue *que, elemType x);           //将 x 进队,成为新的队尾
void deQueue(Queue *que);                        //将队首元素出队
void doubleSize(Queue *que);                      //扩展队列元素的存储空间为原来
                                                //的 2 倍
void clear(Queue *que);                         //将队列中所有元素清空,成为空
                                                //的队列
void destroy(Queue *que);                       //释放队列元素所占据的动态数组

void initialize(Queue *que, int size)           //初始化队列元素的存储空间
{
    que->maxSize = size;
    que->array = (elemType *)malloc(sizeof(elemType) * size);
                                                //申请实际的队列存储空间
    if(! que->array) exit(1);
    que->Front = que->Rear = 0;
}

int isEmpty(Queue *que)                         //判断队空否,空返回1,否则为0
{ return que->Front == que->Rear; }
```

```
int isFull(Queue * que)                              //判断队满否,满返回1,否则为0
{ return (que - >Rear +1)% que - >maxSize = = que - >Front;}

elemType front(Queue * que)                          //读取队首元素的值,队首不变
{
  if (isEmpty(que)) exit(1);
  return que - >array[que - >Front];
}

void enQueue(Queue * que, elemType x)                 //将 x 进队,成为新的队尾
{
  if(isFull(que)) doubleSize(que);
  que - >array[que - >Rear] = x;
  que - >Rear = (que - >Rear +1)% que - >maxSize;
}

void deQueue(Queue * que)                             //将队首元素出队
{
  if(isEmpty(que)) exit(1);
  que - >Front = (que - >Front +1)% que - >maxSize;
}

void clear(Queue * que)                               //将队列中所有元素清空,成为空
                                                      的队列
{ que - >Front = que - >Rear = 0;}

void destroy(Queue * que)                             //释放队列元素所占据的动态数组
{ free(que - >array);}

void doubleSize(Queue * que)                          //扩展队列元素的存储空间为原来
                                                      的 2 倍
{
  elemType * newArray;
  int i, j;

  newArray = (elemType * )malloc(sizeof(elemType) * 2 * que - >maxSize);
  if(! newArray) exit(1);

  for(i =0, j = que - >Front; (i < que - >maxSize) && j! = que - >Rear; i + +, j
=(j +1)% que - >maxSize)
    newArray[i] = que - >array[j];

  que - >Front = 0;
  que - >Rear = j;
```

```
    que - >maxSize = 2 * que - >maxSize;
}
```

3.3.3 队列的链式存储和实现

链式队列中元素的情况如图 3 – 14 所示,队首指针 Front 指向队首结点,队尾指针 Rear 指向队尾结点,队空的条件为 Front = Rear = NULL。队列中的结点各自占据内存中独立的空间,不需要连续的一大块空间,当计算机系统的存储单元足够多时,可以认为不存在队满的情况。由于进队和出队总是分别在队首和队尾进行,因此不必设置头结点,链式队列的元素如图 3 – 14 所示,用链表存储队列中元素的情况如图 3 – 15 所示。程序实现如程序 3 – 11 所示。

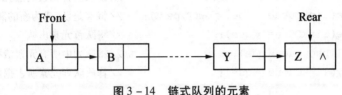

图 3 – 14　链式队列的元素

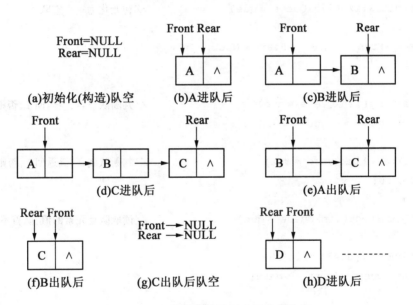

图 3 – 15　用链表存储队列中元素的情况

程序 3 – 11:链式队列的队列结构、基本操作函数及其实现。

```
#include < stdio.h >
#include < stdlib.h >

typedef int elemType;

typedef struct
{
  elemType data;
  struct Node * next;
```

```
}Node;

typedef struct
{
  Node *Front, *Rear;
}linkQueue;

void initialize(linkQueue *que);              //初始化为一个空队
int isEmpty(linkQueue *que);                  //判断队空否,空返回1,否则为0
int isFull(linkQueue *que);                   //判断队满否,满返回1,否则为0
elemType front(linkQueue *que);               //读取队首元素的值,队首不变
void enQueue(linkQueue *que, elemType x);     //将x进队,成为新的队尾
void deQueue(linkQueue *que);                 //将队首元素出队
void clear(linkQueue *que);                   //将队列中所有元素清空,为空的队列
void destroy(linkQueue *que);                 //释放队列元素所占据的动态空间

void initialize(linkQueue *que)               //初始化为一个空队
{
  que->Front = que->Rear = NULL;
}


int isEmpty(linkQueue *que)                   //判断队空否,空返回1,否则为0
{ return que->Front == NULL;}


int isFull(linkQueue *que)                    //判断队满否,满返回1,否则为0
{ return 0; }


elemType front(linkQueue *que)                //读取队首元素的值,队首不变
{
  if(isEmpty(que)) exit(1);
  return que->Front->data;
}


void enQueue(linkQueue *que, elemType x)      //将x进队,成为新的队尾
{
  Node *tmp;
  tmp = (Node *)malloc(sizeof(Node));
  tmp->data = x;
  tmp->next = NULL;

  if(isEmpty(que))
    que->Front = que->Rear = tmp;
  else
  {
```

```
      que - >Rear - >next = tmp;
      que - >Rear = tmp;
    }
}


void deQueue( linkQueue * que)                    //将队首元素出队
{
  Node * tmp;
  if(isEmpty(que)) exit(1);

  tmp = que - >Front;
  que - >Front = que - >Front - >next;
  free(tmp);
}


void clear( linkQueue * que)                       //将队列中所有元素清空,成为空的
                                                   队列

{
  Node * tmp;
  tmp = que - >Front;

  while(tmp)
  {
    que - >Front = que - >Front - >next;
    free(tmp);
    tmp = que - >Front;
  }

  que - >Front = que - >Rear = NULL;
}

void destroy( linkQueue * que)                     //释放队列元素所占据的动态空间
{ clear(que); }
```

3.4　基本能力上机实验

1. 实验目的

利用顺序栈结构处理数制转换,使学生掌握栈的基本结构和操作方法,培养学生灵活使用结构解决实际问题的能力。

2. 实验内容

通过 VC ++ 6.0 实现以下程序,熟练掌握每行代码的具体功能,具体操作如程序 3 - 12 所示。

程序 3 - 12:利用顺序栈结构处理数制转换。

```
#include   <string.h>
#include   <ctype.h>
#include   <malloc.h>                          /* malloc()等 */
#include   <limits.h>                          /* INT_MAX 等 */
#include   <stdio.h>                           /* EOF( = ˆZ 或 F6),NULL */
#include   <stdlib.h>                          /* atoi() */
#include   <io.h>                              /* eof() */
#include   <math.h>                            /* floor(),ceil(),abs() */
#include   <process.h>                         /* exit() */

                                               /* 函数结果状态代码 */
#define   TRUE  1
#define   FALSE  0
#define   OK  1
#define   ERROR  0
#define   INFEASIBLE  -1

typedef  int  Status;                          /* Status 是函数的类型,其值是函
                                                  数结果状态代码,如 OK 等 */
typedef  int  Boolean;                         /* Boolean 是布尔类型,其值是
                                                  TRUE 或 FALSE */
typedef  int  SElemType;                       /* 定义栈元素类型为整型 */

#define   STACK_INIT_SIZE  10                   /* 存储空间初始分配量 */
#define   STACKINCREMENT  2                     /* 存储空间分配增量 */
typedef  struct  SqStack
{
  SElemType * base;                            /* 在栈构造之前和销毁之后,base 的
                                                  值为 NULL */
  SElemType * top;                             /* 栈顶指针 */
  int  stacksize;                              /* 当前已分配的存储空间,以元素
                                                  为单位 */
}SqStack;                                       /* 顺序栈 */

Status  InitStack(SqStack * S)
{                                              /* 构造一个空栈 S */
  ( * S).base = (SElemType * )malloc(STACK_INIT_SIZE * sizeof(SElemType));
  if(! ( * S).base)
  exit(OVERFLOW);                              /* 存储分配失败 */
```

```
 ( * S).top = ( * S).base;
 ( * S).stacksize = STACK_INIT_SIZE;
 return  OK;
}


Status  DestroyStack(SqStack * S)
{                                           /*销毁栈 S,S 不再存在 * /
 free(( * S).base);
 ( * S).base = NULL;
 ( * S).top = NULL;
 ( * S).stacksize = 0;
 return  OK;
}


Status  ClearStack(SqStack * S)
{                                           /*把 S 置为空栈 * /
 ( * S).top = ( * S).base;
 return  OK;
}


Status  StackEmpty(SqStack  S)
{                                           /*若栈 S 为空栈,则返回 TRUE,否
                                             则返回 FALSE * /
 if(S.top = = S.base)
 return  TRUE;
 else
 return  FALSE;
}


int  StackLength(SqStack  S)
{
                                            /*返回 S 的元素个数,即栈的长
                                             度 * /
 return  S.top - S.base;
}


Status  GetTop(SqStack  S,SElemType  * e)
{                                           /*若栈不空,则用 e 返回 S 的栈顶元
                                             素,并返回 OK;否则返回 ERROR * /
 if(S.top > S.base)
 {
 * e = * (S.top - 1);
 return  OK;
 }
```

```
    else
    return  ERROR;
}


Status  Push(SqStack  * S,SElemType  e)
{                                            /*插入元素 e 为新的栈顶元素 * /
  if((* S).top-(* S).base > = (* S).stacksize)  /*栈满,追加存储空间 * /
  {
    (* S).base = (SElemType   * ) realloc((* S).base,((* S).stacksize +
STACKINCREMENT) * sizeof(SElemType));
    if(!(* S).base)
      exit(OVERFLOW);                        /*存储分配失败 * /
    (* S).top = (* S).base + (* S).stacksize;
    (* S).stacksize + = STACKINCREMENT;
  }
  *((* S).top) + + = e;
  return  OK;
}


Status  Pop(SqStack  * S,SElemType  * e)
{                                            /*若栈不空,则删除 S 的栈顶元素,
                                             用 e 返回其值,并返回 OK;否则返回
                                             ERROR * /
  if((* S).top = = (* S).base)
    return  ERROR;
  * e = * - -(* S).top;
  return  OK;
}


Status  StackTraverse(SqStack  S,Status(* visit)(SElemType))
{                                            /*从栈底到栈顶依次对栈中每个元
                                             素调用函数 visit() * /
                                             /*一旦 visit()失败,则操作失
                                             败 * /
  while(S.top > S.base)
    visit(* S.base + +);
  printf(" \n");
  return  OK;
}


void  conversion()
{                                            /*对于输入的任意一个非负十进制
                                             整数,打印输出与其等值的八进制
                                             数 * /
```

```
SqStack  s;
unsigned  n;                                   /*非负整数*/
SElemType  e;
InitStack(&s);                                 /*初始化栈*/
printf("请输入非负十进制整数 n: ");
scanf("% u",&n);                               /*输入非负十进制整数 n*/
while(n)                                       /*当 n 不等于 0*/
{
  Push(&s,n% 8);                               /*入栈 n 除以 8 的余数(8 进制的
                                                低位)*/

  n = n/8;
}
printf("与其等值的八进制数为: ");
while(! StackEmpty(s))                          /*当栈不空*/
{
  Pop(&s,&e);                                  /*弹出栈顶元素且赋值给 e*/
  printf("% d",e);                             /*输出 e*/
}
printf("\n");
}

void  main()
{
  conversion();
}
```

3.5 拓展能力上机实验

1. 实验目的

利用顺序栈结构处理括号匹配的检验,使学生掌握栈的基本结构和操作方法,培养学生灵活使用结构解决实际问题的能力。

2. 实验内容

通过 VC ++ 6.0 实现以下程序,熟练掌握每行代码的具体功能,具体操作如程序 3 - 13 所示。

程序 3 - 13:利用顺序栈结构处理括号匹配的检验。

```
#include  <string.h>
#include  <ctype.h>
#include  <malloc.h>                           /*malloc()等*/
#include  <limits.h>                           /* INT_MAX 等*/
#include  <stdio.h>                            /*EOF( =^Z 或 F6),NULL*/
#include  <stdlib.h>                           /*atoi()*/
#include  <io.h>                               /*eof()*/
```

```
#include   <math.h>                        /* floor(),ceil(),abs() */
#include   <process.h>                     /* exit() */

                                           /* 函数结果状态代码 */
#define   TRUE   1
#define   FALSE   0
#define   OK   1
#define   ERROR   0
#define   INFEASIBLE   -1

typedef   int   Status;                    /* Status 是函数的类型,其值是函
                                             数结果状态代码,如 OK 等 */
typedef   int   Boolean;                    /* Boolean 是布尔类型,其值是
                                             TRUE 或 FALSE */
typedef   char   SElemType;                /* 定义栈元素类型为字符型 */

#define   STACK_INIT_SIZE   10             /* 存储空间初始分配量 */
#define   STACKINCREMENT   2               /* 存储空间分配增量 */
typedef   struct   SqStack
{
  SElemType   *base;                       /* 在栈构造之前和销毁之后,base
                                             的值为 NULL */

  SElemType   *top;                        /* 栈顶指针 */
  int   stacksize;                         /* 当前已分配的存储空间,以元素
                                             为单位 */
}SqStack;                                  /* 顺序栈 */

Status   InitStack(SqStack   *S)
{                                          /* 构造一个空栈 S */
  (*S).base = (SElemType   *)malloc(STACK_INIT_SIZE * sizeof(SElemType));
  if(!(*S).base)
  exit(OVERFLOW);                          /* 存储分配失败 */
  (*S).top = (*S).base;
  (*S).stacksize = STACK_INIT_SIZE;
  return   OK;
}


Status   DestroyStack(SqStack   *S)
{                                          /* 销毁栈 S,S 不再存在 */
  free((*S).base);
  (*S).base = NULL;
  (*S).top = NULL;
  (*S).stacksize = 0;
  return   OK;
```

```
    }

    Status  ClearStack(SqStack  * S)
    {                                              /* 把 S 置为空栈 * /
      ( * S).top = ( * S).base;
      return  OK;
    }


    Status  StackEmpty(SqStack  S)
    {                                              /* 若栈 S 为空栈,则返回 TRUE,否
                                                   则返回 FALSE * /
      if(S.top = = S.base)
        return  TRUE;
      else
        return  FALSE;
    }


    int  StackLength(SqStack  S)
    {                                              /* 返回 S 的元素个数,即栈的长
                                                   度 * /
      return  S.top - S.base;
    }


    Status  GetTop(SqStack  S,SElemType  * e)
    {                                              /* 若栈不空,则用 e 返回 S 的栈顶
                                                   元素, 并 返 回 OK; 否 则 返 回
                                                   ERROR * /
      if(S.top > S.base)
      {
        * e = * (S.top - 1);
        return  OK;
      }
      else
        return  ERROR;
    }


    Status  Push(SqStack  * S,SElemType  e)
    {                                              /* 插入元素 e 为新的栈顶元素 * /
      if(( * S).top - ( * S).base > = ( * S).stacksize)  /* 栈满,追加存储空间 * /
      {
        ( * S).base = (SElemType   * ) realloc(( * S).base,(( * S).stacksize +
STACKINCREMENT) * sizeof(SElemType));
        if(! ( * S).base)
        exit(OVERFLOW);                            /* 存储分配失败 * /
```

```
        ( * S ) .top = ( * S ) .base + ( * S ) .stacksize;
        ( * S ) .stacksize + = STACKINCREMENT;
      }
    * ( ( * S ) .top ) + + = e;
    return  OK;
  }


  Status   Pop( SqStack   * S, SElemType   * e )
  {
```
/*若栈不空,则删除 S 的栈顶元素,
用 e 返回其值,并返回 OK;否则返回
ERROR * /
```
    if( ( * S ) .top = = ( * S ) .base )
      return  ERROR;
    * e = * - - ( * S ) .top;
    return  OK;
  }


  Status   StackTraverse( SqStack   S, Status( * visit ) ( SElemType ) )
  {
```
/*从栈底到栈顶依次对栈中每个元
素调用函数 visit( )。* /
　　/*一旦 visit( )失败,则操作失
败 * /
```
      while( S.top > S.base )
    visit( * S.base + + );
    printf( " \n" );
    return  OK;
  }


  void   check( )
  {
```
/*对于输入的任意一个字符串,检
验括号是否配对 * /
```
    SqStack  s;
    SElemType  ch[80], * p, e;
    if( InitStack( &s ) )                         /*初始化栈成功 * /
    {
      printf( "请输人括号表达式: " );
      gets( ch );
      p = ch;
      while( * p )                                /*没到串尾 * /
        switch( * p )
        {
          case  '(':
          case  '[':
          case  '|':Push( &s, * p + + );
```

```
          break;                              /*左括号入栈,且p++*/
      case ')':
      case ']':
      case '}':if(! StackEmpty(s))            /*栈不空*/
        {
          Pop(&s,&e);                         /*弹出栈顶元素*/
          if( *p = =')'&&e! ='('||*p = =']'&&e! ='['||*p = ='}'&&e! ='{')
                                              /*弹出的栈顶元素与*p不配对*/
          {
            printf("左右括号不配对 \n");
            exit(ERROR);
          }
          else
          {
            p++;
            break;                            /*跳出 switch 语句*/
          }
        }
        else                                  /*栈空*/
        {
          printf("缺乏左括号 \n");
          exit(ERROR);
        }
      default:  p++;                          /*其他字符不处理,指针向后移*/
    }
    if(StackEmpty(s))                         /*字符串结束时栈空*/
      printf("括号匹配 \n");
  else
      printf("缺乏右括号 \n");
  }
}


void  main()
{
  check();
}
```

3.6 习　　题

1. 写出算数表达式((3+5) * 2^3 +8 −7)/5 的逆波兰式。

2. 如果一个字母序列的入栈顺序为 abcd,且假设在进栈的过程中,任何时候只要栈内有字母都可以选择出栈,则以下序列哪些不可能是出栈序列,为什么?

(1)dcba；(2)badc；(3)dbca；(4)cabd；(5)bacd；(6)abcd。

3.利用顺序存储结构设计并实现一个共享栈,该共享栈为两个栈共享一段连续的存储空间。

4.写出求 $n!$ 的非递归和递归算法。要求：

(1)非递归算法中设计一个栈,不断压入整数 $n,n-1,\cdots,1$,当遇到 0 时,不断弹出并得到最终结果；

(2)从中体会递归算法中内部栈的原理。

5.一个算数表达式中可能含有各类括号,如小括号( )、方括号[ ]、大括号{ },试写出算法判断该表达式中括号是否匹配。

第4章 串

串(即字符串)是一种特殊的线性结构,它的数据元素仅由一个字符组成。随着非数值处理的广泛应用,某些应用系统(如字符编辑、文字处理、信息检索、自然语言翻译和事务处理等系统)处理的对象经常是字符串数据。例如,在汇编和高级语言的编译程序中,源程序和目标程序都是字符串数据;在事务处理程序中,顾客的姓名、地址、货物的产地、名称等也是作为字符串处理的。

在不同类型的应用中,所处理的字符串具有不同的特点,要有效地实现字符串的处理,就必须根据不同情况选择合适的存储结构。因此,本章将串作为线性表的特例加以研究,讨论串的存储结构及基本操作。

4.1 串类型的定义

4.1.1 串的概念

串(String)是由零个或多个任意字符组成的有限序列,一般记为

$$s = "a_1 a_2 \cdots a_n"$$

其中,s 是串名;双引号作为串的定界符,双引号括起来的字符序列为串值,双引号本身不属于串的内容,它的作用只是避免与变量名或常量混淆。$a_i (1 \leqslant i \leqslant n)$ 可以是一个字母、数字或其他字符,称为串的元素,是构成串的基本单位,i 是它在整个串中的序号。n 为串的长度,表示串中所包含的的字符个数,当 $n = 0$ 时,称为空串(NULL String),通常记为 φ。特别地,由一个或多个空格符组成的串称为空格串(或称空白串,Blank String),清楚起见,用" "表示空格符,以区别于空串。

4.1.2 几个术语

(1)子串。串中任意连续字符组成的子序列称为该串的子串。

(2)主串。包含子串的串称为主串。字符在串中的序号表示该字符在串中的位置,子串的第一个字符在主串中的序号称为子串的位置。

例如,假设 a、b、c、d 为如下的 4 个串:

$$a = "THE", b = "WORD", c = "THEWORD", d = "THE WORD"$$

则它们的长度分别为 3、4、7 和 8,并且 a 和 b 都是 c 和 d 的子串,a 在 c 和 d 中的位置都是1,而 b 在 c 中的位置是 4,b 在 d 中的位置是 5。

(3)串相等。当且仅当两个串的长度相等且对应位置上字符都相同时,称两个串是相等的。例如,上例中的串 a、b、c、d 彼此都不相等。

综上所述,串的逻辑结构与线性表相似,区别在于串的数据对象是字符集,其元素是单个字符,且通常以串整体为处理对象。

4.1.3　串的逻辑定义

与线性表定义类似,可借助抽象数据类型格式对串进行逻辑定义如下:

ADT String{

 数据对象:$D = \{a_i \mid a_i \in CharacterSet, i = 1, 2, \cdots, n, n \geq 0\}$

 数据关系:$R = \{<a_{i-1}, a_i> \mid a_{i-1}, a_i \in D, i = 2, 3, \cdots, n\}$

基本操作:

 StrAssign(T,chars)

  初始条件:chars 是一个字符串的常量。

  操作结果:生成一个其值等于 chars 的串 T。

 StrCopy(T,S)

  初始条件:串 S 存在。

  操作结果:由串 S 复制得串 T。

 StrEmpty(S)

  初始条件:串 S 存在。

  操作结果:判断串 S 是否为空。

 StrCompare(S,T)

  初始条件:串 S 和 T 存在。

  操作结果:对两个串进行比较。

StrLength(S)

  初始条件:串 S 存在。

  操作结果:求串 S 长度。

StrClear(S)

  初始条件:串 S 存在。

  操作结果:将串 S 清空。

StrCat(T,S1,S2)

  初始条件:串 S1 和 S2 存在。

  操作结果:用 T 返回由 S1 和 S2 链接的新串。

SubString(Sub,S,pos,Len)

  初始条件:串 S 存在,$1 \leq pos \leq StrLength(s)$ 且 $0 \leq len \leq StrLength(s) - pos + 1$。

  操作结果:用 Sub 返回串 S 的第 pos 个字符起长度为 len 的字串。

Index(S,T,pos)

  初始条件:串 S 和 T 存在,T 非空,$1 \leq pos \leq StrLength(S)$。

  操作结果:从串 s 的第 pos 个字符起,检查是否存在与串 T 相同的字串。

StrReplace(S,T,V)

  初始条件:串 S、T 和 V 存在,T 非空。

  操作结果:用 V 替换 S 中所有与 T 相同的字串。

 StrInsert(S,pos,T)

  初始条件:串 S 和 T 存在,$1 \leq pos \leq ListLength(L) + 1$。

  操作结果:在串 S 的第 pos 个字符之前插入串 T。

 StrDelete(S,pos,len)

　　　初始条件:串 S 已经存在,1≤pos≤ListLength(L) - len +1
　　　操作结果:删除 S 中第 pos 个字符起长度为 len 的子串。
｝ADT List
　　以上是串的几个常用操作。其中,前 5 个操作是最为基本的,它们不能用其他的操作
来合成,因此通常将这 5 个基本操作称为串的最小操作子集,所有串的操作均可利用这些
操作组合实现。

4.2　串的顺序存储和实现

　　类似于顺序表,串的顺序存储表示用一组地址连续的存储单元存储串值中的字符序
列,实现串的顺序存储结构有静态字符数组和动态字符数组两种方式。
　　由于采用静态数组实现的顺序串的存储空间大小不能随意改变,因此进行串的连接
时可能产生截断问题,另外在插入和删除时也不方便,一般采用动态数组实现。

```
/*串的动态顺序存储表示 * /
#define INITSIZE 128
#define INCRE 20
#define OK 1
#define ERROR 0
Typedef struct
{
  char * data;                              /*存放串中字符 * /
  int length;                               /*串的长度 * /
  int stringsize;                           /* 当前串的存储空间长度 * /
｝SqString;
```

下面讨论串的基本操作的实现。
(1)串初始化。构造一个空串 S。
程序 4 - 1:串初始化。

```
int InitString( SqString * s)
{
  S - >data =(char * )malloc( INITSIZE * sizeof(char));
  if(! S - >data)
  return ERROR;                             /*存储空间申请失败,返回 * /
  S - >length =0;                           /*设置串长为 0 * /
  S - >stringsize = INITSIZE;               /*设置当前串存储空间长度 * /
  return OK;
}
```

(2)求串长。返回串 S 的长度。
程序 4 -2:求串长。

```
int StrLength( SqString * S)
{
  return S - >length;
```

```
}
```

（3）判断串是否为空。空串的判断条件是串的长度为 0。

程序 4 - 3：判断串是否为空。

```
int StrEmpty(SqString * S)
{
  if(S - >length = =0)
    return OK;
  else
    return ERROR;
}
```

（4）串赋值。将一个字符串 str 赋值给串 S。

程序 4 - 4：串赋值。

```
int StrAssign(SqString * S,char * str)
{
  int i =0;
  while( * str)                          /* 依次将 str 复制到串 S * /
    S - >data[i + +] = * str + +;
  S - >data[i] = '\0 ';                   /* 设置串结束符 * /
  S - >length = i;                        /* 置当前串长 * /
  return OK;
}
```

（5）串复制。将串 T 复制给串 S。

程序 4 - 5：串复制。

```
int StrCopy(SqString * S,SqString * T)
{
  int i =0;
  S - > length = T - > length;
  while(i < T - > length)
    S - >data[i] = T - > data[i + +];
  S - >data[i] = '\0 ';
}
```

（6）串比较。两个串 S 与 T 比较，若 S = =T，则返回值为 0;若 S < T，则返回值小于 0;若 S > T，则返回值大于 0。

程序 4 - 6：串比较。

```
int StrCompare(SqString * S,SqString * T)
{
  int i;
  for(i =0;i < S - >length&&i < T - >length;i + +)
    if(S - >data[i]! =T - >data[i])
      return S - >data[i] -T - >data[i];
  teturn S - >length - T - >length;
}
```

（7）取子串。串 S 的第 pos 个字符开始长度为 len 的连续字符序列赋给子串 Sub。

程序 4-7:取子串。

```
int SubString(SqString * Sub,SqString *S,int pos,int len)
{
  int i;
  if(pos <1||pos >S->length||len <0||len >S->length-pos+1)
    return ERROR;
  Sub->length =0;
  for(i =0;i <len;i++)
  {
    sub->data[i] =s->data[i+pos-1];
    sub->length++;
  }
  sub->data[i] ='\0';
  return OK;
}
```

(8)串连接。把两个串 S1 和 S2 首尾连接成一个新串 S。

程序 4-8:串连接。

```
int StrConcat(SqString * S,SqString *s1, SqString *s2)
{
  int i =0,j =0;
  if(s1->length +s2->length >=S->stringsize)
  {
    S->data =(char *)realloc(S->data,(S->stringsize+INCRE)*sizeof
(char));
    if(! S->data)
      return ERROR;
    S->stringsize +=INCRE;
  }
  while(i <s1->length)
    S->data[i] =s1->data[i++];
  while(j <s2->length)
    S->data[i++] =s2->data[j++];
  S->data[i] ='\0';
  S->length =s1->length +s2->length;
  return OK;
}
```

4.3 串的链式存储和实现

与线性表的链式存储结构类似,也可以采用链表方式存储串值。由于串结构中的每一个数据元素是一个字符,因此用链表存储串值时,存在一个"结点大小"的问题,即每个结点既可以存放一个字符,也可以存放多个字符。

为便于进行串的操作,当以链表存储串值时,除头指针外可增设一个尾指针指示链表中的最后一个结点,并给出当前串的长度。程序设计如下:

```c
#define NODESIZE 20
typedef struct Node
{
    char ch[NODESIZE];
    struct Node *next;
}Node;
typedef struct Link
{
    Node *head, *tail;
    int curlen;
}Link;
```

在一般情况下,对串进行操作时,只要从头向尾顺序扫描即可,对串值不必建立双向链表。设尾指针的目的是便于进行连接操作,但应注意连接时需处理第一个串尾的无效字符。

在块链式存储表示方式中,结点大小的选择和顺序存储方式的选择都很重要,直接影响串的处理效率。在各种串的处理系统中,所处理的串往往很长、很多。例如,一本书有几百万个字符,情报资料包括成千上万个条目。因此,存在一个串值的存储密度问题。存储密度可定义为

存储密度 = 串值所占的存储位/实际分配的存储位

可知,存储密度小(如结点大小为 1 时),操作运算方便,但存储占用量大(指针空间占用更多)。这种存储表示适合串值不太长、操作频繁的串。

链式存储结构的特性决定了串值的块链结构对某些串操作,如串连接操作相对方便,但不及顺序存储结构灵活,且它的存储量大(主要是增加了存储指针的空间)。串值块链结构串操作的实现也与线性表链表存储结构的操作类似。

4.4 串的模式匹配

4.4.1 概念

本节重点讨论串定位操作——模式匹配的实现算法。对串的同一种运算,在不同的存储结构上实现时,其算法是不同的。由于采用链式存储时其操作与线性链表类似,并且占用的存储空间多,因此在大多数情况下,串值的存储采用顺序存储方式。

串的模式匹配 index(s,t,start)即子串定位是一种重要的串运算。设 s 和 t 是给定的两个串,从主串 s 的第 start 个字符开始查找等于子串 t 的过程称为模式匹配。如果在 s 中找到等于 t 的子串,则称匹配成功,函数返回 t 在 s 中首次出现的存储位置(或序号);否则,匹配失败,返回 0。子串 t 称为模式串。下列各例的运算结果如下。

(1)若 s = " abcdefg ",t = " efg ",则模式 t 在主串 s 中的序号为 5。

(2)若 s = " abcdefg ",t = " abcdg ",则模式 t 在 s 中的序号为 0。

（3）若 s = "abcdefgabc"，t = "abc"，如果指定从 s 串的第一个字符开始搜索，则序号为 1；如果改变搜索的起始位置，如从 s 的第三个字符开始搜索，则序号为 8。

4.4.2　模式匹配的基本算法（BF 算法）

实现模式匹配最简单、直观的方法是基于蛮力法（Brute Force）技术设计的算法，即 BF 算法。该算法的基本思想是，按照自左至右的顺序，从主串的第 start 个字符起和模式串的第一个字符比较。若相等，则继续逐个比较后续字符；否则，从主串的第 start + 1 个字符起重新和模式串的字符比较。依此类推，直到模式串 t 中的每个字符依次和主串 s 中的一个连续的字符序列相等，则匹配成功；否则，匹配不成功。

对应的 BF 算法代码如程序 4 – 9 所示。

程序 4 – 9：BF 算法。

```
int indexBF(SqString * s,SqString * t,int start)
{
  int i = start – 1,j = 0;
  while (i < s – >length&&j < t – >length)      /*依次比较主串 s 和子串 t 对应字符*/

    if(s – >data[i] = = t – >data[j])            /*对应字符相等,继续比较下一个字符*/

    {
      i + +;
      j + +;
    }
    else                                          /*对应字符不相等,i、j 回溯,开始下一趟比较*/

    {
      i = i – j +1;
      j = 0;
    }
  if(j > = t – >length)                          /*匹配成功,返回子串 t 在主串 s 的位置*/

    return i – t – >length +1;
  else
    return 0;
}
```

设主串 s = "ababcabcacbad"，模式串 t = "abcac"，简单模式匹配算法的匹配过程如图 4 – 1 所示。

```
                            ↓i=2
            0 1 2 3 4 5 6 7 8 9 10 11 12
第一趟  a b a b c a b c a c b a b
        a b c
              ↑j=2

                      ↓i=1
第二趟  a b a b c a b c a c b a b
                  a
              ↑j=0              ↓i=6
第三趟  a b a b c a b c a c b a b
                  a b c a c
                      ↓i=3    ↑j=4
第四趟  a b a b c a b c a c b a b
                  a
                  ↑j=0
                      ↓j=4
第五趟  a b a b c a b c a c b a b
                  a
                  ↑j=0                ↓i=10
第六趟  a b a b c a b c a c b a b
                  a b c a c
                              ↑j=5
```

图 4-1　简单模式匹配算法的匹配过程

下面分析该算法的时间复杂度，设串 s 长度为 n，串 t 长度为 m。在匹配成功的情况下，考虑以下两种极端情况。

（1）在最好情况下，每趟不成功的匹配都发生在第一对字符比较时。

例如，$s =$ "aaaaaaaaaaaabc"，$t =$ "bc"，设匹配成功发生在 s_i 处，则字符比较次数在前面 $i-1$ 趟匹配中共比较 $i-1$ 次，第 i 趟成功的匹配共比较 m 次，所以总共比较 $i-1+m$ 次，所有匹配成功的可能共有 $m-n+1$ 种。设从 s_i 开始与串匹配成功的概率为 p_i，在等概率情况下 $p_i = 1/(n-m+1)$，因此最好情况下平均比较的次数是

$$\sum_{i=1}^{n-m+1} p_i \times (i-1+m) = \sum_{i=1}^{n-m+1} \frac{1}{n-m+1}(i-1+m) = \frac{n+m}{2}$$

即最好情况下的时间复杂度是 $O(n+m)$。

（2）在最坏情况下，每趟不成功的匹配都发生在 t 的最后一个字符。

例如，$s =$ "aaaaaaaaaaaaaab"，$t =$ "aaab"，设匹配成功发生在 s_i 处，则在前面 $i-1$ 趟匹配中共比较 $(i-1)m$ 次，第 i 趟成功的匹配共比较 m 次，所以总共比较 $i \times m$ 次。因此，最坏情况下平均比较的次数是

$$\sum_{i=1}^{n-m+1} P_i \times (i \times m) = \sum_{i=1}^{n-m+1} \frac{1}{n-m+1} \times (i \times m) = \frac{m \times (n-m+2)}{2}$$

当 $n \gg m$ 时，最坏情况下的时间复杂度是 $O(n \times m)$。

4.4.3　KMP 算法

BF 算法的原理简单但效率较低。分析程序 4-9 的执行过程，造成 BF 算法低效率的

原因是 i 和 j 的回溯,即在某趟的匹配过程失败后,对于 s 串要回到本趟开始字符的下一个字符,t 串要回到第一个字符,这些回溯并不是完全必要的。

对于图 4-1 中的匹配过程,由第三趟匹配过程可知 $s_3 \sim s_6$,与 $t_1 \sim t_4$ 对应字符相等,但 $s_7 \neq t_5$,因此有了第四趟。其实这一趟是不必要的,因为在第三趟中有 $s_4 = t_2$,而 $t_1 \neq t_2$,故必有 $t_1 \neq s_4$。同理,第五趟也是没有必要的,所以从第三趟之后可以直接进行第六趟。另外,第六趟中的第一对字符 s_6 和 t_1 的比较也是多余的,因为第三趟中已经比过了 s_6 和 t_4,并且 $s_6 = t_4$,而 $t_1 = t_4$,故必有 $s_6 = t_1$,所以第六趟的比较可以直接从第二对字符 s_7 和 t_2 开始进行。也就是说,第三趟匹配失败后,保留指针 i 不动,而是将模式串 t 向右"滑动",用 t_2"对准"s_7 继续进行,依此类推。整个模式匹配过程中,主串指针 i 不需要回溯。

上述改进的模式匹配过程由 Knuth、Morris 和 Pratt 同时设计实现了一种改进的模式匹配算法,简称 KMP 算法。其特点是,每当一趟匹配过程中 s_i 和 t_j 比较不等时,指针 i 不回溯,模式 t 向右"滑动"尽可能远的某个位置上,使得 t_k 对准 s_i 继续自左至右进行比较。

显然,现在问题的关键是串 t"滑动"到哪个位置上。不妨设位置为 k,即 s_i 和 t_j 比较失配后,指针 i 不动,模式上向右"滑动",使 t_k 和 s_i 对准继续向右进行比较。要满足这一假设,就要有如下关系成立,即

$$"t_1 t_2 \cdots t_{k-1}" = "s_{i-k+1} s_{i-k+2} \cdots s_{i-1}" \tag{4-1}$$

式中,左边是 t_k 前面的 $k-1$ 个字符;右边是 s_i 前面的 $k-1$ 个字符。

而已经得到的部分匹配结果是

$$"t_1 t_2 \cdots t_{j-1}" = "s_{i-j+1} s_{i-j+2} \cdots s_{i-1}" \tag{4-2}$$

因为 $k < j$,所以有

$$"t_{j-k+1} t_{j-k+2} \cdots t_{j-1}" = "s_{i-k+1} s_{i-k+2} \cdots s_{i-1}" \tag{4-3}$$

式中,左边是 t 前面的 $k-1$ 个字符,右边是 s 前面的 $k-1$ 个字符。

综合式(4-1)和式(4-3),得到关系

$$"t_1 t_2 \cdots t_{k-1}" = "t_{j-k+1} t_{j-k+2} \cdots t_{j-1}" \tag{4-4}$$

结论:每趟在 s_i 和 t_j 比较失配后,如果模式串中有满足式(4-4)的子串存在,即模式中的前 $k-1$ 个字符与模式中字符 t_j 前面的 $k-1$ 个字符相等时,模式串 t 就可以整体向右"滑动",使 t_k 和 s_i 对准,继续向右进行比较即可。

采用 KMP 算法的模式匹配过程可分为两部分:首先对模式串 t 的每个字符计算其对应的 k 值,并保存在一个数组 next 中;然后利用 next 数组进行模式匹配。

1. next 数组

模式串中的每一个 t_j 都对应一个 k 值,由式(4-4)可知,这个 k 值仅依赖于模式串 t 本身字符序列的构成,而与主串 s 无关。用 next[j] 存储 t_j 对应的 k 值。根据以上分析可知,next 数组具有如下性质:

(1) next[j] 是一个整数,且 $0 \leqslant$ next[j] $< j$;

(2) 为了使 t 的右移不丢失任何匹配成功的可能,当存在多个满足式(4-4)的 k 值时,应取最大的值,这样向右"滑动"的距离最短,"滑动"的字符为 $j-$next[j] 个;

(3) 如果在 t_j 前不存在满足式(4-4)的子串,此时若 $t_1 \neq t_j$,则 $k = 1$;若 $t_1 = t_j$,则 $k = 0$,这时"滑动"的最远,为 $j-1$ 个字符,即用 t_1 和 s_{j+1} 继续比较。

因此,next 数组可定义如下:

$$next[j]\begin{cases}0, & \text{当}j=1,\text{应将模式串中的字符 }t_k\text{ 与主串中的 }s_i\text{ 对齐}\\ \max\{k\mid 1\leqslant k<j\text{ 且 "}t_{12}\cdots t_{k-1}\text{" = "}t_{j-k+1}t_{j-k+2}\cdots t_{j-1}\text{"}\}\\ 1 & \text{当不存在上面的 }k\text{ 且 }t_1\neq t_i\end{cases}$$

设模式串 1 = "abcaababc",则模式串的 next 数组值见表 4 − 1。

表 4 − 1　模式串的 *next* 数组值

j	1	2	3	4	5	6	7	8	9
模式串 t_j	a	b	c	a	a	b	a	b	c
next$[j]$	0	1	1	1	2	2	3	2	3

　　由上述计算过程可写出相应的求 next 数组的算法。上述串中的指向字符的 i 和 j 均从 1 开始,而 C 语言中,下标均由 0 开始,因此在程序 4 − 10 中,i 的初值为 0,j 的初值为 − 1,next[0] 的初值也为 −1,算法计算出的 next 数值与表 4 −1 相比小 1。

　　程序 4 − 10:next 数组的计算。

```
void getNext(SqString * t,int next[])
{
  int i = 0,j = -1;
  next[0] = -1;
  while(i < t - > length)
  {
    if((j == -1)||(t - >data[i] = =t - >data[j]))
    {
      i + +;
      j + +;
      next[i] = j;
    }
    else
      j = next[j];
  }
}
```

2. KMP 算法

　　在求得模式的 next 数组之后,模式匹配过程为,假设以指针 i 和 j 分别指示主串和模式串中的字符比较位置,令 i 从 start 开始,j 的初值为 1。在匹配过程中,若 $s_i = t_j$,则 i 和 j 分别增 1,继续下一个对应位置字符的比较;若 $s_i \neq t_j$,则 i 不变,j 退到 next$[j]$ 位置进行下一趟比较。依此类推,直至下列两种情况:一是 j 退到某个 next 值时字符比较相等,则 i 和 j 分别增 1 继续本趟匹配;二是 j 退到值为零(即模式的第一个字符失配),则此时 i 和 j 也要分别增 1,表明从主串的下一个字符起和模式重新开始下一趟匹配。直到主串中存在一个连续的字符序列与模式串相同,则模式匹配成功;否则,匹配失败。

　　设主串 s = "aabcbabcaabcaababc",子串 t = "abcaababc",利用模式 next 函数进行匹配的过程示意图如图 4 −2 所示。

```
         ↓i=1
        0 1 2 3 4 5 6 7 8 9 10 11 12 13 14 15 16 17
第一趟  a b c b a b c a a b  c  a  a  b  a  b  c
        a b c a a b a b c
          ↑j=1 next[1]=0

          ↓i=1→   ↓i=4
第二趟  a b c b a b c a a b  c  a  a  b  a  b  c
          a b c a a b a b c
          ↑j=0→   ↑j=3 next[3]=0

                ↓i=4
第三趟  a b c b a b c a a b  c  a  a  b  a  b  c
                a b c a a b a b c
                ↑j=0 next[0]=-1

                  ↓i=5 →      ↓i=11
第四趟  a b c b a b c a a b  c  a  a  b  a  b  c
                  a b c a a b a a c
                  ↑j=0 →      ↑j=6 next[6]=2

                              ↓i=11 →          ↓i=18
第五趟  a b c b a b c a a b  c  a  a  b  a  b  c
                            a b  c  a  a  b  a  b  c
                                 ↑j=2 →         ↑j=9
```

图 4-2　利用模式 next 函数进行匹配的过程示意图

在假设已有 next 数组情况下,KMP 算法如程序 4-11 所示。

程序 4-11:KMP 算法。

```
int indexKmp(SqString *s,SqString *t,int start, int next[])
{
  int i=start-1,j=0;
  while(i<s->length&&j<t->length)
  if(j==-1||s->data[i]==t->data[j])
  {
    i++;
    j++;
  }
  else j=next[j];                    /* 开始下一次匹配,字串指针 j 移动到下一个位置 */

  if(j>=t->length)
    return (i-t->length+1);
  else
    return 0;
  }
```

程序 4 – 10 求 next 数组的时间复杂度是 $O(m)$，而程序 4 – 11 的时间复杂度是 $O(n \times m)$，因此最坏的情况下，KMP 算法的效率仍然是 $O(n+m)$。但由于模式匹配过程不回溯，因此实际的时间效率接近 $O(n+m)$。

4.4.4　Horspool 算法和 Boyer – Moore 算法

Horspool 算法和 Boyer – Moore 算法也是模式匹配的改进算法，是基于后缀的匹配方法。与 KMP 算法不同的是，Horspool 算法和 Boyer – Moore 算法在模式匹配过程中的每一趟总是自右至左进行对应字符的比较。

1. Horspool 算法

Horspool 算法进行模式匹配的每一趟，总是从模式串的最后一个字符开始与主串中的对应位置的字符进行比较，如果发生字符失配，则需要将模式串整体右移。在不错过匹配机会的前提下，总希望移动的幅度尽可能大。

假设对齐模式串最后一个字符的主串字符是 c，Horspool 算法根据 c 的不同情况来确定模式的移动距离，一般可能出现以下四种情况：

（1）如果模式串中不存在字符 c，则模式串安全移动的距离就是模式串的长度；

（2）如果模式串中存在字符 c，但它不是模式串的最后一个字符，则应将模式串中最右边的 c 与主串中的 c 对齐；

（3）如果 c 正好是模式串的最后一个字符，但模式串的其他字符中不包含 c，模式串的移动方法类似于情况（1），移动的距离就是模式串的长度；

（4）如果 c 正好是模式串的最后一个字符，且模式串的其他字符中也包含 c，模式串的移动方法类似于情况（2），应将模式串中最右边的 c 与主串中的 c 对齐。

因此，类似于 KMP 算法，可以预先计算每次移动的距离并保存在一个字符移动表中，就可以在模式匹配时利用它确定下一趟匹配的模式串移动距离。

对于每个字符 c，移动距离 $T(c)$ 计算方法如下：

$$T(c) = \begin{cases} \text{模式串的长度 } m（\text{当 } c \text{ 不包含在模式串的前 } m-1 \text{ 个字符中）} \\ \text{模式串前 } m-1 \text{ 个字符中最右边的 } c \text{ 到模式串的最后一个字符的} \\ \text{距离（其他情况下）} \end{cases}$$

设主串 s = "JIM_SAW_ME_IN_A_BARBERSHOP"，子串 t = "BARBER"。如图 4 – 3 所示为利用 Horspool 算法进行匹配的过程示意图。

```
JIM_SAW_ME _IN_A_BARBERSHOP

BARBER R≠A, 4
  BARBER R≠E, 1
    BARBER R≠_, 6
      BARBER R≠B,2
        BARBER R = R, E≠A, 3
          BARBER
```

图 4 – 3　利用 Horspool 算法进行匹配的过程示意图

在进行模式匹配时，首先计算字符移动表。由 $T(c)$ 计算方法可得模式串的字符移动表见表 4 – 2。

表 4 - 2　模式串的字符移动表

字符	A	B	C	D	E	F	…	R	…	Z	…
移动距离	4	2	6	6	1	6	6	3	6	6	6

根据上述分析,Horspool 算法可设计如下。

程序 4 - 12:Horspool 算法。

```
int horspoolMathing(SqString *pat,SqString *txt,int table[])
{
  int i = pat - >length -1,k,;
  while (i < =txt - >length -1)
  {
    k = 0;
    while((k < =pat - >length -1)&&(pat - >data[pat - >length -1 -k] = =txt - >
    data[i -k]))
      k + +;
    if(k = =pat - >length) return i -pat - >length +1;
    else i =i +table[txt - >data[i]];
  }
  return -1;
}
```

程序 4 - 13:字符移动表的计算。

```
int shift_table(SqString *pat,int table)[])
{
  int i,j;
  for(i =0;i <N;i + +)
    table[i] =pat - >length;
  for(j =0;j <pat - >length -1;j + +)
    table[pat - >data[j]] =pat - >length -1 -j;
  return 0;
}
```

Horspool 算法的最差效率也是属于 $O(n \times m)$,但对于随机主串,它的效率是属于 $O(n)$ 的,并且就平均而言,Horspool 算法要比 BF 算法快得多。

2. Boyer - Moore 算法

Boyer - Moore 算法的原理比 Horspool 算法要复杂一些。

如果模式串的最右边的字符与主串对应字符 c 的比较失配,则模式的移动与 Horspool 算法完全一致,但如果在一趟匹配过程中发生字符失配时,已经有 $k(0 < k < m)$ 个字符比较相等,则 Boyer - Moore 算法根据两个参数来确定模式移动的距离,这与 Horspool 算法不同。

第一个参数 d_1 根据主串失配字符 c 确定,称为坏字符移动。如果 c 不在模式串中,则应将模式串移动至正好跳过该字符的位置上,可用公式 $t_1(c) - k$ 计算移动的距离;如果 c 在模式串中,且 $t_1(c) - k > 0$,则同样适用,但如果 $t_1(c) - k < 0$ 则不必进行回退,直接可将模式串向右移动一个字符的距离。因此,参数 d_1 的计算公式为 $d_1 = \max\{t_1(c) - k, 1\}$。

　　第二个参数 d_2 根据模式串中最后 $k > 0$ 个匹配成功的字符确定,若将模式串的结尾部分称为模式串的长度为 k 的后缀(记为 suff(k)),则称为好后缀移动。如果模式串中存在另一个 suff(k),则模式串的移动距离 d_2 为模式串中右边第二个 suff(k)到最右边的 suff(k)之间的距离;如果不存在另一个 suff(k),则模式串的移动距离 d_2 为整个模式串的长度 m。

　　综上所述,模式匹配的移动距离计算方法为

$$d = \begin{cases} d_1, & k = 0 \\ \max\{d_1, d_2\}, & k > 0 \end{cases}$$

　　Boyer – Moore 算法的模式匹配也可通过两步实现:首先根据模式串计算字符移动表,并保存到对应的数组中;其次进行模式匹配的具体过程,直到模式匹配成功或失败。

　　设主串 s = "BESS_KNEW_ABOUT_BAOBABS",子串 t = "BAOBAB",利用 Boyer – Moore 算法进行匹配的过程示意图如图 4 – 4 所示。

BESS_KNEW_ABOUT_BAOBABS

BAOBAB
d1 = t1(K) − 0 = 6
　BAOBAB
　d1 = t1(_) − 2 − 4
　d2 = 5
　d = max{4,5} = 5
　　BAOBAB
　　d1 = t1(_) − 1 − 5
　　d2 = 2
　　d = max(5,2) = 5
　　BAOBAB

图 4 – 4　利用 Boyer – Moore 算法进行匹配的过程示意图

　　在进行模式匹配时,首先计算坏字符移动表,见表 4 – 3。

表 4 – 3　坏字符移动表

字符 c	A	B	C	D	…	O	…	Z	—
移动距离	1	2	6	6	6	3	6	6	6

　　然后计算好后缀移动表,见表 4 – 4。

表 4 – 4　好后缀移动表

k	子串	d_2	k	子串	d_2
1	BAO BA B	2	4	BA OBAB	5
2	BAOB AB	5	5	BAOBAB	5
3	BAO BAB				

程序 4 - 14：Boyer - Moore 算法。

```
int BoyerMoore(SqString * pat,SqString * txt)
{
int i,j,bmGs[M] = {0},bmBc[M] = {0};
preBmBc(pat,bmBc);                      /* 构造坏字符移动表 * /
preBmGs(pat,bmGs);                      /* 构造好后缀移动表 * /
while(j < txt - > length - pat - > length)
  {
    for(i = pat - > length - 1;i > = 0&&pat - > data[i] = = txt - > data[i + j]; - -
i)
      if(i < 0)
        return j + 1;
      else
        j + = (bmGs[i] > bmBc[txt - > data[i + j]] - pat - > length + 1 + i)? bmGs
            [i]:
            bmBc[txt - > data[i + j]] - pat - > length + 1 + i;
  }
  return - 1;
}
```

程序 4 - 15：构造坏字符移动表。

```
void preBmBc (SqString * pat, int bmBc[])
{
int i;
for(i = 0;i < M; + + i)
  bmBc[i] - pat - > length;
for(i = 0;i < pat - > length - 1; + + i)
  bmBc[pat - > data[i]] = pat - > length - i - 1;
}
```

程序 4 - 16：求模式中各位置的后缀。

```
void suffixes(SqString * pat,int * suff)
{
  int f,g,i;
  f = 0;
  suff[pat - > length - 1] = pat - > length;
  g = pat - > length - 1;
  for(i = pat - > length - 2;i > = 0; - - j)
  {
    if(i > g&&suff[i + pat - > length - 1 - f] < i - g)
      suff[i] = suff[i + pat - > length - 1 - f];
    else
    {
      if(i < g) g = i;
      f = i;
      while(g > = 0&&pat - > data[g] = = pat - > data[g + pat - > length - 1 - f])
```

```
        - -g;
      suff[i] = f - g;
    }
  }
}
```

程序 4 – 17:构造好后缀移动表。

```
void preBmGs( SqString  * pat,int bmGs[ ])
{
    int   i,j,suff[M] = {0};
    suffixes(pat,suff);                          /* 求模式中各位置的后缀 * /
  for(i = 0;i < pat - > length; + + i)
    bmGs[i] = pat - > length;
  j = 0;
  for(i = pat - > length - 1;i > = 0; - - i)
    if(suff[i] = = i + 1)
      for(;j < pat - > length - 1 - i; + + j)
        if(bmGs[j] = = pat - > length)
          bmGs[j] = pat - > length - 1 - i;
  for(i = 0;i < = pat - > length - 2; + + i)
    bmGs[pat - > length - 1 - suff[i]] = pat - > length - 1 - i;
}
```

　　如果仅仅查找子串在主串中的第一次出现位置,则 Boyer – Moore 算法的最差效率是 $O(n)$,而且当主串相对于子串的长度要大许多时更是如此。

4.5　串 的 应 用

　　【例 4 – 1】　给定顺序串 s1 和 s2,编写算法将串 s2 插入串 s1 的第 i 个字符之前。

　　【解】　可利用顺序串方式实现。原理是,分别创建串 s1、s2,然后借助一个临时串进行插入。在设计算法时,首先将串 s1 中指定插入位置后的所有字符复制到临时串中;其次将串 s2 复制到 s1 的指定位置上;最后将临时串中的所有字符接到 s1 串中,即完成插入。

　　具体算法代码设计如下:

```
int InsertStr( SqString * s1,SqString * s2,int k)
{
  int i,j,m = 0;
  SqString * t;
  t = InitString(t);
  if(StrLength(s1) = = 0 ||StrLength(s2) = = 0)
    return ERROR;
  for(i = 0,j = k;s1 - > data[j]! = '\0';i + + ,j + + )
    t - > data[i] = s1 - > data[j];
  t - > data[i] = '\0';
```

```
   for(i = k,j = 0;s2 - >data[j]!  = '\0';i + +,j + +)
     s1 - >data[i] = s2 - >data[j];
   s1 - >data[i] = '\0';
   m = k + strlen(s2 - >data);
   for(i = m,j = 0;t - >data[j]!  = '\0';i + +,j + +)
     s1 - >data[i] = t - >data[j];
   s1 - >data[i] = '\0';
   return OK;
}
```

【例 4 - 2】　编写算法,用串 s3 替换串 s1 中存在的所有特定子串 s2。

可利用顺序串方式实现。原理是,分别创建串 s1、s2、s3,然后借助一个临时串进行查找和替换。在设计算法时,通过循环在串 s1 中查找存在串 s2 的位置,可借助串的模式匹配算法找到立即进行替换,直到全部替换结束。

具体算法代码设计如下:

```
int find_replace(SqString ∗ s1, SqString ∗ s2, SqString ∗ s3)
{
   int i,j,k = 0,m,n;
   SqString ∗ t;
   t = InitString(t);
   if(s1 - >length = = 0 ||s2 - >length = = 0)
     return ERROR;                          /∗ 空串不替换 ∗/
   for(i = 0;s1 - >data[i]!  = '\0';i = j + s3 - >length - 1)
   {                                        /∗ 从串 s1 的第一个字符开始查找 ∗/
     j = index_bf(s1,s2,i);                 /∗ 串的模式匹配 BF 算法,查找 s2 ∗/
     if(j){                                 /∗ 找到 s2,用 s3 替换 s2 ∗/
       for(m = 0,n = j + s2 - >length - 1;s1 - >data[n]!  = '\0';m + +,n + +)
         t - >data[m] = s1 - >data[n];
                                            /∗将串 s1 中后续所有字符复制到串 t ∗/
         t - >data[m] = '\0';
         for(m = j - 1,n = 3;s3 - >data[n]!  = '\0';m + +,n + +)
           s1 - >data[m] = t - >data[n];
                                            /∗将串 s3 复制到串 s1 中对应位置 ∗/
         s1 - >data[m] = '\0';
         i = j + s3 - >length - 1;
         for(m = i,n = 0;t - >data[n]!  = '\0';m + +,n + +)
           s1 - >data[m] = t - >data[n];    /∗将串 t 复制到串 s1 中 ∗/
         s1 - >data[m] = '\0';
     }
     else break;                            /∗ 找不到 s2,结束替换 ∗/
   }
   return OK;
}
```

4.6　基本能力上机实验

4.6.1　实验目的

(1)了解串的定义和基本操作。

(2)了解串的顺序存储结构。

(3)掌握串中各种操作的实现方法。

4.6.2　实验内容

完成模式匹配的实现方法。

4.7　拓展能力上机实验

4.7.1　实验目的

(1)了解串的定义和基本操作。

(2)了解串的顺序存储结构。

(3)掌握串中各种操作的实现方法。

4.7.2　实验内容

实现串中的各种操作,具体操作程序如下:

```c
#include <stdio.h>
#define MAXSIZE 255
typedef struct
{
  char s[MAXSIZE];
  int len;
}SepString;
void StrAssign(SeqString *r)
{
  char c;
  int i =1;
  c = getchar();
  while(c! = \n)
  {
    r - >s[i] = c;
    c = getchar();
    i + +;
```

```
    }
    r - >len = i -1;
}
int StrLen(SeqString * r)
{
    return r - >len;
}
int StrCat(SeqString * r1, SeqString * r2)
{
    int i;
    if((r1 - >len + r2 - >len) < =MAXSIZE)
    {
        for(i =1;i < =r2 - >len;i + +)
            r1 - >s[r1 - >len + i] = r2 - >s[i];
        r1 - >len = r1 - >len + r2 - >len;
        return 1;
    }
    else
    {
        for(i =1;i < =(MAXSIZE - r1 - >len);i + +)
            r1 - >s[r1 - >len + i] = r2 - >s[i];
        r1 - >len = MAXSIZE;
        return 0;
    }
}
void StrSub(SeqString * r1, SeqString * r2,int i,int piecelen)
{
    int k;
    if(i + piecelen -1 > r1 - >len)
    {
        printf(" \n \t 子串超界!");
        return;
    }
    else
    {
        for(k =1;k < =piecelen;k + +)
            r2 - >s[k] = r1 - >s[i + k -1];
        r2 - >len = piecelen;
    }
}
int StrInsert(SeqString * r1, int i,SeqString * r2)
{
    int k;
    if(i > =r1 - >len +1 ||r1 - >len + r2 - >len >MAXSIZE)
```

```
        {
            printf("n\t 不能插入!");
            return 0;
        }
        else if(i = = 0)
        {
            for(k = r1 - >len + r2 - >len;k > = r2 - >len + 1;k - - )
                r1 - >s[k] = r1 - >s[k - r2 - >len];
            for(k = 1;k < = r2 - >len;k + + )
                r1 - >s[k] = r2 - >s[k];
            r1 - >len = r1 - >len + r2 - >len;
            return 1;
        }
        else if(i = = r1 - >len)
        {
            for(k = 1;k < = r2 - >len;k + + )
                r1 - >s[r1 - >lenk] = r2 - >s[k];
            r1 - >len = r1 - >len + r2 - >len;
            return 1;
        }
        else
        {
            for(k = r1 - >len;k > i;k - - )
                r1 - >s[r2 - len + k] = r1 - >s[k];
            for(k = 1;k < = r2 - >len;k + + )
                r1 - >s[i + k] = r2 - >s[k];
            r1 - >len = r1 - >len + r2 - >len;
            return 1;
        }
    }
    main()
    {
        SeqString a,b;
        SeqString * r = &a;
        char choice;
        int i,piecelen,ch = 1;
        while(ch! = 0)
        {
            printf(" \n\n\n\n");
            printf("\t\t\t - - 顺序串 - - \n");
            printf("\n\t\t\t* * * * * * * * * * * * * * * * * * * * * * * * * * * *");
            printf("\n\t\t\t*      1 - - - - - - -求 串 长         *");
            printf("\n\t\t\t*      2 - - - - - - -连接字符       *");
            printf("\n\t\t\t*      3 - - - - - - -取出子串       *");
```

```
printf("\n\t\t\t*      4-------插入子串        *");
printf("\n\t\t\t*      0-------串 赋 值        *");
printf("\n\t\t\t*      #-------退   出        *");
printf("\n\t\t\t* * * * * * * * * * * * * * * * * * * * * * * *");
printf("\t\t\t  请选择菜单号(0--4):");
scanf("%c",&choice);
getchar();
if(choice=='1')
{
  printf("\n\t字符串的长度为:%d",StrLen(r));
}
else if(choice=='2')
{
  printf("\n\t请输入第一个字符:");
  StrAssign(&a);
  printf("\n\t请输入第二个字符:");
  StrAssign(&b);
  StrCat(&a,&b);
  printf("\n\t连接的结果为:");
  ShowString(&a);
}
else if(choice=='3')
{
  printf("\n\t请输入子串:");
  StrAssign(&a);
  printf("\n\t请输入子串在主串中的开始位置和长度:");
  scanf("%d,%d"&i,&piecelen);
  getchar();
  StrSub(&a,&b,i,piecelen);
  printf("\n\t提取的子串是:");
  ShowString(&b);
}
else if(choice=='4')
{
  printf("\n\t请输入第一个字符串:");
  StrAssign(&a);
  printf("\n\t请输入第二个字符串:");
  StrAssign(&b);
  printf("\n\t请输入插入位置:");
  scanf("%d",&i);
  getchar();
  StrInsert(&a,i,&b);
  printf("\n\t插入后的字符串为:");
  ShowString(&a);
```

```
      }
      else if( choice = = '0')
      {
        printf( " \n \t 请输入字符串:");
        StrAssign( r);
      }
      else if( choice = = '#')
      {
        ch = 0;
        printf( " \n \t 程序结束! \n");
      }
      else
        printf( " \n \t 输入错误,请重新输入! \n");
    }
  }
```

4.8　习　　题

1. 设字符串 S = " good", T = " I am a student", R = " ! ", 求:

(1)StrConcat(t,s,r)

(2)SubString(t,8,7)

(3)StrLength(t)

(4)index(t," a",1)

2. 串是一种特殊的线性表,其特殊性体现在什么地方?

3. 计算下列串的 next 值:

(1)a a a b c a a b a;

(2)a b a a b c a c b;

(3)a b c a b c a c b;

(4)b a b b a b a b。

4. 设串 s1 = " ABCDEFG", s2 = " PQRST", 函数 StrConcat(x,y)返回 x 和 y 串的连接串, SubString(s,i,j)返回串 s 从序号 i 的字符开始的 j 个字符组成的子串, StrLength(s)返回串 s 的长度, 则 StrConcat(SubString(s1,2,StrLength(s2))和 SubString(s1,StrLength(s2),2))的结果串是什么?

5. 采用顺序结构存储串,编写一个实现具有通配符"?"的模式串 s 与目标串 t 进行匹配的函数 pattern_index( )。通配符"?"可以和任意一字符匹配。若匹配成功,则返回串 s 在目标串 t 中首次出现的下标位置;否则,返回 −1。例如,pattern_index("? re" ," there are")返回结果 2。

第5章 数组和广义表

前几章讨论的线性结构中的数据元素都是非结构的原子类型,元素的值是不再分解的。本章讨论的两种数据结构——数组和广义表可以看成是线性表在下述含义上的扩展,表中的数据元素本身也是一个数据结构。

数组是读者已经很熟悉的一种数据结构,几乎所有的程序设计语言都把数组类型设定为固有类型。本章以抽象数据类型的形式讨论数组的定义和实现,加深读者对数组类型的理解。

5.1 数 组

5.1.1 数组的基本概念

类似于线性表,抽象数据类型数组可形式地定义如下:

```
ADT Array{
```

数据对象:$j_i = 0, \cdots, b_i - 1, i = 1, 2, \cdots, n,$

   $D = \{a_{j_1 j_2 \cdots j_n} \mid n(>0)$ 称为数组的维数,b_i 是数组第 i 维的长度,

   j_i 是数组元素的第 i 维下标,$a_{j_1 j_2 \cdots j_n} \in ElemSet\}$

数据关系:$R = \{R1, R2, \cdots, Rn\}$

   $Ri = \{ <a_{j_1 \cdots j_i \cdots j_n}, a_{j_1 \cdots j_i + 1 \cdots j_n}> \mid 0 \leqslant j_k \leqslant b_k - 1, 1 \leqslant k \leqslant n \text{ 且 } k \neq i, 0 \leqslant j_i \leqslant b_i - 2,$

   $a_{j_1 \cdots j_i \cdots j_n}, a_{j_1 \cdots j_i + 1 \cdots j_n} \in D, i = 2, \cdots, n\}$

基本操作:

   InitArray(&A, n, bound1, ⋯, boundn)

   操作结果:若维数 n 和各维长度合法,则构造相应的数组 A,并返回 OK。

   DestroyArray(&A)

   操作结果:销毁数组 A。

   Value(A, &e, index1, ⋯, indexn)

   初始条件:A 是 n 维数组,e 为元素变量,随后是 n 个下标值。

   操作结果:若各下标不超届,则 e 赋值为所指定的 A 的元素值,并返回 OK。

   Assign(&A, e, index1, ⋯, indexn)

   初始条件:A 是 n 维数组,e 为元素变量,随后是 n 个下标值。

   操作结果:若下标不超届,则将 e 的值赋给所指定的 A 的元素,并返回 OK。

```
}ADT Array
```

这是一个 C 语言风格的定义。从上述定义可见,n 维数组中含有 $\prod\limits_{i=1}^{n} b_i$ 个数据元素,每个元素都受到 n 个关系的约束。在每个关系中,元素 $a_{j_1 j_2 \cdots j_n} (0 \leqslant j_i \leqslant b_i - 2)$ 都有一个直

接后继元素。因此,就其单个关系而言,这 n 个关系仍是线性关系。与线性表一样,所有的数据元素都必须属于同一数据类型。数组中的每个数据元素都对应于一组下标($j_1, j_2, \cdots, j_n$),每个下标的取值范围是 $0 \leqslant j_i \leqslant b_i - 1$,$b_i$ 称为第 i 维的长度($i = 1, 2, \cdots, n$)。显然,当 $n = 1$ 时,n 维数组就退化为定长的线性表;反之,n 维数组也可以看成线性表的推广。因此,也可以从另一个角度来定义 n 维数组。

可以把二维数组看成是这样一个定长线性表:它的每个数组元素也是一个定长线性表。如图 5-1(a)所示是一个二维数组,以 m 行 n 列的矩阵形式表示,它可以看成是一个线性表,即

$$A = (\alpha_0, \alpha_1, \cdots, \alpha_p), \quad p = m - 1 \text{ 或 } n - 1$$

其中,每个数据元素 α_j 是一个列向量形式的线性表如图 5-1(b)所示,即

$$\alpha_j = (\alpha_{0j}, \alpha_{1j}, \cdots, \alpha_{m-1,j}), \quad 0 \leqslant j \leqslant n - 1$$

或者 α_i 是一个行向量形式的线性表,如图 5-1(c)所示,即

$$\alpha_i = (\alpha_{i0}, \alpha_{i1}, \cdots, \alpha_{i,n-1}), \quad 0 \leqslant i \leqslant m - 1$$

在 C 语言中,一个二维数组类型可以定义为其分量类型为一维数组类型的一维数组类型,也就是说

```
typedef    ElemType    Array2[m][n];
```

等价于

```
typedef    ElemType    Array1[n];
typedef    Array1      Array2[m];
```

同理,一个 n 维数组类型可以定义为其数据元素为 $n-1$ 维数据类型的一维数组类型。

$$A_{m\times n} = \begin{bmatrix} a_{00} & a_{01} & a_{02} & \cdots & a_{0,n-1} \\ a_{10} & a_{11} & a_{12} & \cdots & a_{1,n-1} \\ \vdots & \vdots & \vdots & & \vdots \\ a_{m-1,0} & a_{m-1,1} & a_{m-1,2} & \cdots & a_{m-1,n-1} \end{bmatrix}$$

(a)矩阵形式表示

$$A_{m\times n} = \left[\begin{bmatrix} a_{00} \\ a_{10} \\ \vdots \\ a_{m-1,0} \end{bmatrix} \begin{bmatrix} a_{01} \\ a_{11} \\ \vdots \\ a_{m-1,1} \end{bmatrix} \begin{bmatrix} a_{02} \\ a_{12} \\ \vdots \\ a_{m-1,2} \end{bmatrix} \cdots \begin{bmatrix} a_{0,n-1} \\ a_{1,n-1} \\ \vdots \\ a_{m-1,n-1} \end{bmatrix} \right]$$

(b)列向量的一维数组

$$A_{m\times n} = ((a_{00}\ a_{01} \cdots a_{0,n-1}), (a_{10}\ a_{11} \cdots a_{1,n-1}), \cdots, (a_{m-1,0}\ a_{m-1,1} \cdots a_{m-1,n-1}))$$

(c)行向量的一维数组

图 5-1 二维数组图例

数组一旦被定义,它的维数和维界就不再改变。因此,除结构的初始化和销毁外,数组只为存取元素和修改元素值的操作。

5.1.2 数组的顺序存储和实现

由于数组一般不作插入或删除操作,也就是说,一旦建立了数组,则结构中的数据元素个数和元素之间的关系就不再发生变动,因此采用顺序存储结构表示数组是自然的事。

由于存储单元是一维的结构,而数组是个多维的结构,因此用一组连续存储单元存放数组的数据元素就有个次序约定问题。如图 5-1(a)所示的二维数组可以看成如图 5-1(c)所示的一维数组,也可看成如图 5-1(b)所示的一维数组。对应地,对二维数

组可有两种存储方式：一种是以列序为主序（Column Major Order）的存储方式，如图 5 - 2（a）所示；一种是以行序为主序（Row Major Order）的存储方式，如图 5 - 2(b) 所示。在扩展 BASIC、PL/1、COBOL、PASCAL 和 C 语言中，用的都是以行序为主序的存储结构；而在 FORTRAN 语言中，用的都是以列序为主序的存储结构。

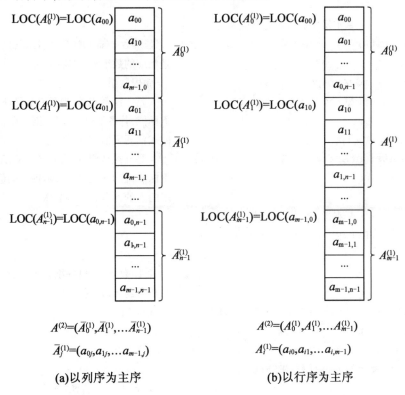

$A^{(2)}=(\overline{A}_0^{(1)},\overline{A}_1^{(1)},\ldots\overline{A}_{n-1}^{(1)})$

$\overline{A}_j^{(1)}=(a_{0j},a_{1j},\ldots a_{m-1,j})$

(a)以列序为主序

$A^{(2)}=(A_0^{(1)},A_1^{(1)},\ldots A_{m-1}^{(1)})$

$A_i^{(1)}=(a_{i0},a_{i1},\ldots a_{i,m-1})$

(b)以行序为主序

图 5 - 2　二维数组的两种存储方式

因此，对于数组，一旦规定了它的维数和各维的长度，便可为它分配存储空间；反之，只要给出一组下标，便可求得相应数组元素的存储位置。下面以行序为主序的存储结构为例予以说明。

假设每个数据元素占 L 个存储单元，则二维数组 A 中任一元素 a_{ij} 的存储位置可由下式确定，即

$$\mathrm{LOC}(i,j) = \mathrm{LOC}(0,0) + (b_2 \times i + j) \times L$$

式中，$\mathrm{LOC}(i,j)$ 是 a_{ij} 的存储位置；$\mathrm{LOC}(0,0)$ 是 a_{00} 的存储位置，即二维数组 A 的起始存储位置，又称基地址或基址。

程序 5 - 1：数组的顺序存储和实现。

```
// - - - - -  数组的顺序存储  - - - - -
#include <stdarg.h>                    //标准头文件,提供宏 va_start、va_arg
                                       //和 va_end,用于存取变长参数表
#define  MAX_ARRAY_DIM  8              //假设数组维数的最大值为 8
typedef struct{
  ElemType * base;                     //数组元素基址,由 InitArray 分配
  int dim;                             //数组维数
```

```
    int * bounds;                          //数组维界基址,由 InitArray 分配
    int * constants;                       //数组映像函数常量基址,由 InitArray
                                             分配
} Array;


// - - - - -    基本操作的函数原型说明   - - - - - -
Status InitArray(Array &A, int dim, …);    //若维数 dim 和随后的各维长度合法,则构
                                             造相应的数组 A,并返回 OK
Status DestroyArray(Array &A);             //销毁数组 A
Status Value(Array A, ElemType &e, …);     //A 是 n 维数组,e 为元素变量,随后是 n 个
                                             下标值,若各下标不超界,则 e 赋值为所指定
                                             的 A 的元素值,并返回 OK
Status Assign(Array &A, ElemType e, …);    //A 是 n 维数组,e 为元素变量,随后是 n 个
                                             下标值,若下标不超界,则将 e 的值赋给所指
                                             定的 A 的元素,并返回 OK
// - - - - -    基本操作的算法描述   - - - - -
Status InitArray(Array &A, int dim, …)
{
                                           //若维数 dim 和各维长度合法,则构造相
                                             应的数组 A,并返回 OK
  if(dim < 1 || dim > MAX_ARRAY_DIM) return ERROR;
  A.dim = dim;
  A.bounds = (int * )malloc(dim * sizeof(int));
  if(! A.bounds) exit(OVERFLOW);
                                           //若各维长度合法,则存入 A.bounds,并
                                             求出 A 的元素总数 elemtotal
  elemtotal = 1;
  va_start(ap, dim);                       //ap 为 va_list 类型,是存放变长参数表
                                             信息的数组
  for(i = 0; i < dim; + +i)
  {
    A.bounds[i] = va_arg(ap, int);
    if(A.bounds[i] < 0) return UNDERFLOW;
    elemtotal * = A.bounds[i];
  }
  va_end(ap);
  A.base = (ElemType * )malloc(elemtotal * sizeof(ElemType));
  if(! A.base) exit(OVERFLOW);
                                           // 求映像函数的常数 $c_i$,并存入 A.
                                             constants[i-1],i =1,…,dim
  A.constants = (int * )malloc(dim * sizeof(int));
  if(! A.constants) exit(OVERFLOW);
  A.constants[dim-1] = 1;                  //L =1,指针的增减以元素的大小为单位
  for(i =dim - 2; i > =0; - -i)
```

```
    A.constants[i] = A.bounds[i+1] * A.constants[i+1];
return OK;
}


Status DestroyArray(Array &A)
{
                                           //销毁数组 A。

  if(! A.base) return ERROR;
  free(A.base);
  A.base = NULL;
  if(! A.bounds) return ERROR;
  free(A.bounds);
  A.bounds = NULL;
  if(! A.constants) return ERROR;
  free(A.constants);
  A.constant = NULL;
  return OK;
}


Status Locate(Array A, va_list ap, int &off)
{
                                   //若 ap 指示的各下标值合法,则求出该元
                                   素在 A 中相对地址 off

  off = 0;
  for(i=0; i<A.dim; ++i)
  {
    ind = va_arg(ap, int);
    if(ind<0 || ind>=A.bounds[i]) return OVERFLOW;
    off += A.constants[i] * ind;
  }
  return OK;
}


Status Value(Array A, ElemType &e, …)
{
                               //A 是 n 维数组,e 为元素变量,随后是 n
                               个下标值,若各下标不超界,则 e 赋值为所
                               指定的 A 的元素值,并返回 OK

  va_start(ap, e);
  if((result = Locate(A, ap, off)) <=0) return result;
  e = *(A.base + off);
  return OK;
}
Status Assign(Array &A, ElemType e, …)
{
```

```
                              //A 是 n 维数组,e 为元素变量,随后是 n
                              个下标值,若下标不超界,则将 e 的值赋给
                              所指定的 A 的元素,并返回 OK
    va_start(ap, e);
    if((result = Locate(A, ap, off)) < =0) return result;
    *(A.base + off) = e;
    return OK;
}
```

5.2　矩阵的压缩存储

矩阵是很多科学与工程计算问题中研究的数学对象。在此,我们感兴趣的不是矩阵本身,而是如何存储矩阵的元,从而使矩阵的各种运算能有效地进行。

通常,用高级语言编制程序时,都是用二维数组来存储矩阵元。有的程序设计语言中还提供了各种矩阵运算,用户使用时都很方便。

然而,在数值分析中经常会出现一些阶数很高的矩阵,同时在矩阵中有许多值相同的元素或者是零元素。有时为节省存储空间,可以对这类矩阵进行压缩存储。所谓压缩存储,是指对多个值相同的元只分配一个存储空间,对零元不分配空间。

假如值相同的元素或者零元素在矩阵中的分布有一定规律,则称此类矩阵为特殊矩阵;反之,称为稀疏矩阵。下边分别讨论它们的压缩存储。

5.2.1　特殊矩阵

若 n 阶矩阵 A 中的元满足

$$a_{ij} = a_{ji}, \quad 1 \leq i, j \leq n$$

则称该矩阵为 n 阶对称矩阵。

对于对阵矩阵,可以为每一对对称元分配一个存储空间,则可将 n^2 个元压缩存储到 $n(n+1)/2$ 个元的空间中。不失一般性,可以以行序为主序存储其下三角(包括对角线)中的元。

假设以一维数组 $sa[n(n+1)/2]$ 作为 n 阶对称矩阵 A 的存储结构,则 $sa[k]$ 和矩阵元 a_{ij} 之间存在着一一对应的关系,即

$$k = \begin{cases} \dfrac{i(i-1)}{2} + j - 1, & i \geq j \\ \dfrac{j(j-1)}{2} + i - 1, & i < j \end{cases}$$

对于任意给定一组下标 (i, j),均可在 sa 中找到矩阵元 a_{ij};反之,对所有的 $k = 0, 1, 2, \cdots,$ $\dfrac{n(n+1)}{2} - 1$,都能确定 $sa[k]$ 中的元在矩阵中的位置 (i, j)。因此,称 $sa[n(n+1)/2]$ 为 n 阶对称矩阵 A 的压缩存储(图 5-3)。

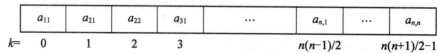

a_{11}	a_{21}	a_{22}	a_{31}	$\cdots$	$a_{n,1}$	$\cdots$	$a_{n,n}$
$k=$　0	1	2	3		$n(n-1)/2$		$n(n+1)/2-1$

图 5-3　n 阶对称矩阵的压缩存储

这种压缩存储的方法同样也适用于三角矩阵。所谓下(上)三角矩阵,是指矩阵的上(下)三角(不包括对角线)中的元均为常数 c 或零的 n 阶矩阵。则除与对称矩阵一样,只存储在下(上)三角中的元外,再加一个存储常数 c 的存储空间即可。

在数值分析中经常出现的还有另一类特殊矩阵,即对角矩阵。在这种矩阵中,所有的非零元都集中在以主对角线为中心的带状区域中,即除主对角线上和直接在对角线上、下方若干条对角线上的元外,所有其他的元皆为零。对角矩阵如图 5 - 4 所示。对这种矩阵,也可按某个原则(或以行为主,或以对角线的顺序)将其压缩存储在一维数组上。

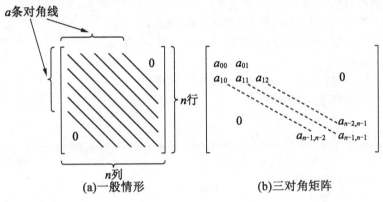

图 5 - 4　对角矩阵

在所有这些统称为特殊矩阵的矩阵中,非零元的分布都有一个明显的规律,从而可将其压缩存储到一维数组中,并找到每个非零元在一维数组中的对应关系。

然而,在实际应用中还经常会遇到另一类矩阵,其非零元较零元少,且分布没有一定的规律,这类矩阵称为稀疏矩阵。这类矩阵的压缩存储要比特殊矩阵复杂,这就是下一节要讨论的问题。

5.2.2　稀疏矩阵

什么是稀疏矩阵? 人们无法给出确切的定义,它只是一个凭人们的直接直觉来了解的概念。假设在 $m \times n$ 的矩阵中有 t 个元素不为零,令 $\delta = \dfrac{t}{m \times n}$,则称 δ 为矩阵的稀疏因子,通常认为 $\delta \leqslant 0.05$ 时为稀疏矩阵。矩阵运算的种类很多,下列抽象数据类型稀疏矩阵的定义中只列举了几种常见的运算。

抽象数据类型稀疏矩阵的定义如下:

ADT SparseMatrix{

　　数据对象:D = {a_{ij} | i = 1,2,…,m;j = 1,2,…,n;$a_{i,j}$ ∈ ElemSet,m 和 n 分别称为矩阵的行数和列数}

　　数据关系:R = {Row, Col}

　　　　　　　Row = { < $a_{i,j}$, $a_{i,j+1}$ > |1≤i≤m,1≤j≤n-1}

　　　　　　　Col = { < $a_{i,j}$, $a_{i+1,j}$ > |1≤i≤m-1,1≤j≤n}

基本操作:

CreateSMatrix(&M);

　　操作结果:创建稀疏矩阵 M。

DestroySMatrix(&M);

　　初始条件:稀疏矩阵 M 存在。

　　　　　操作结果:销毁稀疏矩阵 M。

　　　PrintSMatrix(M);

　　　　　初始条件:稀疏矩阵 M 存在。

　　　　　操作结果:输出稀疏矩阵 M。

　　　CopySMatrix(M, &T);

　　　　　初始条件:稀疏矩阵 M 存在。

　　　　　操作结果:由稀疏矩阵 M 复制得到 T。

　　　AddSMatrix(M, N, &Q);

　　　　　初始条件:稀疏矩阵 M 与 N 的行数和列数对应相等。

　　　　　操作结果:求稀疏矩阵的和 Q = M + N。

　　　SubtMatrix(M, N, &Q);

　　　　　初始条件:稀疏矩阵 M 与 N 的行数和列数对应相等。

　　　　　操作结果:求稀疏矩阵的差 Q = M - N。

　　　MultSMatrix(M, N, &Q);

　　　　　初始条件:稀疏矩阵 M 的列数等于 N 的行数。

　　　　　操作结果:求稀疏矩阵乘积 Q = M × N。

　　　TransposeSMatrix(M, &T);

　　　　　初始条件:稀疏矩阵 M 存在。

　　　　　操作结果:求稀疏矩阵 M 的转置矩阵 T。

　} ADT SparseMatrix

　　如何进行稀疏矩阵的压缩存储呢?

　　按照压缩存储的概念,只存储稀疏矩阵的非零元。因此,除存储非零元的值外,还必须同时记下它所在行和列的位置 (i, j)。反之,一个三元组 (i, j, a_{ij}) 唯一确定了矩阵 $\boldsymbol{A}$ 的一个非零元。因此,稀疏矩阵可由表示非零元的三元组及其行列数唯一确定。例如,下列三元组表

　　$((1,2,12), (1,3,9), (3,1,-3), (3,6,14), (4,3,24), (5,2,18), (6,1,15),$
　　$(6,4,-7))$

加上 $(6,7)$ 这一对行、列值便可作为矩阵 $\boldsymbol{M}$ 的另一种描述。而由上述三元组表的不同表示方法可引出稀疏矩阵不同的压缩存储方法。稀疏矩阵 $\boldsymbol{M}$ 和 $\boldsymbol{T}$ 为

$$\boldsymbol{M} = \begin{bmatrix} 0 & 12 & 9 & 0 & 0 & 0 & 0 \\ 0 & 0 & 0 & 0 & 0 & 0 & 0 \\ -3 & 0 & 0 & 0 & 0 & 14 & 0 \\ 0 & 0 & 24 & 0 & 0 & 0 & 0 \\ 0 & 18 & 0 & 0 & 0 & 0 & 0 \\ 15 & 0 & 0 & -7 & 0 & 0 & 0 \end{bmatrix}$$

$$\boldsymbol{T} = \begin{bmatrix} 0 & 0 & -3 & 0 & 0 & 15 \\ 12 & 0 & 0 & 0 & 18 & 0 \\ 9 & 0 & 0 & 24 & 0 & 0 \\ 0 & 0 & 0 & 0 & 0 & -7 \\ 0 & 0 & 0 & 0 & 0 & 0 \\ 0 & 0 & 14 & 0 & 0 & 0 \\ 0 & 0 & 0 & 0 & 0 & 0 \end{bmatrix}$$

5.3　广　义　表

5.3.1　广义表的定义

顾名思义,广义表是线性表的推广,也有人称其为列表(lists,用复数形式以示与统称的表 list 的区别),广泛地用于人工智能等领域的表处理语言 LISP 语言,把广义表作为基本的数据结构,就连程序也表示为一系列的广义表。

抽象数据类型广义表的定义如下:

ADT GList{

数据对象:$D = \{e_i \mid i = 1,2,\cdots,n; n \geqslant 0; e_i \in AtomSet$ 或 $e_i \in GList, AtomSet$ 为某个数据对象$\}$

数据关系:$R1 = \{<e_{i-1}, e_i> \mid e_{i-1}, e_i \in D, 2 \leqslant i \leqslant n\}$

基本操作:

InitGList(&L);

　　操作结果:创建空的广义表 L。

CreateGList(&L, S);

　　初始条件:S 是广义表的书写形式串。

　　操作结果:由 S 创建广义表 L。

DestroyGList(&L);

　　初始条件:广义表 L 存在。

　　操作结果:销毁广义表 L。

CopyGList(&T, L);

　　初始条件:广义表 L 存在。

　　操作结果:由广义表 L 复制得到广义表 T。

GListLength(L);

　　初始条件:广义表 L 存在。

　　操作结果:求广义表 L 的长度,即元素个数。

GListDepth(L);

　　初始条件:广义表 L 存在。

　　操作结果:求广义表 L 的深度。

GListEmpty(L);

　　初始条件:广义表 L 存在。

　　操作结果:判定广义表 L 是否为空。

GetHead(L);

　　初始条件:广义表 L 存在。

　　操作结果:取广义表 L 的头。

GetTail(L);

　　初始条件:广义表 L 存在。

　　操作结果:取广义表 L 的尾。

InsertFirst_GL(&L, e);

　　初始条件:广义表 L 存在。

操作结果:插入元素 e 作为广义表 L 的第一元素。

　　DeleteFirst_GL(&L, &e);

　　　初始条件:广义表 L 存在。

　　　操作结果:删除广义表 L 的第一元素,并用 e 返回其值。

　　Traverse_GL(L, Visit());

　　　初始条件:广义表 L 存在。

　　　操作结果:遍历广义表 L,用函数 Visit 处理每个元素。

}ADT GList

广义表一般记作

$$LS = (a_1, a_2, \cdots, a_n)$$

其中,LS 是广义表$(a_1, a_2, \cdots, a_n)$的名称;n 是它的长度。在线性表的定义中,$a_i(1 \leqslant i \leqslant n)$只限于是单个元素;而在广义表的定义中,$a_i$ 可以是单个元素,也可以是广义表,分别称为广义表 LS 的原子和子表。习惯上,用大写字母表示广义表的名称,用小写字母表示原子。当广义表 LS 非空时,称第一个元素 a_1 为 LS 的表头(Head),称其余元素组成的表$(a_2, \cdots, a_n)$是 LS 的表尾(Tail)。

　　显然,广义表的定义是一个递归的定义,因为在描述广义表是又用到了广义表的概念。下面列举一些广义表的例子。

　　(1)A = ()。A 是一个空表,它的长度为零。

　　(2)B = (e)。列表 B 只有一个原子 e,B 的长度为1。

　　(3)C = (a, (b, c, d))。列表 C 的长度为2,2 个元素分别为原子 a 和子表(b, c, d)。

　　(4)D = (A, B, C)。列表 D 的长度为3,3 个元素都是列表。显然,将子表的值代入后,则有 D = ((), (e), (a, (b, c, d)))。

　　(5)E = (a, E)。这是一个递归的表,它的长度为2。E 相当于一个无限的列表 E = (a, (a, (a, \cdots)))。

　　根据上述定义和例子可推出列表的以下 3 个重要结论。

　　(1)列表的元素可以是子表,而子表的元素还可以是子表……因此,列表是一个多层次的结构,可以用图形象地表示。列表 D 的图形表示如图 5 - 5 所示。图中用圆圈表示列表,用方块表示原子。

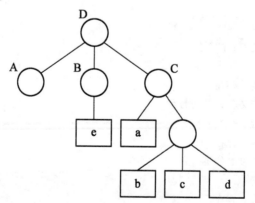

图 5 - 5　列表 D 的图形表示

　　(2)列表可为其他列表所共享。例如,在上述例子中,列表 A、B、C 为 D 的子表,则在

D 中可以不必列出子表的值,而是通过子表的名称来引用。

（3）列表可以是一个递归的表,即列表也可以是其本身的一个子表。例如,列表 E 就是一个递归的表。

根据前述对表头、表尾的定义可知,任何一个非空列表其表头可能是原子,也可能是列表,而其表尾必定为列表。例如,有

GetHead(B) = e,GetTail(B) = (),GetHead(D) = A,GetTail(D) = (B, C)

由于(B, C)为非空列表,则可继续分解得到

GetHead((B, C)) = B,GetTail((B, C)) = (C)

值得提醒的是列表( )和(( ))不同。前者为空表,长度 $n = 0$;后者长度 $n = 1$,可分解得到其表头、表尾均为空表( )。

5.3.2　广义表的存储和实现

由于广义表$(a_1, a_2, \cdots, a_n)$中的数据元素可以具有不同的结构(或是原子,或是列表),因此难以用顺序存储结构表示,通常采用链式存储结构,每个数据元素可用一个结点表示。

如何设定结点的结构? 由于列表中的数据元素可能为原子或列表,因此需要两种结构的结点:一种是表结点,用以表示列表;一种是原子结点,用以表示原子。由上节可知,若列表不空,则可分解成表头和表尾;反之,一对确定的表头和表尾可唯一确定列表。因此,一个表结点可由三个域组成:标志域、指示表头的指针域和指示表尾的指针域。而原子结点只需两个域:标志域和值域(图 5－6)。

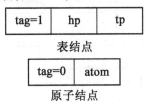

图 5－6　列表的链表结点结构

其形式定义说明如下:

```
// - - - - - 广义表的头尾链表存储表示  - - - - -
typedef enum{ ATOM, LIST }ElemTag;           //ATOM = = 0:原子,LIST = = 1:子表
typedef struct GLNode{
  ElemTag tag;                               //公共部分,用于区分原子结点和表结点
  union{                                     //原子结点和表结点的联合部分
    AtomType atom;                           //atom 是原子结点的值域,AtomType 由
                                             用户定义
    struct{ struct GLNode * hp, * tp; }ptr;  //ptr 是表结点的指针域,ptr.hp 和 ptr.
                                             tp 分别指向表头和表尾
  };
} * GList;                                    //广义表类型
```

上节中曾列举了广义表的例子,广义表的存储结构示例如图 5－7 所示。在这种存储结构中有三种情况:(1)除空表的表头指针为空外,对任何非空列表,其表头指针均指向

一个表结点,且该结点中的 hp 域指示列表表头(或为原子结点,或为表结点),tp 域指向列表表尾(除非表尾为空,则指针为空,否则必为表结点);(2)容易分清列表中原子和子表所在层次,如在列表 D 中,原子 a 和 e 在同一层次上,而 b、c 和 d 在同一层次且比 a 和 e 低一层,B 和 C 是同一层的子表;(3)最高层的表结点个数即为列表的长度。以上三个特点在某种程度上给列表的操作带来方便,也可以采用另一种结点结构的链表表示列表(图 5-8、图 5-9),其形式定义说明如下:

```
// - - - - -    广义表的扩展线性链表存储表示    - - - - -
    typedef enum| ATOM, LIST |ElemTag;          //ATOM = = 0:原子,LIST = = 1:子表
    typedef struct GLNode|
      ElemTag tag;                              //公共部分,用于区分原子结点和表结点
      union|                                    //原子结点和表结点的联合部分
        AtomType atom;                          //原子结点的值域
        struct GLNode *hp;                      //表结点的表头指针
      |;

      struct GLNode *tp;                        //相当于线性链表的 next,指向下一个元
                                                //素结点

    | *GList;                                   //广义表类型 GList 是一种扩展的线性
                                                //链表
```

　　对于列表的这两种存储结构,读者只需根据自己的习惯掌握其中一种结构即可。

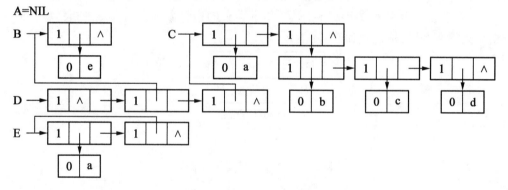

图 5-7　广义表的存储结构示例

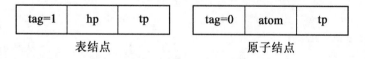

图 5-8　列表的另一种结点结构

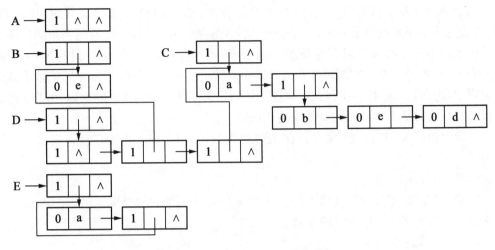

图 5-9　列表的另一种链表表示

5.3.3　广义表的递归运算

第 3 章中曾提及,递归函数结构清晰、程序易读且容易证明正确性,因此是程序设计的有力工具,但有时递归函数的执行效率很低,因此使用递归应扬长避短。在程序设计的过程中并不一味追求递归。如果一个问题的求解过程有明显的递推规律,也很容易写出它的递推过程(如求阶乘函数 $f(n) = n!$ 的值),则不必要使用"递归"。反之,在对问题进行分解、求解的过程中得到的是与原问题性质相同的子问题(如汉诺塔问题),因此自然得到一个递归算法,且它比利用栈实现的非递归算法更符合人们的思维逻辑,更易于理解。但是要熟练掌握递归算法的设计方法也不是一件轻而易举的事情。本节只以广义表为例,讨论如何利用"分治法"(Divide and Conquer)进行递归算法设计的方法。

对这类问题设计递归算法时,通常可以先写出问题求解的递归定义。与第二数学归纳法类似,递归定义由基本项和归纳项两部分组成。

递归定义的基本项描述了一个或几个递归过程的终结状态。虽然一个有限的递归(且无明显的迭代)可以描述一个无限的计算过程,但任何实际应用的递归过程,除错误情况外,必定能经过有限层次的递归而终止。所谓终结状态,是指不需要继续递归即可直接求解的状态。如例 3-1 的 n 阶汉诺塔问题,在 $n=1$ 时可以直接求得解,即将圆盘从 A 塔座移动到 C 塔座上。一般情况下,若递归参数为 n,则递归的终绪状态为 $n=0$ 或 $n=1$。

递归定义的归纳项描述了如何实现从当前状态到终结状态的转化。递归设计的实质是:当一个复杂的问题可以分解成若干子问题来处理时,其中某些子问题与原问题有相同的特征属性,则可利用和原问题相同的分析处理方法;反之,这些子问题解决了,原问题也就迎刃而解了。递归定义的归纳项就是描述这种原问题和子问题之间的转化关系。仍以汉诺塔问题为例,原问题是将 n 个圆盘从 A 塔座移至 C 塔座上,可以把它分解成 3 个子问题:(1)将编号为 1 至 $n-1$ 的 $n-1$ 个圆盘从 A 塔座移至 B 塔座;(2)将编号为 n 的圆盘从 A 塔座移至 C 塔座;(3)将编号为 1 至 $n-1$ 的圆盘从 B 塔座移至 C 塔座。其中,(1)和(3)的子问题和原问题特征属性相同,只是参数($n-1$ 和 n)不同,因此实现了递归。

　　由于递归函数的设计用的是归纳思维的方法,因此在设计递归函数时,应注意:
(1)首先应书写函数的首部和规格说明,严格定义函数的功能和接口(递归调用的界面),
对求精函数中所得的和原问题性质相同的子问题,只要接口一致,便可进行递归调用;
(2)对函数中的每一个递归调用都看成只是一个简单的操作,只要接口一致,必能实现规
格说明中定义的功能,切忌想得太深太远。正如用第二数学归纳法证明命题,由归纳假设
进行归纳证明时绝不能怀疑归纳假设是否正确。

　　下面讨论广义表的三种操作。首先约定所讨论的广义表都是非递归表且无共享
子表。

　1.求广义表的长度

　　广义表的深度定义为广义表中括弧的重数,是广义表的一种量度。例如,多元多项式
广义表的深度为多项式中变元的个数。

　　设非空广义表为

$$LS = (a_1, a_2, \cdots, a_n)$$

其中,$a_i(i = 1, 2, \cdots, n)$或为原子,或为 LS 的子表,则求 LS 的深度可分解为 n 个子问
题,每个子问题为求 a_i 的深度。若 a_i 是原子,则由定义可知其深度为零;若 a_i 是广义表,
则和上述一样处理。而 LS 的深用度为 $a_i(i = 1, 2, \cdots, n)$ 的深度中最大值加 1。空表
也是广义表,并由定义可知空表的深度为 1。

　　由此可见,求广义表的深度的递归算法有两个终结状态:空表和原子。且只要求得 a_i
$(i = 1, 2, \cdots, n)$ 的深度,广义表的深度就容易求得了。显然,它应比子表深度的最大值
多 1。

　　广义表

$$LS = (a_1, a_2, \cdots, a_n)$$

的深度 DEPTH(LS) 的递归定义如下:

　　基本项:　　DEPTH(LS) = 1　　　当 LS 为空表时

　　　　　　　　DEPTH(LS) = 0　　　当 LS 为原子时

　　归纳项:　　$DEPTH(LS) = 1 + \underset{1 \leqslant i \leqslant n}{Max} \{DEPTH(a_i)\}$　　$n \geqslant 1$

　　由此定义容易写出求深度的递归函数。假设 L 是 GList 型的变量,则 L = NULL 表明
广义表为空表,L - > tag = 0 表明是原子;反之,L 指向表结点,该结点中的 hp 指针指向表
头,即为 L 的第一个子表,而结点中的 tp 指针所指表尾结点中的 hp 指针指向 L 的第二个
子表。在第一层中由 tp 相连的所有尾结点中的 hp 指针均指向 L 的子表。因此,求广义
表深度的递归函数如程序 5 - 2 所示。

　　程序 5 - 2:求广义表深度的递归函数。

```
int GListDepth(GList L)
{
                                        //采用头尾链表存储结构,求广义
                                        表 L 的深度。
  if(! L) return 1;                      //空表深度为1
  if(L - >tag = = ATOM) return 0;        //原子深度为0
  for(max = 0, pp = L; pp; pp = pp - >ptr.tp)
  {
    dep = GListDepth(pp - >ptr.hp);      //求以 pp - > ptr.hp 为头指针
```

```
                                              的子表深度
    if(dep > max) max = dep;
  }
  return max + 1;                             //非空表的深度是各元素的深度
                                              的最大值加 1
} //GListDepth
```

上述算法的执行过程实质上是遍历广义表的过程,在遍历中首先求得各子表的深度,然后综合得到广义表的深度。若按递归定义分析广义表 D 的深度,则有如下程序:

```
DEPTH(D) = 1 + Max{ DEPTH(A), DEPTH(B), DEPTH(C) }
DEPTH(A) = 1;
DEPTH(B) = 1 + Max{ DEPTH(e) } = 1 + 0 = 1;
DEPTH(C) = 1 + Max{ DEPTH(a), DEPTH((b, c, d)) } = 2;
DEPTH(a) = 0
DEPTH((b, c, d)) = 1 + Max{ DEPTH(a), DEPTH(b), DEPTH(c) } = 1 + 0 = 1
```

因此,DEPTH(D) = 1 + Max{1, 1, 2} = 3。

2. 复制广义表

5.3.2 节中曾提及,任何一个非空广义表均可分解成表头和表尾;反之,一对确定的表头和表尾可唯一确定一个广义表。因此,复制一个广义表只要分别复制其表头和表尾,然后合成即可。假设 LS 是原表,NEWLS 是复制表,则复制操作的递归定义如下:

基本项:InitGList(NEWLS){ 置空表 },当 LS 为空表时。

归纳项:COPY(GetHead(LS) - >GetHead(NEWLS)){ 复制表头 }
　　　　COPY(GetTail(LS) - >GetTail(NEWLS)){ 复制表尾 }

若原表以如图 5 - 7 所示的链表表示,则复制表的操作便是建立相应的链表。只要建立和原表中的结点一一对应的新结点,便可得到复制表的新链表。由此可写出复制广义表的递归算法,如程序 5 - 3 所示。

程序 5 - 3:复制广义表的递归算法。

```
Status CopyGList(GList &T, GList L)
{
                                              //采用头尾链表存储结构,由广义
                                              表 L 复制得到广义表 T。
  if(! L) T = NULL;                           //复制空表
  else
  {
    if(! (T = (GList)malloc(sizeof(GLNode)))) exit(OVERFLOW);  //建表结点
    T - >tag = L - >tag;
    if(L - >tag = = ATOM) T - >atom = L - >atom;   //复制单原子
    else
    {
      CopyGList(T - >ptr.hp, L - >ptr.hp);     //复制广义表 T - >ptr.hp 的一
                                               个副本 L - >ptr.hp
      CopyGList(T - >ptr.tp, L - >ptr.tp);     //复制广义表 T - >ptr.tp 的一
                                               个副本 L - >ptr.tp
    } //else
```

```
    } //else
    return OK;
  } //CopyGList
```

注意,这里使用了变参,使得这个递归函数简单明了,直截了当地反映出广义表的复制过程,读者可以广义表 C 为例循序查看过程,以便得到更深刻的了解。

3. 建立广义表的存储结构

从上述两种广义表操作的递归算法的讨论中可以发现:在对广义表进行的操作下递归定义时,可有两种分析方法:一种是把广义表分解成表头和表尾两部分;另一种是把广义表看成是含有 n 个并列子表(假设原子也视作子表)的表。在讨论建立广义表的存储结构时,这两种分析方法均可。

假设把广义表的书写形式看成是一个字符串 S,则当 S 为非空白串时广义表非空。此时可以利用 5.3.2 节中定义的取列表表头 GetHead 和取列表表尾 GetTail 两个函数建立广义表的链表存储结构。这个递归算法和复制的递归算法极为相似,读者可自行试之。下面就第二种分析方法进行讨论。

广义表字符串 S 可能有两种情况:(1)S = ( )(带括弧的空白串);(2)S = (a_1, a_2, …, a_n),a_i(i = 1, 2, …, n)是 S 的子串。对应于第一种情况 S 的广义表为空表;对应于第二种情况 S 的广义表中含有 n 个子表,每个子表的书写形式即为子串 a_i(i = 1, 2, …, n)。此时可类似于求广义表的深度,分析由 S 建立的广义表和由 a_i(i = 1, 2, …, n)建立的子表之间的关系。假设按图 5 - 6 所示结点结构来建立广义表的存储结构,则含有 n 个子表的广义表中有 n 个表结点序列。第 i(i = 1, 2, …, n-1)个表结点中的表尾指针指向第 i+1 个表结点。第 n 个表结点的表尾指针为 NULL,并且如果把原子也看成是子表,则第 i 个表结点的表头指针 hp 指向由 a_i 建立的子表(i = 1, 2, …, n)。因此,由 S 建广义表的问题可转化为由 a_i(i = 1, 2, …, n)建子表的问题。a_i 可能有三种情况:(1)带括弧的空白串;(2)长度为 1 的单字符串;(3)长度大于 1 的字符串。显然,前两种情况为递归的终结状态,子表为空表或只含一个原子结点;后一种情况为递归调用。因此,在不考虑输入字符串可能出错的前提下,可得下列建立广义表链表存储结构的递归定义:

　　基本项:置空广义表　　　　　当 S 为空表串时
　　　　　　　建原子结点的子表　　当 S 为单字符串时

归纳项:假设 sub 为脱去 S 中最外层括弧的子串,记为'S_1,S_2, …,S_n',其中 S_i(i = 1, 2,…, n)为非空字符串。对每一个 S_i 建立一个表结点,并令其 hp 域的指针为由 S_i 建立的子表的头指针,除最后建立的表结点的尾指针为 NULL 外,其余表结点的尾指针均指向在它之后建立的表结点。

假定函数 sever(str, hstr)的功能为,从字符串 str 中取出第一个","之前的子串赋给 hstr,并使 str 成为删去子串 hstr 和","之后的剩余串,若串 str 中没有字符",",则操作后的 hstr 即为操作前的 str,而操作后的 str 为空串 NULL。根据上述递归定义可得到建广义表存储结构的递归函数如程序 5 - 4 所示,函数 sever 如程序 5 - 5 所示。

程序 5 - 4:建广义表存储结构的递归函数。

```
Status CreateGList(GList &L, SString S)
  {
```

　　　　　　　　　　　　　　　　//采用头尾链表存储结构,由广义
　　　　　　　　　　　　　　表的书写形式串 S 创建广义表 L 设

```
                                                    emp = "( )"
  if(StrCompare(S, emp)) L = NULL;                   //创建空表
  else
  {
    if(! (L =(GList)malloc(sizeof(GLNode)))) exit (OVERFLOW);
                                                    //建表结点
    if(StrLength(S) = = 1)                           //创建单原子广义表
    {
      L - >tag = ATOM; L - >atom = s;
    }
    else
    {
      L - >tag = LIST; p = L;
      SubString(sub, S, 2, StrLength(S) - 2);        //脱外层括号
      do                                             //重复建 n 个子表
      {
        sever(sub, hsub);                            //从 sub 中分离出表头串 hsub
        CreateGList(p - >ptr.hp, hsub); q = p;
        if(! StrEmpty(sub))                          //表尾不空
        {
          if(! (p = (GLNode *)malloc(sizeof(GLNode))))
            exit (OVERFLOW);
          p - >tag = LIST; q - >ptr.tp = p;
        } //if
      }while(! StrEmpty(sub));
      q - >ptr.tp = NULL;
    } //else
  } //else
  return OK;
} //CreateGList
```

程序 5 - 5：函数 sever。

```
Status server(SString &str, SString &hstr)
{
                                                    //将非空串 str 分割成两部分：
                                                    hsub 为第一个","之前的子串，
                                                    str 为之后的子串
  n = StrLength(str); i = 0; k = 0;                 //k 记尚未配对的左括号个数
  do                                                //搜索最外层的第一个逗号
  {
    + +i;
    SubString(ch, str, i, 1);
    if(ch = = '(') + +k;
    else if(ch = = ')') - -k;
  }while(i < n && (ch ! = ',' || k ! = 0));
```

```
  if(i < n)
  {
    SubString(hstr, str, 1, i - 1);
    SubString(str, str, i + 1, n - i);
  }
  else
  {
    StrCopy(hstr, str);
    ClearString(str);
  }
} //server
```

5.4　基本能力上机实验

1. 实验目的

利用数组实现稀疏矩阵(非零元三元组顺序表存储方式)转置,使学生掌握数组的基本结构和操作方法,培养学生灵活使用结构解决实际问题的能力。

2. 实验内容

通过 VC ++ 6.0 实现以下程序,熟练掌握每行代码的具体功能。

程序 5 - 6:利用数组实现稀疏矩阵(非零元三元组顺序表存储方式)转置。

```
#include  <string.h>
#include  <ctype.h>
#include  <malloc.h>                    /* malloc()等 */
#include  <limits.h>                    /* INT_MAX 等 */
#include  <stdio.h>                     /* EOF( = Ƶ 或 F6),NULL */
#include  <stdlib.h>                    /* atoi() */
#include  <io.h>                        /* eof() */
#include  <math.h>                      /* floor(),ceil(),abs() */
#include  <process.h>                   /* exit() */

/* 函数结果状态代码 */
#define  TRUE  1
#define  FALSE  0
#define  OK  1
#define  ERROR  0
#define  INFEASIBLE  -1

typedef  int  Status;                   /* Status 是函数的类型,其值是函数
                                           结果状态代码,如 OK 等 */
typedef  int  Boolean;                  /* Boolean 是布尔类型,其值是 TRUE
                                           或 FALSE */
```

```
typedef  int  ElemType;
```

/* 稀疏矩阵的三元组顺序表存储表示 */

```
#define  MAXSIZE  100                          /* 非零元个数的最大值 */
typedef  struct
{
  int  i,j;                                    /* 行下标,列下标 */
  ElemType  e;                                 /* 非零元素值 */
}Triple;
typedef  struct
{
  Triple  data[MAXSIZE +1];                    /* 非零元三元组表,data[0]未用 */
  int  mu,nu,tu;                               /* 矩阵的行数、列数和非零元个数 */
}TSMatrix;
```

/* 三元组稀疏矩阵的基本操作 */

```
Status  CreateSMatrix(TSMatrix  *M)
{                                              /* 创建稀疏矩阵 M */
  int  i,m,n;
  ElemType  e;
  Status  k;
  printf("请输入矩阵的行数,列数,非零元素数：  ");
  scanf("% d  % d  % d",&(*M).mu,&(*M).nu,&(*M).tu);
  (*M).data[0].i =0;                           /* 为以下比较顺序做准备 */
  for(i =1;i < =(*M).tu;i ++)
  {
    do
    {
      printf("请按行序顺序输入第% d 个非零元素所在的行(1 ~ % d),列(1 ~ % d),元素值：  ",
i,(*M).mu,(*M).nu);
      scanf("% d  % d  % d",&m,&n,&e);
      k =0;
      if(m <1 ||m >(*M).mu ||n <1 ||n >(*M).nu) /* 行或列超出范围 */
        k =1;
      if(m <(*M).data[i -1].i ||m = =(*M).data[i -1].i&&n < =(*M).data[i -
1].j)                                          /* 行或列的顺序有错 */
        k =1;
    }while(k);
    (*M).data[i].i =m;
    (*M).data[i].j =n;
    (*M).data[i].e =e;
  }
  return  OK;
```

```
        }

void  DestroySMatrix(TSMatrix  *M)
        {                                          /*销毁稀疏矩阵M*/
  (*M).mu =0;
  (*M).nu =0;
  (*M).tu =0;
        }


void  PrintSMatrix(TSMatrix  M)
        {                                          /*输出稀疏矩阵M*/
  int  i;
  printf("%d行%d列%d个非零元素。\n",M.mu,M.nu,M.tu);
  printf("行  列  元素值\n");
  for(i =1;i < =M.tu;i + +)
    printf("%2d%4d%8d\n",M.data[i].i,M.data[i].j,M.data[i].e);
        }


Status  CopySMatrix(TSMatrix  M,TSMatrix  *T)
        {                                          /*由稀疏矩阵M复制得到T*/
  (*T) =M;
  return  OK;
        }


int  comp(int  c1,int  c2)
        {                                          /*AddSMatrix函数要用到*/
  int  i;
  if(c1 <c2)
    i =1;
  else  if(c1 = =c2)
    i =0;
  else
    i = -1;
  return  i;
        }


Status  AddSMatrix(TSMatrix  M,TSMatrix  N,TSMatrix  *Q)
        {                                          /*求稀疏矩阵的和Q =M +N*/
  Triple  *Mp,*Me,*Np,*Ne,*Qh,*Qe;
  if(M.mu! =N.mu)
    return  ERROR;
  if(M.nu! =N.nu)
    return  ERROR;
  (*Q).mu =M.mu;
```

```
( * Q).nu = M.nu;
Mp = &M.data[1];                                    /* Mp 的初值指向矩阵 M 的非零元素
                                                    首地址 * /

Np = &N.data[1];                                    /* Np 的初值指向矩阵 N 的非零元素
                                                    首地址 * /

Me = &M.data[M.tu];                                  /* Me 指向矩阵 M 的非零元素尾地
                                                    址 * /

Ne = &N.data[N.tu];                                  /* Ne 指向矩阵 N 的非零元素尾地
                                                    址 * /

Qh = Qe = ( * Q).data;                              /* Qh、Qe 的初值指向矩阵 Q 的非零元
                                                    素首地址的前一地址 * /

while(Mp < = Me&&Np < = Ne)
{
  Qe + +;
  switch(comp(Mp - > i,Np - > i))
  {
    case  1:  * Qe = * Mp;
          Mp + +;
          break;
    case  0:  switch(comp(Mp - > j,Np - > j))   /* M、N 矩阵当前非零元素的行相等,继
                                                续比较列 * /
      {
        case  1:  * Qe = * Mp;
              Mp + +;
              break;
        case  0:  * Qe = * Mp;
              Qe - > e + = Np - > e;
              if(! Qe - > e)                    /* 元素值为 0,不存入压缩矩阵 * /
                Qe - -;
              Mp + +;
              Np + +;
              break;
        case  -1:  * Qe = * Np;
              Np + +;
      }
      break;
    case  -1:  * Qe = * Np;
      Np + +;
    }
  }
if(Mp > Me)                                          /* 矩阵 M 的元素全部处理完毕 * /
while(Np < = Ne)
{
  Qe + +;
```

```
      *Qe = *Np;
      Np + +;
    }
    if(Np > Ne)                                    /*矩阵 N 的元素全部处理完毕*/
      while(Mp < = Me)
      {
        Qe + +;
        *Qe = *Mp;
        Mp + +;
      }
    (*Q).tu = Qe - Qh;                             /*矩阵 Q 的非零元素个数*/
    return  OK;
}


Status  SubtSMatrix(TSMatrix  M,TSMatrix  N,TSMatrix  *Q)
{                                                  /*求稀疏矩阵的差 Q = M - N*/
  int  i;
  for(i = 1;i < = N.tu;i + +)
  N.data[i].e * = -1;
  AddSMatrix(M,N,Q);
  return  OK;
}


Status  MultSMatrix(TSMatrix  M,TSMatrix  N,TSMatrix  *Q)
{                                                  /*求稀疏矩阵的乘积 Q = M * N*/
  int  i,j,h = M.mu,l = N.nu,Qn = 0;
                                                   /*h、l 分别为矩阵 Q 的行、列值,Qn 为矩
                                                   阵 Q 的非零元素个数,初值为 0*/
  ElemType  *Qe;
  if(M.nu! = N.mu)
    return  ERROR;
  (*Q).mu = M.mu;
  (*Q).nu = N.nu;
  Qe = (ElemType  *)malloc(h * l * sizeof(ElemType));
                                                   /*Qe 为矩阵 Q 的临时数组*/
                                                   /*矩阵 Q 的第 i 行 j 列的元素值存于
                                                   *(Qe + (i - 1) * l + j - 1)中,初值
                                                   为 0*/
  for(i = 0;i < h * l;i + +)
    *(Qe + i) = 0;                                 /*赋初值 0*/
  for(i = 1;i < = M.tu;i + +)                      /*矩阵元素相乘,结果累加到 Qe*/
    for(j = 1;j < = N.tu;j + +)
      if(M.data[i].j = = N.data[j].i)
        *(Qe + (M.data[i].i - 1) * l + N.data[j].j - 1) + = M.data[i].e * N.data
```

```
[j].e;
    for(i =1;i < =M.mu;i + +)
      for(j =1;j < =N.nu;j + +)
        if( * (Qe +(i -1) * l +j -1)! = 0)
        {
          Qn + +;
          ( * Q).data[Qn].e = * (Qe +(i -1) * l +j -1);
          ( * Q).data[Qn].i = i;
          ( * Q).data[Qn].j = j;
        }
    free(Qe);
    ( * Q).tu = Qn;
    return  OK;
  }


Status  TransposeSMatrix(TSMatrix M,TSMatrix  * T)
  {                                  /* 求稀疏矩阵 M 的转置矩阵 T * /
    int  p,q,col;
    ( * T).mu = M.nu;
    ( * T).nu = M.mu;
    ( * T).tu = M.tu;
    if(( * T).tu)
    {
      q =1;
      for(col =1;col < =M.nu; + +col)
      for(p =1;p < =M.tu; + +p)
        if(M.data[p].j = = col)
        {
          ( * T).data[q].i = M.data[p].j;
          ( * T).data[q].j = M.data[p].i;
          ( * T).data[q].e = M.data[p].e;
          + +q;
        }
    }
    return  OK;
  }


void  main()
  {
    TSMatrix  A,B;
    printf("创建矩阵 A：  ");
    CreateSMatrix(&A);
    PrintSMatrix(A);
    TransposeSMatrix(A,&B);
```

```
    printf("矩阵 B(A 的快速转置)：  ");
    PrintSMatrix(B);
    DestroySMatrix(&A);
    DestroySMatrix(&B);
}
```

5.5　拓展能力上机实验

1. 实验目的

使学生掌握广义表的基本结构和操作方法，培养学生灵活使用结构解决实际问题的能力。

2. 实验内容

通过 VC++ 6.0 实现以下程序，熟练掌握每行代码的具体功能。

程序 5-7：广义表的基本结构和操作方法。

```
#include  <string.h>
#include  <ctype.h>
#include  <malloc.h>                        /* malloc()等 */
#include  <limits.h>                        /* INT_MAX 等 */
#include  <stdio.h>                         /* EOF( = Ζ 或 F6),NULL */
#include  <stdlib.h>                        /* atoi() */
#include  <io.h>                            /* eof() */
#include  <math.h>                          /* floor(),ceil(),abs() */
#include  <process.h>                       /* exit() */


/* 函数结果状态代码 */
#define  TRUE  1
#define  FALSE  0
#define  OK  1
#define  ERROR  0
#define  INFEASIBLE  -1


typedef  int  Status;                       /* Status 是函数的类型,其值是函数
                                               结果状态代码,如 OK 等 */
typedef  int  Boolean;                      /* Boolean 是布尔类型,其值是 TRUE
                                               或 FALSE */


typedef  char  AtomType;                    /* 定义原子类型为字符型 */
typedef  enum{ATOM,LIST} ElemTag;           /* ATOM = =0：原子,LIST = =1：
                                               子表 */
typedef  struct  GLNode
{
  ElemTag  tag;                             /* 公共部分,用于区分原子结点和表
```

```
                                        结点 * /
   union                               /* 原子结点和表结点的联合部分 * /
    {
      AtomType   atom;                 /* atom 是原子结点的值域,AtomType
                                          由用户定义 * /
      struct
       {
         struct  GLNode  * hp, * tp;
       }ptr;                           /* ptr 是表结点的指针域,prt.hp 和
                                          ptr.tp 分别指向表头和表尾 * /
    }a;
 } * GList,GLNode;                      /* 广义表类型 * /

                                       /* 广义表的头尾链表存储的基本操作
                                          (11 个) * /

Status  InitGList(GList   * L)
                                       /* 创建空的广义表 L * /
{
   * L = NULL;
   return  OK;
}


void  DestroyGList(GList    * L)       /* 广义表的头尾链表存储的销毁操
                                          作 * /
{                                      /* 销毁广义表 L * /
   GList   q1,q2;
   if( * L)
    {
      if(( * L) - > tag = = ATOM)
       {
         free( * L);                   /* 删除原子结点 * /
          * L = NULL;
       }
      else                            /* 删除表结点 * /
       {
         q1 = ( * L) - > a.ptr.hp;
         q2 = ( * L) - > a.ptr.tp;
         free( * L);
          * L = NULL;
         DestroyGList(&q1);
         DestroyGList(&q2);
       }
    }
}
```

```
Status  CopyGList(GList  *T,GList  L)
{                                        /*采用头尾链表存储结构,由广义表 L
                                         复制得到广义表 T*/
  if(! L)                                /*复制空表*/
    *T =NULL;
  else
  {
    *T =(GList)malloc(sizeof(GLNode));    /*建表结点*/
    if(! *T)
      exit(OVERFLOW);
    (*T) - >tag =L - >tag;
    if(L - >tag = =ATOM)
      (*T) - >a.atom =L - >a.atom;        /*复制单原子*/
    else
    {
    CopyGList(&((*T) - >a.ptr.hp),L - >a.ptr.hp);
                                         /*复制广义表 L - >ptr.hp 的一个
                                         副本 T - >ptr.hp*/
    CopyGList(&((*T) - >a.ptr.tp),L - >a.ptr.tp);
                                         /*复制广义表 L - >ptr.tp 的一个
                                         副本 T - >ptr.tp*/

    }
  }
  return  OK;
}


int  GListLength(GList  L)
{                                        /*返回广义表的长度,即元素个数*/
  int  len =0;
  if(! L)
    return  0;
  if(L - >tag = =ATOM)
    return  1;
  while(L)
  {
    L =L - >a.ptr.tp;
    len + +;
  }
  return  len;
}


int  GListDepth(GList  L)
{                                        /*采用头尾链表存储结构,求广义表 L
                                         的深度*/
```

```
    int  max,dep;
    GList  pp;
    if(! L)
      return  1;                              /*空表深度为1*/
    if(L - >tag = = ATOM)
      return  0;                              /*原子深度为0*/
    for(max = 0,pp = L;pp;pp = pp - >a.ptr.tp)
    {
      dep = GListDepth(pp - >a.ptr.hp);       /*求以 pp - >a.ptr.hp 为头指针的
                                                子表深度*/

      if(dep > max)
        max = dep;
    }
    return  max +1;                           /*非空表的深度是各元素的深度的最
                                                大值加1*/

}


Status  GListEmpty(GList  L)
{                                             /*判定广义表是否为空*/
  if(! L)
    return  TRUE;
  else
    return  FALSE;
}


GList  GetHead(GList  L)
{                                             /*取广义表 L 的头*/
  GList  h,p;
  if(! L)
  {
    printf("空表无表头! \n");
    exit(0);
  }
  p = L - >a.ptr.tp;
  L - >a.ptr.tp = NULL;
  CopyGList(&h,L);
  L - >a.ptr.tp = p;
  return  h;
}


GList  GetTail(GList  L)
{                                             /*取广义表 L 的尾*/
  GList  t;
  if(! L)
```

```
    {
      printf("空表无表尾! \n");
      exit(0);
    }
    CopyGList(&t,L - >a.ptr.tp);
    return t;
}


Status  InsertFirst_GL(GList  *L,GList  e)
{                                               /*初始条件: 广义表存在*/
                                                /*操作结果: 插入元素 e 作为广义
                                                表L的第一元素(表头,也可能是子
                                                表)*/
    GList  p = (GList)malloc(sizeof(GLNode));
    if(! p)
      exit(OVERFLOW);
    p - >tag = LIST;
    p - >a.ptr.hp = e;
    p - >a.ptr.tp = *L;
    *L = p;
    return  OK;
}


Status  DeleteFirst_GL(GList  *L,GList  *e)
{                                               /*初始条件: 广义表L存在*/
                                                /*操作结果: 删除广义表L的第一
                                                元素,并用e返回其值*/
    GList  p;
    *e = ( *L) - >a.ptr.hp;
    p = *L;
    *L = ( *L) - >a.ptr.tp;
    free(p);
    return  OK;
}


void  Traverse_GL(GList  L,void( *v)(AtomType))
{                                               /*利用递归算法遍历广义表L*/
    if(L)   /*L不空*/
      if(L - >tag == ATOM)                       /*L为单原子*/
        v(L - >a.atom);
      else                                      /*L为广义表*/
      {
        Traverse_GL(L - >a.ptr.hp,v);
        Traverse_GL(L - >a.ptr.tp,v);
```

```
        }
    }

#define  MAXSTRLEN  40                        /*用户可在255以内定义最大串长(1
                                               个字节)*/
typedef  char  SString[MAXSTRLEN+1];          /*0号单元存放串的长度*/

Status  StrAssign(SString  T,char  *chars)
{                                             /*生成一个其值等于 chars 的串
                                               T*/
    int  i;
    if(strlen(chars)>MAXSTRLEN)
        return  ERROR;
    else
    {
        T[0]=strlen(chars);
        for(i=1;i<=T[0];i++)
            T[i]=*(chars+i-1);
        return  OK;
    }
}


Status  StrCopy(SString  T,SString  S)
{                                             /*由串 S 复制得串 T*/
    int  i;
    for(i=0;i<=S[0];i++)
        T[i]=S[i];
    return  OK;
}


Status  StrEmpty(SString  S)
{                                             /*若 S 为空串,则返回 TRUE,否则返
                                               回 FALSE*/
    if(S[0]==0)
        return  TRUE;
    else
        return  FALSE;
}


int  StrCompare(SString  S,SString  T)
{                                             /*初始条件:　串 S 和 T 存在*/
                                              /*操作结果:　若 S>T,则返回值>
                                               0;若 S=T,则返回值=0;若 S<T,则返
                                               回值<0*/
```

```
  int  i;
  for(i =1;i < = S[0]&&i < = T[0]; + +i)
    if(S[i]! = T[i])
      return  S[i] - T[i];
  return  S[0] - T[0];
}


int  StrLength(SString  S)
{                                          /*返回串的元素个数 */
  return  S[0];
}


Status  ClearString(SString  S)
{                                          /*初始条件： 串 S 存在。操作结果：
                                             将 S 清为空串 */
  S[0] =0;                                  /*令串长为零 */
  return  OK;
}


Status  Concat(SString  T,SString  S1,SString  S2)
{                                          /*用 T 返回 S1 和 S2 连接而成的新
                                             串。若未截断,则返回 TRUE,否则
                                             FALSE */
  int  i;
  if(S1[0] + S2[0] < = MAXSTRLEN)
  {                                        /*未截断 */
    for(i =1;i < = S1[0];i + +)
      T[i] = S1[i];
    for(i =1;i < = S2[0];i + +)
      T[S1[0] + i] = S2[i];
    T[0] = S1[0] + S2[0];
    return  TRUE;
  }
  else
  {                                        /*截断 S2 */
    for(i =1;i < = S1[0];i + +)
      T[i] = S1[i];
    for(i =1;i < = MAXSTRLEN - S1[0];i + +)
      T[S1[0] + i] = S2[i];
    T[0] = MAXSTRLEN;
    return  FALSE;
  }
}
```

```
Status  SubString(SString  Sub,SString  S,int  pos,int  len)
  {                                      /*用 Sub 返回串 S 的第 pos 个字符起
                                          长度为 len 的子串*/
   int  i;
   if(pos <1||pos > S[0]||len <0||len > S[0]-pos +1)
     return  ERROR;
     for(i =1;i < = len;i + +)
       Sub[i]= S[pos +i -1];
     Sub[0]= len;
     return  OK;
  }


  int  Index(SString  S,SString  T,int  pos)
   {                                     /*返回子串 T 在主串 S 中第 pos 个字
                                          符之后的位置。若不存在,则函数值为
                                          0*/
     /*其中,T 非空,1≤pos≤StrLength(S)*/
     int  i,j;
     if(1 < = pos&&pos < = S[0])
      {
       i = pos;
       j =1;
       while(i < = S[0]&&j < = T[0])
         if(S[i]= =T[j])                 /*继续比较后继字符*/
         {
           + +i;
           + +j;
         }
         else                           /*指针后退重新开始匹配*/
         {
           i = i -j +2;
           j =1;
         }
       if(j >T[0])
         return  i -T[0];
       else
         return  0;
      }
     else
       return  0;
   }


Status  StrInsert(SString  S,int  pos,SString  T)
  {                                      /*初始条件: 串 S 和 T 存在,1≤pos
```

　　　　　　　　　　　　　　　　　　　　　　　　　　≤StrLength(S) +1 * /
　　　　　　　　　　　　　　　　　　　　　　　　　　/* 操作结果：　在串 S 的第 pos 个字
　　　　　　　　　　　　　　　　　　　　　　　　　　符之前插入串 T。完全插入返回 TRUE,
　　　　　　　　　　　　　　　　　　　　　　　　　　部分插入返回 FALSE * /

```
    int  i;
    if(pos <1 ||pos >S[0] +1)
      return  ERROR;
    if(S[0] +T[0] < =MAXSTRLEN)                    /* 完全插入 */
    {
      for(i =S[0];i > =pos;i - - )
        S[i +T[0]] =S[i];
      for(i =pos;i <pos +T[0];i + + )
        S[i] =T[i -pos +1];
      S[0] =S[0] +T[0];
      return  TRUE;
    }
    else
    {                                             /* 部分插入 */
      for(i =MAXSTRLEN;i > =pos;i - - )
        S[i] =S[i -T[0]];
      for(i =pos;i <pos +T[0];i + + )
        S[i] =T[i -pos +1];
      S[0] =MAXSTRLEN;
      return  FALSE;
    }
}


Status  StrDelete(SString  S,int  pos,int  len)
{                                                 /* 初始条件：　串 S 存在,1≤pos≤
                                                     StrLength(S) - len +1 * /
                                                  /* 操作结果：　从串 S 中删除第 pos
                                                     个字符起长度为 len 的子串 * /
    int  i;
    if(pos <1 ||pos >S[0] -len +1 ||len <0)
      return  ERROR;
    for(i =pos +len;i < =S[0];i + + )
      S[i -len] =S[i];
    S[0] - =len;
    return  OK;
}


Status  Replace(SString  S,SString  T,SString  V)
{                                                 /* 初始条件：　串 S,T 和 V 存在,T 是
```

非空串(此函数与串的存储结构无关)＊/

/＊操作结果: 用 V 替换主串 S 中出现的所有与 T 相等的不重叠的子串＊/

/＊从串 S 的第一个字符起查找串 T＊/

/＊T 是空串＊/

```
int  i =1;
if(StrEmpty(T))
  return  ERROR;
do
{
  i = Index(S,T,i);

  if(i)
  {
    StrDelete(S,i,StrLength(T));
    StrInsert(S,i,V);
    i + = StrLength(V);
  }
}while(i);
return  OK;
}


void  DestroyString()
{


}


void  StrPrint(SString  T)
{
  int  i;
  for(i =1;i < = T[0];i + +)
    printf("% c",T[i]);
  printf(" \n");
}


void  sever(SString  str,SString  hstr)
{



  int  n,k,i;
  SString  ch,c1,c2,c3;
  n = StrLength(str);
  StrAssign(c1,",");
  StrAssign(c2,"(");
```

/＊结果 i 为从上一个 i 之后找到的子串 T 的位置＊/

/＊串 S 中存在串 T＊/

/＊删除该串 T＊/
/＊在原串 T 的位置插入串 V＊/
/＊在插入的串 V 后面继续查找串 T＊/

/＊由于 SString 是定长类型,因此无法销毁＊/

/＊输出字符串 T＊/

/＊SString 是数组,不需引用类型＊/
/＊将非空串 str 分割成两部分: hsub 为第一个 "," 之前的子串,str 为之后的子串＊/
/＊k 记尚未配对的左括号个数＊/

```
    StrAssign(c3,")");
    SubString(ch,str,1,1);
    for(i=1,k=0;i<=n&&StrCompare(ch,c1)||k!=0;++i)
    {                                        /*搜索最外层的第一个逗号*/
      SubString(ch,str,i,1);
      if(!StrCompare(ch,c2))
        ++k;
      else  if(!StrCompare(ch,c3))
        --k;
    }
    if(i<=n)
    {
      SubString(hstr,str,1,i-2);
      SubString(str,str,i,n-i+1);
    }
    else
    {
      StrCopy(hstr,str);
      ClearString(str);
    }
}

Status  CreateGList(GList  *L,SString  S)
{                                        /*采用头尾链表存储结构,由广义表
                                         的书写形式串 S 创建广义表 L。设 emp
                                         ="()"*/
  SString  sub,hsub,emp;
  GList  p,q;
  StrAssign(emp,"()");
  if(!StrCompare(S,emp))
    *L=NULL;                             /*创建空表*/
  else
  {
    *L=(GList)malloc(sizeof(GLNode));
    if(!*L)                              /*建表结点*/
      exit(OVERFLOW);
    if(StrLength(S)==1)                  /*S 为单原子*/
    {
      (*L)->tag=ATOM;
      (*L)->a.atom=S[1];                 /*创建单原子广义表*/
    }
    else
    {
```

```
      ( * L) - > tag = LIST;
      p = * L;
      SubString( sub,S,2,StrLength( S) - 2);        /*脱外层括号 * /
      do
        {                                           /*重复建 n 个子表 * /
        sever( sub,hsub);                           /*从 sub 中分离出表头串 hsub * /
        CreateGList( &p - > a.ptr.hp,hsub);
        q = p;
        if(! StrEmpty( sub))                        /*表尾不空 * /
          {
          p = ( GLNode  * )malloc( sizeof( GLNode));
          if(! p)
            exit( OVERFLOW);
          p - > tag = LIST;
          q - > a.ptr.tp = p;
          }
        }while(! StrEmpty( sub));
      q - > a.ptr.tp = NULL;
      }
  return  OK;
}


void  visit( AtomType  e)
{
  printf( "% c  ", e);
}


void  main()
{
  char  p[80];
  SString  t;
  GList  l,m;
    InitGList( &l);
  InitGList( &m);
  printf( "空广义表 l 的深度 = % d  l 是否空?% d( 1:是  0:否) \n",GListDepth( l),
GListEmpty( l));
  printf( "请输入广义表 l( 书写形式: 空表: (),单原子: a,其他: (a,(b),b)): \
n");
  gets( p);
  StrAssign( t,p);
  CreateGList( &l,t);
  printf( "广义表 l 的长度 = % d \n",GListLength( l));
```

```
        printf("广义表 l 的深度 = % d   l 是否空?% d(1:是  0:否) \n",GListDepth(l),
GListEmpty(l));
        printf("遍历广义表 l:  \n");
        Traverse_GL(l,visit);
        printf(" \n 复制广义表 m = l \n");
        CopyGList(&m,l);
        printf("广义表 m 的长度 = % d \n",GListLength(m));
        printf("广义表 m 的深度 = % d \n",GListDepth(m));
        printf("遍历广义表 m:  \n");
        Traverse_GL(m,visit);
        DestroyGList(&m);
        m = GetHead(l);
        printf(" \nm 是 l 的表头,遍历广义表 m:  \n");
        Traverse_GL(m,visit);
        DestroyGList(&m);
        m = GetTail(l);
        printf(" \nm 是 l 的表尾,遍历广义表 m:  \n");
        Traverse_GL(m,visit);
        InsertFirst_GL(&m,l);
        printf(" \n 插入 l 为 m 的表头,遍历广义表 m:  \n");
        Traverse_GL(m,visit);
        printf(" \n 删除 m 的表头,遍历广义表 m:  \n");
        DestroyGList(&l);
        DeleteFirst_GL(&m,&l);
        Traverse_GL(m,visit);
        printf(" \n");
        DestroyGList(&m);
    }
```

5.6　习　　题

一、选择题

1.假设以行序为主序存储二维数组 $A = \text{array}[1\cdots100,1\cdots100]$,设每个数据元素占 2 个存储单元,基地址为 10,则 LOC[5,5] = (　　)。

　A. 808　　　　　　　　　　　　　　　B. 818

　C. 1010　　　　　　　　　　　　　　D. 1020

2.设有数组 $A[i,j]$,数组的每个元素长度为 3 字节,i 的值为 1~8,j 的值为 1~10,数组从内存首地址 BA 开始顺序存放,当用以列为主存放时,元素 $A[5,8]$ 的存储首地址为 (　　)。

　A. $BA + 141$　　　　　　　　　　　　B. $BA + 180$

C. $BA+222$　　　　　　　　　　　D. $BA+225$

3. 设有一个 10 阶对称矩阵 A, 采用压缩存储方式, 以行序为主存储, a_{11} 为第一元素, 其存储地址为 1, 每个元素占一个地址空间, 则 a_{85} 的地址为(　　)。

A. 13　　　　　　　　　　　　　　B. 32

C. 33　　　　　　　　　　　　　　D. 40

4. 若对 n 阶对称矩阵 A 以行序为主序方式将其下三角形的元素(包括主对角线上所有元素)依次存放于一维数组 $B[1..(n(n+1))/2]$ 中, 则在 B 中确定 $a_{ij}(i<j)$ 的位置 k 的关系为(　　)。

A. $i\times(i-1)/2+j$　　　　　　　B. $j\times(j-1)/2+i$

C. $i\times(i+1)/2+j$　　　　　　　D. $j\times(j+1)/2+i$

5. 二维数组 A 的每个元素都由 10 个字符组成的串, 其行下标 $i=0,1,\cdots,8$, 列下标 $j=1,2,\cdots,10$。若 A 按行先存储, 元素 $A[8,5]$ 的起始地址与当 A 按列先存储时的元素 (　　)的起始地址相同, 设每个字符占一个字节。

A. $A[8,5]$　　　　　　　　　　　B. $A[3,10]$

C. $A[5,8]$　　　　　　　　　　　D. $A[0,9]$

6. 设二维数组 $A[1..m,1..n]$(即 m 行 n 列)按行存储在数组 $B[1..m\times n]$ 中, 则二维数组元素 $A[i,j]$ 在一维数组 B 中的下标为(　　)。

A. $(i-1)\times n+j$　　　　　　　B. $(i-1)\times n+j-1$

C. $i\times(j-1)$　　　　　　　　　D. $j\times m+i-1$

7. 数组 $A[0..4,-1..-3,5..7]$ 中含有元素的个数为(　　)。

A. 55　　　　　　　　　　　　　　B. 45

C. 36　　　　　　　　　　　　　　D. 16

8. 广义表 $A=(a,b,(c,d),(e,(f,g)))$, 则 $\mathrm{Head}(\mathrm{Tail}(\mathrm{Head}(\mathrm{Tail}(\mathrm{Tail}(A)))))$ 的值为(　　)。

A. (g)　　　　　　　　　　　　　B. (d)

C. c　　　　　　　　　　　　　　D. d

9. 广义表 $((a,b,c,d))$ 的表头是(　　), 表尾是(　　)。

A. a　　　　　　　　　　　　　　B. $(\ )$

C. (a,b,c,d)　　　　　　　　　　D. (b,c,d)

10. 设广义表 $L=((a,b,c))$, 则 L 的长度和深度分别为(　　)。

A. 1 和 1　　　　　　　　　　　　B. 1 和 3

C. 1 和 2　　　　　　　　　　　　D. 2 和 3

二、应用题

1. 数组 A 中, 每个元素 $A[i,j]$ 的长度均为 32 个二进制位, 行下标从 $-1\sim9$, 列下标从 $1\sim11$, 从首地址 S 开始连续存放在主存储器中, 主存储器字长为 16 位。试求:

(1)存放该数组所需多少单元;

(2)存放数组第 4 列所有元素至少需多少单元;

(3)数组按行存放时, 元素 $A[7,4]$ 的起始地址是多少;

(4)数组按列存放时, 元素 $A[4,7]$ 的起始地址是多少?

2. 请将香蕉 banana 用工具 H( )—Head( ),T( )—Tail( )从 L 中取出。

L = (apple,(orange,(strawberry,(banana)),peach),pear)

三、算法设计题

1. 设二维数组 $A[1..m,1..n]$ 含有 $m \times n$ 个整数。

(1)写一个算法判断 a 中所有元素是否互不相同,输出相关信息(yes/no)。

(2)试分析算法的时间复杂度。

2. 设任意 n 个整数存放于数组 $A[1..n]$ 中,试编写算法,将所有正数排在所有负数前面(要求算法时间复杂度为 $O(n)$)。

第6章 树和二叉树

树型结构是一类重要的非线性数据结构,类似于自然界中的树,它是以分支关系定义的层次结构。树结构在客观世界大量存在,如家谱、高校管理组织机构等都可用树来形象表示。树结构在计算机领域中也得到了广泛应用,如编译程序中用树来表示源程序的语法结构、在数据库系统中用树来体现信息的组织形式、在分析算法的行为时用树来描述其执行过程。本章重点讨论二叉树的存储结构及各种操作,并研究树、二叉树基础上的算法。

6.1 树的定义和基本术语

首先来看一个家族树,家族树图如图6-1所示。在现实生活中,有如下血统关系的家族,张家源有三个孩子张年雄、张静文和张年华;张年雄有两个孩子张维和张平;张静文有三个孩子张水、张木和张清;张清有两个孩子张中和张华。

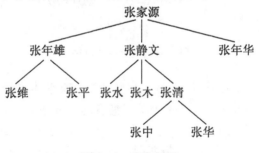

图6-1 家族树图

图6-1很像一棵倒画的树。树中共有11个结点,每个结点是家族中的一个成员,其中树根是"张家源",树根有三个"分支结点",分别是张年雄、张静文和张年华,他们自己又是3个互不相交的家族"子树"的树根,其中以张静文为根的家族子树有6个结点,而张年华是只有一个根结点的子树。图中的线段(称为树枝)描述了家族成员之间的关系。显然,以张家源为根的树是一个大家庭,它可以分成以张年雄、张静文和张年华为根的三个小家庭,每个小家庭又都是一个树型结构。如果在这个家族树中,规定左边的孩子比右边的孩子大,则称这个树型结构是有序的。

因此,可以得到树的递归定义:树(Tree)是 $n(n \geq 0)$ 个结点的有限集 T, T 为空时称为空树,否则它满足如下两个条件:

(1)有且仅有一个特定的称为根(Root)的结点;

(2)其余的结点可分为 $m(m \geq 0)$ 个互不相交的子集 $T_1, T_2, \cdots, T_m$,其中每个子集本身又是一棵树,并称其为根的子树(Subtree)。

树型图表示是树结构的主要表示方法。如图 6 – 2(a)所示的树是由结点的有限集 $T = \{A,B,C,D,E,F,G,H,I,J\}$ 构成的,其中 A 是该树的根结点,T 中其余结点可分成三个互不相交的子集,即

$$T_1 = \{B,E,F,I,J\}, \quad T_2 = \{C\}, \quad T_3 = \{D,G,H\}$$

T_1、T_2 和 T_3 是根 A 的三棵子树,且本身又都是一棵树。例如 T_1,其根为 B,其余结点可分为两个互不相交的子集 $T_{11} = \{E\}$ 和 $T_{12} = \{F,I,J\}$,它们都是 B 的子树。显然,T_{11} 是只含一个根结点 E 的树,而 T_{12} 的根 F 又有两棵互不相交的子树{I}和{J},其本身又都是只含一个根结点的树。

树还可有其他的表示形式,如图 6 – 2(b)所示,以嵌套集合(集合的集合,任意两个集合不可能相交,但一个集合可能包含其他的集合)的形式表示树;如图 6 – 2(c)所示为以广义表的形式表示树,类似于书的目录;如图 6 – 2(d)所示为树的凹入表示法。

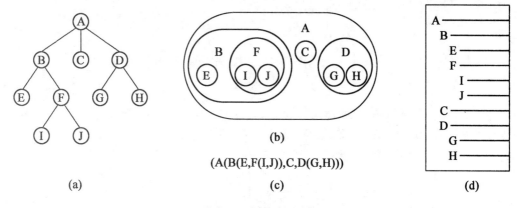

(b)

(A(B(E,F(I,J)),C,D(G,H)))

(a)   (c)   (d)

图 6 – 2 树的表示方法

在讨论树的过程中,需要用到以下树型结构中的一些基本术语。

(1)结点的度(Degree)。树中的一个结点拥有的子树数称为该结点的度。一棵树的度是指该树中各结点的度的最大值。度为零的结点称为叶子(Leaf)或终端结点;度不为零的结点称分支结点或非终端结点。除根结点之外的分支结点统称为内部结点。根结点又称开始结点。

(2)孩子(Child)和双亲(Parents)。树中某个结点的子树的根称为该结点的孩子;相应地,该结点称为孩子的双亲。同一个双亲的孩子之间互称为兄弟(Sibling)。

(3)路径(path)。若树中存在一个结点序列 $k_1,k_2,\cdots,k_j$,使得 k_i 是 k_{i+1} 的双亲($1 \leqslant i < j$),则称该结点序列为从 k_1 到 k_j 的一条路径。

(4)祖先(Ancestor)和子孙(Descendant)。一个结点的祖先是从根结点到该结点路径上所经过的所有结点,而一个结点的子孙则是以该结点为根的子树中的所有结点。结点的祖先和子孙不包含结点本身。

(5)树的高度(Height)或深度(Depth)。根的层数为 1,结点的层数(Level)从根起算,其余结点的层数等于其双亲结点的层数加 1。双亲在同一层的结点互为堂兄弟。树中结点的最大层数称为树的高度或深度,有的文献中将树根的层数定义为 0。

(6)森林(Forest)。森林是 $m(m \geqslant 0)$ 棵互不相交的树的集合。树和森林的概念相

近,删去一棵树的根,就得到一个森林;反之,加上一个结点作为树根,森林就变为一棵树。

如果将树中结点的各子树看成从左至右是有次序的(即不能互换),则称该树为有序树,否则称为无序树。在有序树中最左边的子树的根称为第一个孩子,最右边的称为最后一个孩子。

6.2　二　叉　树

二叉树(Binary Tree)是树型结构的一个重要类型。许多实际问题抽象出来的数据结构往往是二叉树的形式,即使是一般的树也能简单地转换为二叉树,而且二叉树的存储结构及其算法都相对简单,因此二叉树显得特别重要。

6.2.1　二叉树的定义

二叉树是一种特定的树型结构,其特点是其中不存在度大于 2 的结点且结点的子树有左右之分。

1. 二叉树的递归定义

二叉树是 $n(n \geqslant 0)$ 个结点的有限集。它或者是空集($n = 0$),或者由一个根结点及两棵互不相交,分别称为这个根的左子树和右子树的二叉树组成。

2. 二叉树的五种基本形态

由二叉树的递归定义可知,二叉树可以是空集,根可以有空的左子树或右子树,或者左、右子树皆为空或非空。因此,二叉树可以有五种基本形态,二叉树的五种基本形态如图 6 - 3 所示。

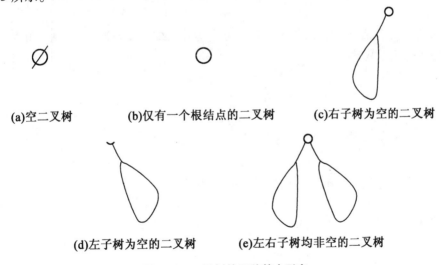

| (a)空二叉树 | (b)仅有一个根结点的二叉树 | (c)右子树为空的二叉树 |

(d)左子树为空的二叉树　　　(e)左右子树均非空的二叉树

图 6 - 3　二叉树的五种基本形态

3. 二叉树的基本操作

(1)InitBtree(BT)。初始化操作,构造一棵空的二叉树 BT。

(2)Root(BT)。求二叉树 BT 的根,若 BT 为空,则返回 NULL。

(3)CreateBtree(BT)。创建一棵二叉树 BT。

（4）Parent(BT,x)。求结点 x 的双亲结点，若 x 为 BT 的根，则返回 NULL。

（5）Lchild(BT,x)。求二叉树 BT 中结点 x 的左孩子。

（6）Rchild(BT,x)。求二叉树 BT 中结点 x 的右孩子。

（7）TraverseBtree(BT)。以某种次序访问二叉树中的每个结点，并且使每个结点仅被访问一次。

（8）Clear(BT)。清除二叉树 BT 结构，将 BT 置为空。

（9）EmptyTree(BT)。判断二叉树 BT 是否为空。

6.2.2　二叉树的性质

二叉树具有以下重要性质。

性质 1　二叉树第 i 层上的结点数目最多为 $2^{i-1}(i \geqslant 1)$。

用数学归纳法可以证明该性质。

当 $i=1$ 时，有 $2^{i-1}=2^0=1$。因为第 1 层上只有一个根结点，所以命题成立。

现假设对所有的 $j(1 \leqslant j < i)$，命题成立，即第 j 层上至多有 2^{j-1} 个结点，所以第 $i-1$ 层（即 $j=i-1$ 时）至多有 2^{i-2} 个结点。

又由于二叉树的每个结点至多有两个孩子，因此第 i 层上的结点数至多是第 $i-1$ 层上的最大结点数的 2 倍。即 $j=i$ 时，该层上至多有 $2 \times 2^{i-2}=2^{i-1}$ 个结点，故命题得证。

性质 2　深度为 k 的二叉树至多有 2^k-1 个结点($k \geqslant 1$)。

因为仅当二叉树每一层都含有最大结点数时，该二叉树中结点数才最多，所以由性质 1 可得，深度为 k 的二叉树的结点数至多为

$$2^0+2^1+2^2+\cdots+2^k=2^k-1$$

性质 3　在任意一棵二叉树中，若终端结点的个数为 n_0，度为 2 的结点数为 n_2，则 $n_0=n_2+1$。

二叉树中所有结点的度数均不大于 2，若度为 1 的结点数记为 n_1，则从二叉树的结点总数（记为 n）出发可得

$$n=n_0+n_1+n_2 \tag{6-1}$$

另外，从二叉树中的分支数出发：度为 1 的结点产生 1 个分支，度为 2 的结点产生 2 个分支，度为 0 的结点产生 0 个分支，由此可得

$$分支总数 = n_1+2n_2 \tag{6-2}$$

二叉中所有结点中除了根结点都有一个分支进入，即

$$n=分支数+1 \tag{6-3}$$

由式(6-2)和式(6-3)可得

$$n=n_1+2n_2+1 \tag{6-4}$$

由式(6-1)和式(6-4)可得

$$n_0+n_1+n_2 = n_1+2n_2+1$$

即有

$$n_0=n_2+1$$

满二叉树（FullBinaryTree）和完全二叉树（Complete Birary Tree）是二叉树的两种特殊情形。

一棵深度为 k 且有 2^k-1 个结点的二叉树称为满二叉树。满二叉树具有如下特点：

(1)每一层上的结点数都达到最大值；

(2)满二叉树中不存在度为 1 的结点，同层分支结点均有两棵高度相同的子树，且树叶都在最下一层上。

【例 6-1】　图 6-4(a)是一个深度为 4 的满二叉树。

若对一棵满二叉树的结点进行连续编号，约定编号从根结点开始，自上而下，从左至右，由此可以引出完全二叉树的定义。

对于一棵深度为 k，结点数为 n 的二叉树，若采用和满二叉树一样的对结点约定编号方式，当且仅当其每一个结点都与深度为 k 的满二叉树中编号从 1 至 n 的结点一一对应时，称此二叉树为完全二叉树。

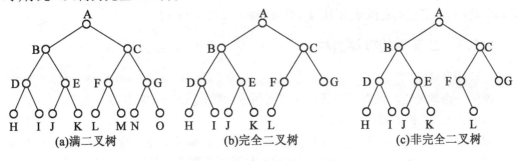

图 6-4　特殊形态的二叉树

可见，完全二叉树具有如下特点：

(1)满二叉树是完全二叉树，完全二叉树不一定是满二叉树；

(2)在满二叉树的最下一层，从最右边开始连续删去若干结点后得到的二叉树仍然是一棵完全二叉树；

(3)在完全二叉树中，只有最下面的两层上结点的度可以小于 2，若某个结点没有左孩子，则它一定没有右孩子，即该结点必是叶结点。

【例 6-2】　图 6-4(b)是一棵完全二叉树，而图 6-4(c)不是一棵完全二叉树。

*性质 4　具有 n 个结点的完全二叉树的深度为 $\lfloor \log 2n \rfloor + 1$。

注：$\lfloor x \rfloor$ 表示不大于 x 的最大整数；$\lceil x \rceil$ 表示不小于 x 的最小整数。设所求完全二叉树的深度为 k，由完全二叉树定义可得深度为 k 的完全二叉树的前 $k-1$ 层是深度为 $k-1$ 的满二叉树，一共有 2^k-1 个结点。由于完全二叉树深度为 k，第 k 层上还有若干个结点，因此该完全二叉树的结点个数为

$$2^{k-1}-1 < n \leqslant 2^k-1 \text{ 或 } 2^{k-1} \leqslant n < 2^k$$

显然，n 为整数，k 为整数，由此可推出 $k = \lfloor \log 2n \rfloor + 1$。

性质 5　如果对一棵有 n 个结点的完全二叉树 BT 的结点按层序编号(从第 1 层到第 $\lfloor \log 2n \rfloor + 1$ 层，每层从左到右)，则有如下结论。

(1)如果 $i=1$，则结点 i 是二叉树的根，无双亲；如果 $i>1$，则其双亲 Parent(BT,i)是结点 $\lfloor i/2 \rfloor$。

(2)如果 $2i < n$，则结点 i 无左孩子(结点 i 为叶结点)；否则，其左孩子 Lchild(BT,i)是结点 $2i$。

(3)如果 $2i+1 > n$，则结点 i 无右孩子；否则，其右孩子 Rchild(BT,i)是结点 $2i+1$。

显然,如果(2)(3)成立,则(1)成立。

当 $i=1$ 时,由完全二叉树定义,其左孩子是编号为 2 的结点,若 $n<2$,即不存在结点 2,此时结点 i 无左孩子,亦无右孩子,i 是唯一的根结点和叶结点。结点 i 的右孩子也只能是结点 3,若结点 3 不存在,即 $n<3$,此时结点 i 无右孩子。

当 $i>1$ 时,分两种情况讨论:(1)设编号为 i 的结点是第 $j(1 \leqslant j \leqslant \lfloor \log 2n \rfloor)$ 层的第一个结点(由完全二叉树的定义和性质 2 可知 $i=2j-1$),若 i 有左孩子,则其左孩子必为第 $j+1$ 层的第一个结点,其编号为 $2j=2(2j-1)=2i$,否则无左孩子,其右孩子必为第 $j+1$ 层的第 2 个结点,其编号为 $2i+1$,若 $2i+1>n$,则无右孩子;(2)假设第 $j(1 \leqslant j \leqslant \lfloor \log 2n \rfloor)$ 层上的某个结点的编号为 $i(2^{j-1} \leqslant i < 2^j - 1)$,且 $2i+1<n$,则由(1)可推知,其左孩子为 $2i$,右孩子为 $2i+1$,编号为 $i+1$ 的结点是编号为 i 的结点的右兄弟或堂兄弟,若它有左孩子,则编号必为 $2i+2=2(i+1)$,若它有右孩子,则其编号必为 $2i+3=2(2i+1)+1$。

6.2.3　二叉树的存储结构

1.顺序存储结构

即用一组地址连续的存储单元存储二叉树中的数据元素(即将树线性化)。

(1)完全二叉树的顺序存储。

即将完全二叉树中所有结点按自上而下、自左至右编号顺序依次存储在一个向量 bt [$0..n$] 中。其中,$bt[1..n]$ 用来存储结点,$bt[0]$ 不用或用来存储结点数目。

【例 6-3】 完全二叉树的顺序存储结构示例如图 6-5 所示,$bt[0]$ 为结点数目,bt [5] 的双亲、左右孩子分别是 $bt[2]$、$bt[10]$ 和 $bt[11]$。

下标	0	1	2	3	4	5	6	7	8	9	10	11	12
bt	12	A	B	C	D	E	F	G	H	I	J	K	L

图 6-5　完全二叉树的顺序存储结构示例

(2)一般二叉树的顺序存储具体法。

①将一般二叉树添上一些"虚结点",成为"完全二叉树"。

②为了用结点在向量中的相对位置来表示结点之间的逻辑关系,按完全二叉树形式给结点编号。

③将结点按编号存入向量对应分量,其中"虚结点"用"0"表示。

非完全二叉树的顺序存储结构示例如图 6-6 所示。

下标	0	1	2	3	4	5	6	7	8	9	10	11	12	13
bt	13	A	B	C	D	E	F	G	H	I	J	K	0	L

图 6-6　非完全二叉树的顺序存储结构示例

优点和缺点:

①对完全二叉树而言,顺序存储结构既简单又节省存储空间;

②一般的二叉树采用顺序存储结构时,虽然简单,但如图 6-6 所示易造成存储空间的浪费(图 6-6 中,向量 bt 的第 12 个空间存储的是"虚结点"),最坏的情况下,一个有且只有 1 个结点的右单支树需要 2^k-1 个结点的存储空间;

③在对顺序存储的二叉树做插入和删除结点操作时,往往要移动大量的结点。

2. 链式存储结构

(1)结点的结构。

二叉树的每个结点最多有两个孩子。用链接方式存储二叉树时,每个结点除了存储结点本身的数据外,还应设置两个指针域 Lchild 和 Rchild,分别指向该结点的左孩子和右孩子。结点的结构如图 6-7(a)所示。

Lchild	data	Rchild

(a)含有两个指针域

Lchild	data	Parent	Rchild

(b)含有四个指针域

图 6-7　二叉树的链式存储结构

(2)结点的类型定义。

```
typedef char DataType;              //用户可根据具体应用定义 DataType 的实
                                      际类型

typedef struct node
{
DataType data;
struct node * Lchild, * Rchild;     //左右孩子指针
} BinTNode;                          //结点类型
typedef BinTNode * BinTree;         //BinTree 为指向 BinTNode 类型结点的指
                                      针类型
```

(3)二叉链表(二叉树的常用存储结构)。

在一棵二叉树中,所有类型为 BinTNode 的结点,再加上一个指向开始结点(即根结点)的 BinTree 型头指针(即根指针)root,就构成了二叉树的链式存储结构,称为二叉链表。

图 6-8(b)是对应二叉树图 6-8(a)的二叉链表存储结构。

(4)带双亲指针域的三叉链表。

经常要在二叉树中寻找某结点的双亲时,可在每个结点上再加一个指向其双亲的指针 parent,形成一个带双亲指针域的三叉链表(图 6-7(b))。图 6-8(c)是对应二叉树图 6-8(a)的三叉链表存储结构。可见,二叉树可能采用不同的存储结构,其存储方法的选择主要依赖于所要实施的各种运算的频度。

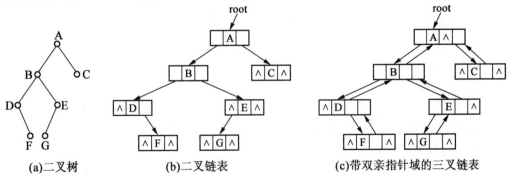

图 6-8　二叉树的链式存储结构

6.3　二叉树的遍历

在二叉树的一些应用中,常常要求在二叉树中查找具有某种特征的结点,或者对树中全部结点逐一进行某种处理,这就引入了二叉树的遍历问题。所谓遍历(Traversal),是指按照某一规律或方法,依次对树中每个结点均做一次且仅做一次"访问"。访问结点可能是输出该结点的信息或统计满足条件的结点等操作,所做的操作依赖于具体的应用问题。

遍历是二叉树上最重要的运算之一,是二叉树上进行其他运算的基础。

6.3.1　二叉树的遍历方法及递归实现

从二叉树的递归定义可知,一棵非空的二叉树由根结点及左、右子树这三个基本部分组成。若能依次遍历这三部分,则遍历了整个二叉树。假设访问根结点本身用 D 表示,遍历该结点的左子树用 L 表示,遍历该结点的右子树用 R 表示,则遍历二叉树的方案可以有 6 种:DLR、LDR、LRD、DRL、RDL、RLD。如果规定遍历次序为先左后右,则只有三种遍历方案:先(根)序遍历(DLR),访问根结点的操作发生在遍历其左右子树之前;中(根)序遍历(LDR),访问根结点的操作发生在遍历其左右子树之间;后(根)序遍历(LRD),访问根结点的操作发生在遍历其左右子树之后。

基于二叉树的递归定义,相应地可以得到遍历二叉树的递归算法。

(1)中序遍历的递归算法定义。

若二叉树非空,则依次执行如下操作:

①遍历左子树;

②访问根结点;

③遍历右子树。

(2)先序遍历的递归算法定义。

若二叉树非空,则依次执行如下操作:

①访问根结点;

②遍历左子树;

③遍历右子树。

(3)后序遍历的递归算法定义。

若二叉树非空,则依次执行如下操作:

①遍历左子树;

②遍历右子树;

③访问根结点。

算法给出了中序遍历二叉树递归算法在二叉链表上的实现。类似地,可以很容易写出后序遍历和先序遍历二叉树的递归算法,程序如下:

```
void InOrder(BinTree root)
{
if(root)                              //如果二叉树非空
{
```

```
  InOrder(root - > Lchild);
  printf("% c",root - > data);                //访问结点
    InOrder(root - > Rchild);
  }
  }
```

　　从遍历递归算法的执行踪迹来看,这三种遍历的搜索路线相同,遍历二叉树过程示意图如图 6-9 所示。只要分别将搜索路线上的所有在第一次、第二次和第三次经过的结点收集,即可分别得到该二叉树的前序、中序和后序遍历序列。

　　前序遍历序列为 A B D C E;中序遍历序列为 B A C E;后序遍历序列为 D B E C A。

　　在搜索路线中若访问结点均是第一次经过结点时进行的,则是前序遍历;若访问结点均是在第二次(或第三次)经过结点时进行的,则是中序遍历(或后序遍历)。只要将搜索路线上所有在第一次、第二次和第三次经过的结点分别列表,即可分别得到该二叉树的前序序列、中序序列和后序序列。

　　上述三种序列都是线性序列,有且仅有一个开始结点和一个终端结点,其余结点都有且仅有一个前趋结点和一个后继结点。为区别于树型结构中前趋(即双亲)结点和后继(即孩子)结点的概念,对上述三种线性序列要在某结点的前趋和后继之前冠以其遍历次序名称,如二叉树中结点 C,其前序前趋结点是 D,前序后继结点是 E。

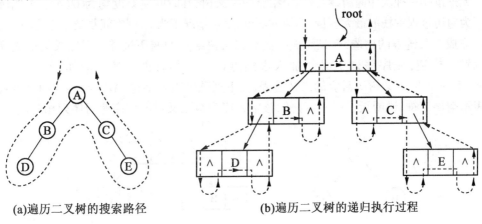

(a)遍历二叉树的搜索路径　　　　　　(b)遍历二叉树的递归执行过程

图 6-9　遍历二叉树过程示意图

6.3.2　二叉树遍历的非递归实现

　　递归算法简洁精练、可读性好、易理解,但其执行效率较低,且有些程序设计语言不支持递归功能。因此,有必要讨论遍历二叉树的非递归算法。

　　为实现遍历二叉树的非递归算法,利用栈来保存遍历过程中遍历的结点的左孩子和右孩子。在算法中假定 s 为一维数组表示的顺序栈,top 为栈顶指针,p 为临时变量。s 栈的作用是保存待访问结点的指针,其深度要大于整个树的深度,即假设栈空间足够大,不会出现栈满情况。具体程序如下:

```
  void InOrder(BinTree root)           //中序遍历二叉树的非递归算法
  {
  BinTree p,s[M];
```

```
int top = - 1;
p = bt;
do                                    //搜索最左下的结点,并将左孩子进栈
  {
  while(p)
    {
      s[ + + top] = p;
      p = p - > lchild;
    }                                 //end while
  if(top > = 0)
    {
      p = s[top - - ];                //出栈,栈顶元素赋 p
      printf("% d\t",p - > data);     //访问根结点
      p = p - > rchild;              //指向右子树,继续搜索右子树
    }                                 //end if
  }while((top = = - 1)&&(p = = NULL)); //end do
}                                     //endInOrder
```

　　对二叉树遍历除上述的先序、中序、后序遍历外,还可按层次遍历,这时要用到辅助队列。无论按哪一种次序遍历,对含 2 个结点的二叉树,其时间复杂度均为 $O(n)$。所需辅助空间为遍历过程中栈的最大容量,即树的深度,最坏情况下为 n,则空间复杂度也为 $O(n)$。

　　完成二叉链表的构造,就是完成一次对二叉树结点的遍历过程。以二叉树的先序序列为输入构造,先序序列中必须加入虚结点以示空指针的位置。例如,若要建立如图 6 - 10 所示的二叉树所对应的二叉链表,按下列顺序输入字符:AB␣D␣␣C␣␣(␣␣表示空格字符,说明无子树)。显然,该输入序列与二叉树的前序遍历序列相对应。

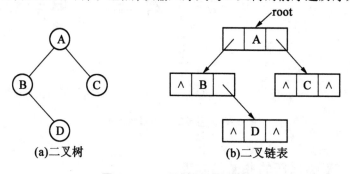

图 6 - 10　二叉树和二叉链表

　　假设虚结点输入时以空格字符表示,相应的构造算法如下:

```
void CreateBinTree(BinTree * T)          //构造二叉链表 T 是指向根指针的
                                          指针,修改 * T 就修改了实参(根指
                                          针)本身
{
  char ch;
  if((ch = getchar()) = = ' ') * T = NULL; //读入空格,将相应指针置空
  else
    {                                     //读入非空格
```

```
    * T = (BinTNode * )malloc(sizeof(BinTNode)); //生成结点
    ( * T) - > data = ch;
    CreateBinTree(&( * T) - > lchild);              //构造左子树
    CreateBinTree(&( * T) - > rchild);              //构造右子树
  }                                                 //end else
}                                                   //end CreateBinTree
```

6.4　线索二叉树

　　遍历二叉树可以得到二叉树中所有结点的某个遍历次序序列,这实质上是对一个非线性结构进行线性化的操作,使得除第一个和最后一个外的每个结点在这些线性序列中有且仅有一个直接前趋和直接后继。然而,当二叉树以二叉链表作为存储结构时,由于每个结点中只有指向其左、右孩子的指针,因此从任一个结点出发可以直接找到该结点的左、右孩子结点,在一般情况下不能直接得到该结点在某一遍历序列中的前趋和后继结点的信息。那如何才能直接得到这些信息呢? 第一种方法是通过采用多重链表来表示二叉树,即在每个结点中除含有原来的左、右孩子的指针之外,增加两个指针指示结点在某一个遍历序列中的前驱和后继结点,但这样一来二叉树的存储密度将大大降低;第二种是通过遍历的方法,即每当要求某结点在某一个遍历序列中的前趋和后继结点的信息时,都要进行一次遍历,在遍历的动态过程中得到结点的前趋和后继信息;第三种方法就是二叉树的存储,采用如下所述的线索链表存储结构。

6.4.1　线索二叉树的定义及结构

　　1.线索二叉树概念

　　由于 n 个结点的二叉链表中含有 $n+1$ 个空指针域,因此可利用二叉链表中的空指针域来存放指向结点在某种遍历次序下的前趋和后继的指针(这种附加的指针称为“线索”)。这种加上了线索的二叉链表称为线索链表,相应的二叉树称为线索二叉树(Threaded Binary Tree)。对二叉树以某种次序遍历使其变为线索二叉树的过程称为二叉树的线索化。根据线索性质的不同,线索二叉树可分为前序线索二叉树、中序线索二叉树和后序线索二叉树三种。

　　2.线索链表的结点结构

　　线索二叉链表的类型定义如下:
```
typedef   enum{Link,Thread} PointerTag;      //枚举值 Link 和 Thread 分别为 0,1
                                             typedef struct node
{
DataType data;
PointerTag ltag,rtag;                        //左右标志 Struct node * lchild,
* rchild;
} BinThrNode;                                //线索二叉树的结点类型
typedef BinThrNode * BinThrTree;
```
　　线索链表中的结点结构为

左孩子/前驱	ltag:0/1	data	rtag:0/1	右孩子/后继

其中,ltag 和 rtag 是增加的两个标志域,用来区分结点的左、右指针域是指向其左、右孩子的指针,同时还是指向其前趋或后继的线索,有

$$rtag = \begin{cases} 0 & rchild \text{ 域指示结点的右孩子} \\ 1 & rchild \text{ 域指示结点的后继} \end{cases}$$

$$ltag = \begin{cases} 0 & lchild \text{ 域指示结点的左孩子} \\ 1 & lchild \text{ 域指示结点的前驱} \end{cases}$$

3. 线索二叉树的表示

【例6-4】 如图 6-11(a)所示的中序线索二叉树,其线索链表如图 6-11(b)所示。

在图 6-11(b)中带箭头实线表示指针,带箭头虚线表示线索。结点 B 的左线索为空,表示 B 是中序序列的开始结点,无前趋;结点 C 的右线索为空,表示 C 是中序序列的终端结点,无后继。线索二叉树中,一个结点是叶结点的充要条件是其左、右标志均是 1。

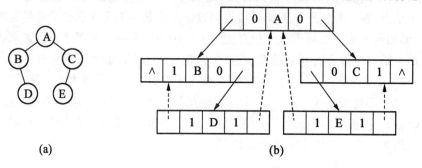

(a)　　　　　　　　　　　　　　　　　　(b)

图 6-11　二叉树和线索二叉链表

6.4.2　线索二叉树的基本操作

按某种次序将二叉树线索化的实质是:按该次序遍历二叉树,在遍历过程中用线索取代空指针。

1. 二叉树的中序线索化

算法与中序遍历算法类似,只需将遍历算法中访问结点的操作具体化为建立正在访问的结点与其非空中序前趋结点间线索。该算法应附设一个指针 pre,始终指向刚刚访问过的结点(pre 的初值应为 NULL),而指针 p 指向当前正在访问的结点。

将二叉树按中序线索化的算法如下:

```
BinThrNode * pre = NULL;                    //全局量
void InorderThreading(BinThrTree p)         //将二叉树 p 中序线索化
{
    if(p)                                   //p 非空时,当前访问结点是 * p
    {
        InorderThreading(p - > lchild);     //左子树线索化
                                            //以下直至右子树线索化之前相当于遍
                                            历算法中访问结点的操作
        p - > ltag = (p - > lchild)? Link:Thread;  //左指针非空时左标志为 Link(0),否
```

```
                                              则为 Thread(1)
    p - > rtag = (p - > rchild)? Link:Thread;
      if( * (pre))                            //若 * p 的前趋 * pre 存在
      {
        if(pre - > rtag = = Thread)           //若 * p 的前趋右标志为线索
          pre - > rchild = p;                 //令 * pre 的右线索指向中序后继
        if(p - > ltag = = Thread)             // * p 的左标志为线索
          p - > lchild = pre;                 //令 * p 的左线索指向中序前趋
      }                                       //完成处理 * pre 的线索
    pre = p;                                  //令 pre 是下一访问结点的中序前趋
    InorderThreeding(p - > rchild);           //右子树线索化
  }                                           //endif
}                                             //end lnorderThreading
```

与中序遍历算法一样,递归过程中对每个结点仅做一次访问,因此对于 n 个结点的二叉树,算法的时间复杂度亦为 $O(n)$。二叉树的前序线索化和后序线索化算法与二叉树的中序线索化类似。

2. 在线索二叉树中查找结点的过程

(1)查找某结点 * p 在指定次序下的前趋和后继结点。

①在中序线索二叉树中查找结点 * p 的中序后继结点。

在中序线索二叉树中查找结点 * p 的中序后继结点分两种情形:若 * p 的右子树空(即 p - > rtag 为 Thread),则 p - > rchild 为右线索,直接指向 * p 的中序后继,如图 6 - 11 的中序线索二叉树中,结点 D 的中序后继是 A;若 * p 的右子树非空(即 p - > rtag 为 Link),则 * p 的中序后继必是其右子树中第一个中序遍历到的结点,也就是从 * p 的右孩子开始,沿该孩子的左链往下查找,直至找到一个没有左孩子的结点为止,该结点是 * p 的右子树中"最左下"的结点,即为 * p 的中序后继结点,图 6 - 11 的中序线索二叉树中,A 的中序后继是 E,其无左孩子,也无右孩子。

在中序线索二叉树中求中序后继结点的过程,具体如下:

```
BinThrNode * InorderSuccessor(BinThrNode * p)   //在中序线索树中找结点 * p 的中
                                                序后继,设 p 非空
{
  BinThrNode * q;
  if(p - > rtag = = Thread)                      // * p 的右子树为空
  return p - > rchild;                           //返回右线索所指的中序后继 else
  {
    q = p - > rchild;                            //从 * p 的右孩子开始查找
    while(q - > ltag = = Link)
    q = q - > lchild;                            //左子树非空时,沿左链往下查找
    return q;                                    //当 q 的左子树为空时,它就是最
                                                左下结点
  }                                              //end if
}
```

该算法的时间复杂性不超过树的高度 h,即 $O(h)$。

②在中序线索二叉树中查找结点 * p 的中序前趋结点。

中序是一种对称序,故在中序线索二叉树中查找结点 * p 的中序前趋结点与查找中序后继结点的方法完全对称。具体情形如下:若 * p 的左子树为空,则 p - > lchild 为左线索,直接指向 * p 的中序前趋结点。如图 6 - 11 所示的中序线索二叉树中,D 结点的中序前趋结点是 B。

若 * p 的左子树非空,则从 * p 的左孩子出发,沿右指针链往下查找,直到找到一个没有右孩子的结点为止。该结点是 * p 的左子树中"最右下"的结点,它是 * p 的左子树中最后一个中序遍历到的结点,即 * p 的中序前趋结点。图 6 - 11 的中序线索二叉树中,结点 A 左子树非空,其中序前趋结点是 D。

在中序线索二叉树中求中序前趋结点的过程如下:

```
BinThrNode *  Inorderpre(BinThrNode * p)      //在中序线索树中找结点 * p 的中
                                              序前趋,设 p 非空
{
  BinThrNode * q;
  if(p - > ltag = = Thread)                   // * p 的左子树为空
  return p - > lchild;                        //返回左线索所指的中序前趋 else
  {
    q = p - >lchild;                          //从 * p 的左孩子开始查找
    while(q - > rtag = = Link)
    q = q - > rchild;                         //右子树非空时,沿右链往下查找
    return q;                                 //当 q 的右子树为空时,它就是最
                                              右下结点
  }                                           //end if
}
```

综上所述,对于非线索二叉树,仅从 * p 出发无法找到其中序前趋(或中序后继),而必须从根结点开始中序遍历,才能找到 * p 的中序前趋(或中序后继)。线索二叉树中的线索使得查找中序前趋和中序后继变得简单有效。

③在后序线索二叉树中查找指定结点 * p 的后序前趋结点。

在后序线索二叉树中查找指定结点 * p 的后序前趋结点的具体规律如下。

若 * p 的左子树为空,则 p - >lchild 是前趋线索,指示其后序前趋结点。在如图 6 - 12 所示的后序线索二叉树中,H 的后序前趋是 B,F 的后序前趋是 G。

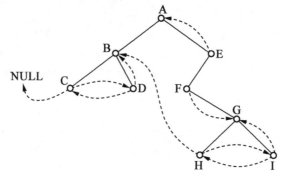

图 6 - 12　后序线索二叉树

若 *p 的左子树非空,则 p - > lchild 不是前趋线索。由于后序遍历时,根是在遍历其左右子树之后被访问的,因此 *p 的后序前趋必是两子树中最后一个遍历的结点。当 *p 的右子树非空时,*p 的右孩子必是其后序前趋。图 6 – 12 的后序线索二叉树中,A 的后序前趋是 E。当 *p 无右子树时,*p 的后序前趋必是其左孩子。图 6 – 12 的后序线索二叉树中,E 的后序前趋是 F。

④在后序线索二叉树中,查找指定结点 *p 的后序后继结点具体的规律如下。

若 *p 是根,则 *p 是该二叉树后序遍历过程中最后一个访问到的结点,*p 的后序后继为空。

若 *p 是其双亲的右孩子,则 *p 的后序后继结点就是其双亲结点。图 6 – 12 的后序线索二叉树中,E 的后序后继是 A。

若 *p 是其双亲的左孩子,但 *p 无右兄弟,则 *p 的后序后继结点是其双亲结点。图 6 – 12的后序线索二叉树中,F 的后序后继是 E。

若 *p 是其双亲的左孩子,但 *p 有右兄弟,则 *p 的后序后继是其双亲的右子树中第一个后序遍历到的结点,它是该子树中“最左叶结点”。图 6 – 12 的后序线索二叉树中,B 的后序后继是双亲 A 的右子树中最左下的叶结点 H。

由上述讨论中可知,在后序线索树中,仅从 *p 出发就能找到其后序前趋结点。要找 *p 的后序后继结点,仅当 *p 的右子树为空时,才能直接由 *p 的右线索 p - >rchild 得到,否则必须知道 *p 的双亲结点才能找到其后序后继。因此,如果线索二叉树中的结点没有指向其双亲结点的指针,就可能要从根开始进行后序遍历才能找到结点 *p 的后序后继。由此可知,线索对查找指定结点的后序后继并无多大帮助。

在前序线索二叉树中查找指定结点 *p 的前序后继结点、前序前趋结点留给读者自己思考。

在前序线索二叉树中找某一点 *p 的前序后继也很简单,仅从 *p 出发就可以找到,但找其前序前趋也必须知道 *p 的双亲结点。当树中结点未设双亲指针时,同样要进行从根开始的前序遍历才能找到结点 *p 的前序前趋。

(2)遍历线索二叉树。

遍历某种次序的线索二叉树,只要从该次序下的开始结点出发,反复找到结点在该次序下的后继,直至终端结点即可。其程序如下:

```
void TraverselnorderThrTree(BinThrTree p)        //遍历中序线索二叉树
{
  if(p)                                          //树非空
  {
    while(p - > ltag = =Link)
    p = p - > lchild;                            //从根往下找最左下结点,即中序序
                                                 列的开始结点
    do
    {
      printf("% c",p - > data);                  //访问结点
      p = InorderSuccessor(p);                   //找 * p 的中序后继
    } while(p);
  }                                              //end if
```

```
}                                                       //TraverselnorderThrTree
```
算法分析如下。

①中序序列的终端结点的右线索为空,所以 do 语句的终止条件是 p = = NULL。

②该算法的时间复杂性为 $O(n)$。因为是非递归算法,所以其常数因子小于递归的遍历算法。因此,若对一棵二叉树要经常遍历,或查找结点在指定次序下的前趋和后继,则应采用线索链表作为存储结构为宜。

③以上介绍的线索二叉树是一种全线索树(即左、右线索均要建立),许多应用中只需建立左右线索中的一种。

④若在线索链表中增加一个头结点,令头结点的左指针指向根、右指针指向其遍历序列的开始或终端结点会更方便。

6.5　树和森林

二叉树和树、森林是不同的数据结构,但它们之间存在着特定的联系。若能将结构相对复杂的树和森林的某些问题归结为对二叉树问题的解决,则可以更有效地解决问题。

6.5.1　树和森林的存储

与二叉树一样,树的存储结构可以采用顺序存储,也可以采用链式存储。下面介绍三种常用的链表结构。

1. 双亲链表表示法

双亲链表表示法利用树中每个结点的双亲唯一性,在存储结点信息的同时,为每个结点附设一个指向其双亲的指针 parent,唯一地表示任何一棵树。

双亲链表表示法实现的一种方法是用动态链表实现,另一种方法是用向量表示。第二种方法更为方便。

双亲链表向量表示的形式说明如下:

```
# define MaxTreeSize 100          //向量空间的大小,由用户定义
typedef char DataType;            //应由用户定义 typedef struct
{
  DataType data;                  //结点数据
  int parent;                     //双亲指针,指示结点的双亲在向量中的位置
} PTreeNode;
typedef struct
{
  PTreeNode nodes[MaxTreeSize];
  int n;                          //结点总数
} PTree;
PTree  T;                         //T 是双亲链表
```

若 T. nodes[i]. parent =j,则 T. nodesp[i]的双亲是 T. nodes[j]。

如图 6 – 13(a)所示树的双亲表示法如图 6 – 13(b)所示。

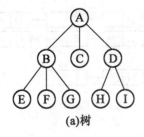

图 6 – 13 树的双亲表示法示例

由图 6 – 13 可知,E 和 F 所在结点的双亲域是 1,它们的双亲结点在向量中的位置是 1,即 B 是它们的双亲。显然在这种结构中:① 根无双亲,其 parent 域为 – 1;② 双亲链表表示法中指针 parent 向上链接,适合求指定结点的双亲或祖先(包括根),求指定结点的孩子或其他后代时可能要遍历整个数组。

2. 孩子链表表示法

为树中每个结点的孩子建立一个单链表(孩子链表),一棵具有 n 个结点的树就有 n 个孩子链表,并在每个结点中增加一个指针域,指向其孩子链表的表头,而这 n 个头指针又组成一个线性表(为方便查找,一般采用顺序存储结构),这种表示方法称为孩子链表表示法。

孩子链表表示法的类型说明如下:

以下的 DataType 和 MaxTreeSize 由用户定义

```
typedef struct CNode                        //子链表结点
{
  int child;                                //孩子结点在向量中对应的序号
  struct CNode * next;
} CNode;
typedef struct
{
  DataType data;                            //存放树中结点数据
  CNode * firstchild;                       //孩子链表的头指针
} PTNode;
typedef struct
{
  PTNode nodes[MaxTreeSize];
  Int n,root;                               //n 为结点总数,root 指出根在向
                                            //量中的位置
} CTree;
CTree T;                                    //T 为孩子链表表示
```

当结点 T. nodes[i]为叶子时,其孩子链表为空,即 T. nodes[i]. firstchild = NULL。

如图 6 – 13(a)所示树的孩子链表表示如图 6 – 14(a)所示。

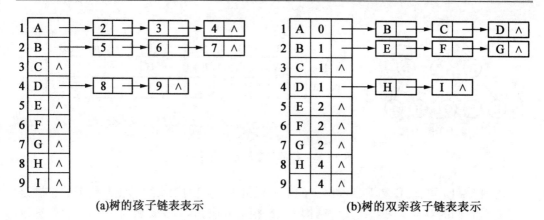

(a)树的孩子链表表示　　　　　　　　　(b)树的双亲孩子链表表示

图6-14　树的孩子链表表示法

与双亲链表表示法相反,孩子链表表示法便于实现涉及孩子及其子孙的运算,但不便于实现与双亲有关的运算。若要既便于实现涉及孩子的运算,又便于实现与双亲有关的运算,可以考虑将双亲表示法与孩子链表表示法结合起来,形成双亲孩子链表表示,如图6-14(b)所示。

3. 孩子兄弟链表表示法

该方法又称二叉链表表示法,即以二叉链表为树的存储结构,链表中结点的两个指针域分别指向结点的第一个孩子结点和下一个右兄弟结点。在存储结点信息的同时,附加两个分别指向该结点最左孩子和右邻兄弟的指针域 firstleftmostchild 和 nextsibling,即可得树的孩子兄弟链表表示,其结构的类型说明如下:

```
typedef struct node
{
  datatype data;
  struct node * firstchild, * nextsib;
} cstnode, * cstree;
```

利用这种存储结构便于实现树的各种运算,如查找结点的孩子等。同时,可借助二叉链表导出树与二叉树之间的确定对应关系,并利用二叉树的有关算法来实现树的各种运算。

例如,图6-13(a)中树的孩子兄弟链表表示法如图6-15所示。

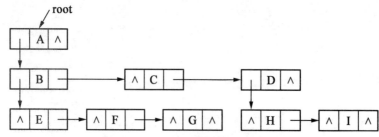

图6-15　树的孩子兄弟链表表示法

6.5.2 树、森林和二叉树的相互转换

1. 树、森林到二叉树的转换

由于二叉树和树都可以用二叉链表作为存储结构,因此以二叉链表为媒介可导出树与二叉树之间的一个对应关系,即给定一棵树可以找到唯一的一棵二叉树与之对应。从物理结构上看,它们的二叉链表是相同的,只是解释不同而已。

(1)将树转换为二叉树。

将一般树转化为二叉树的思路,主要根据树的孩子兄弟存储方式,其步骤如下。

①加线。在各兄弟结点之间用虚线相连,可理解为每个结点的兄弟指针指向它的一个兄弟。

②抹线。对每个结点仅保留它与其最左一个孩子的连线,抹去该结点与其他孩子之间的连线,可理解为每个结点仅有一个孩子指针,让它指向自己的长子(最左孩子)。

③旋转。把虚线改为实线,从水平方向向下旋转45°成右斜下方向,原树中实线成左斜下方向。这样树的形状就呈现出一棵二叉树(与原树的二叉链表对应)。

如图 6-16 所示为一般树转化为二叉树。

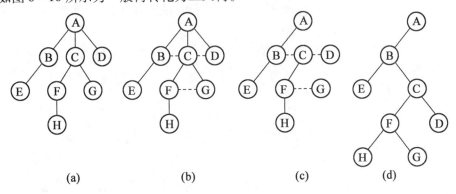

(a)　　　　　(b)　　　　　(c)　　　　　(d)

图 6-16 一般树转化为二叉树

由于二叉树中各结点的右孩子都是原一般树中该结点的兄弟,而一般树的根结点又没有兄弟结点,因此所生成的二叉树的根结点都没有右子树,在所生成的二叉树中某一结点的左孩子仍是原来树中该结点的长子。

(2)将一个森林转换为二叉树。

森林由树构成,所以将森林转化为二叉树的步骤如下。

①将森林中的每棵树变为二叉树。

②因为转换所得的二叉树的根结点的右子树均为空,故可将各二叉树的根结点视为兄弟从左至右连在一起,就形成了一棵二叉树。

如图 6-17 所示森林转化为二叉树示例中,左边包含三棵树的森林可转换为右边的二叉树。

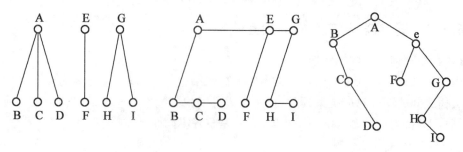

图 6-17　森林转化为二叉树示例

2. 二叉树到树、森林的转换

（1）二叉树还原为一般树。

转换为一般树时,二叉树必须是由某一树(一般树)转换而来的,并没有右子树。并非随便一棵二叉树都能还原成一般树,其还原过程也分为三步。

①加线。若某结点 i 是双亲结点的左孩子,则将该结点 i 的右孩子以及当且仅当连续地沿着右孩子的右链不断搜索到的所有右孩子都分别与结点 i 的双亲结点用虚线连接。

②抹线。把原二叉树中所有双亲结点与其右孩子的连线抹去,这里的右孩子实质上是原一般树中结点的兄弟,抹去的连线是兄弟间的关系。

③进行整理。把虚线改为实线,把结点按层次排列,则得到一棵由二叉树还原而来的树,二叉树转化为一般树如图 6-18 所示。

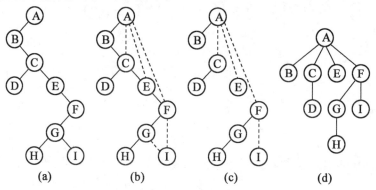

图 6-18　二叉树转化为一般树

（2）二叉树还原为森林。

将一棵由森林转换得到的二叉树还原为森林,其步骤有以下几步。

①抹线。将二叉树的根结点与其右孩子的连线以及当且仅当连续地沿着右链不断地搜索得到的所有右孩子的连线全部抹去,这样就得到包含有若干棵二叉树的森林。

②还原。将每棵二叉树按二叉树还原一般树的方法还原为一般树,即可得到森林。

森林与二叉树的对应关系如图 6-19 所示。

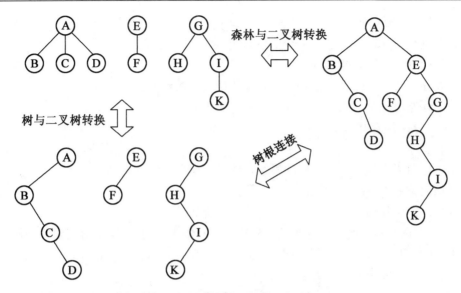

图 6 – 19　森林与二叉树的对应关系

可见,树或森林与二叉树之间有一个自然的一一对应关系。任何一个森林或一棵树可唯一地对应到一棵二叉树;反之,任何一棵二叉树也能唯一地对应到一个森林或一棵树。

6.5.3　树和森林的遍历

1. 树的遍历

由树的结构定义可引出两种次序遍历树的方法:一种是先根(先序)遍历树,即先访问树的根结点,然后依次先序遍历根的每棵子树;另一种是后根(后序)遍历,即先依次后序遍历根结点的所有子树再访问根结点。

设树 T 的根结点是 R,根 R 的子树从左到右依次为 $T_1, T_2, \cdots, T_k$。

(1)树 T 的先序遍历。

若树 T 非空,则:

①访问根结点 R;

②依次先序遍历根 R 的各子树 $T_1, T_2, \cdots, T_k$。

(2)树 T 的后序遍历。

若树 T 非空,则:

①依次后序遍历根 T 的各子树 $T_1, T_2, \cdots, T_k$;

②访问根结点 R。

例如,对图 6 – 13(a)的树进行遍历所得的先序遍历序列是 A B E F G C D H I,后序遍历序列是 E F G B C H I D A。

显然,由树与二叉树之间的转换关系可知:

①先序遍历一棵树等价于前序遍历该树对应的二叉树;

②后序遍历树等价于中序遍历该树对应的二叉树。

2. 森林的遍历

由森林和树相互递归的定义可以很容易地推出森林的两种遍历方法。

（1）先序遍历森林。

若森林非空，则：

①访问森林中第一棵树的根结点；

②先序遍历第一棵树中根结点的各子树所构成的森林；

③先序遍历除第一棵树外的其他树构成的森林。

（2）后序遍历森林。

若森林非空，则：

①后序遍历森林中第一棵树的根结点的各子树所构成的森林；

②访问第一棵树的根结点；

③后序遍历除第一棵树外的其他树构成的森林

例如，对图 6-19 所示的森林进行先序遍历和中序遍历，分别可得到前序遍历序列 A B C D E F G H I K，后序遍历序列 B C D A F E H K I G。

由森林与二叉树的转化关系可知：

①先序遍历森林等价于先序遍历该森林对应的二叉树；

②后序遍历森林等价于中序遍历该森林对应的二叉树。

因此，当用二叉链表作树和森林的存储结构时，树和森林的先序遍历和后序遍历可转化为用二叉树的前序遍历和中序遍历算法来实现。

6.6　哈夫曼树及哈夫曼编码

哈夫曼（Huffman）树又称最优树，是一类带权路径长度最短的树，它有着广泛的应用。本节先讨论哈夫曼树（最优二叉树）的概念和构造，然后讨论它的应用及算法实现。

为了引入哈夫曼树的概念，下面先介绍几个基本术语。

从二叉树中的一个结点到达另一个结点之间的分支构成这两个结点之间的路径。路径上的分支数目称为路径长度，它等于路径上的结点数减 1。从树根结点到每一个叶子结点的路径长度之和称为树的路径长度。

在应用中，常常要给树中的结点一个有意义的数值，称为该结点的权。将结点的带权路径长度规定为从树根结点到该结点之间的路径长度与该结点权值的乘积。树中所有叶子的带权路径长度之和称为树的带权路径长度，通常记为 $WPL = \sum_{i=1}^{n} w_i l_i$。其中，$n$ 代表叶子数目；w_i 和 l_i 分别代表第 i 个叶子的权和它的路径长度。

在叶子数目为 n，其权分别为 $w_1, w_2, \cdots, w_n$ 的所有二叉树中，树的带权路径长度（WPL）最小的称为最优二叉树，通常称为哈夫曼树（Huffman Tree）。

例如，给定 4 个叶子，其权分别为 7、5、2 和 4，图 6-20（a）（b）（c）显示了三棵不同的二叉树，它们带权路径长度分别为：

①WPL = $7 \times 2 + 5 \times 2 + 2 \times 2 + 4 \times 2 = 36$；

②WPL = $4 \times 2 + 7 \times 3 + 5 \times 3 + 2 \times 1 = 46$；

③WPL = $7 \times 1 + 5 \times 2 + 2 \times 3 + 4 \times 3 = 35$。

其中，③的 WPL 最小。可以验证，它恰为哈夫曼树，即其带权路径长度在所有带权为

7、5、2、4 的 4 个叶子结点的二叉树中最小。

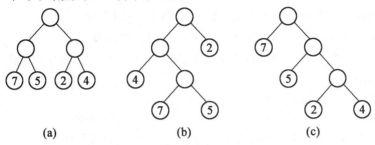

(a)　　　　　　　(b)　　　　　　　(c)

图 6 - 20　具有不同带权路径长度的二叉树

可以发现,完全二叉树是路径长度最短的二叉树,但不一定是哈夫曼树。哈夫曼树一般要求权越大的叶子离根越近。

对于具有 n 个权值分别为 $w_1, w_2, \cdots, w_n$ 的带权叶子结点的二叉树来说,其形态可以有许多种,其中能被称为哈夫曼树的二叉树是不唯一的,但其最小的 WPL 是确定的。综上所述,一般情况下,在哈夫曼树中,权值越大的叶子结点离根结点越近。

假设给定 n 个结点 $d_k(k=1,2,\cdots,n)$,其权值分别为 $w_k(k=1,2,\cdots,n)$,现要构造以这 n 个结点为叶子结点的哈夫曼树,构造方法如下。

(1)将给定的 n 个结点分别构成 n 棵二叉树的集合 $F = \{T_1, T_2, \cdots, T_n\}$,其中每棵二叉树只有一个权值为 w_k 的根结点 d_k,其左、右子树均为空。

(2)在 F 中选取根结点权值最小的两棵二叉树作为左、右子树合并构造一棵新的二叉树并置新的二叉树根结点的权值为其左、右子树根结点的权值之和。

(3)在 F 中删除这两棵二叉树,同时将新得到的二叉树加入 F 中。

(4)重复步骤(2)和步骤(3),直到 F 中只含一棵二叉树为止,这棵二叉树便是哈夫曼树。

上述构造哈夫曼树的方法称为哈夫曼算法。

例如,如图 6 - 21 所示为图 6 - 20(c)哈夫曼树的构造过程。

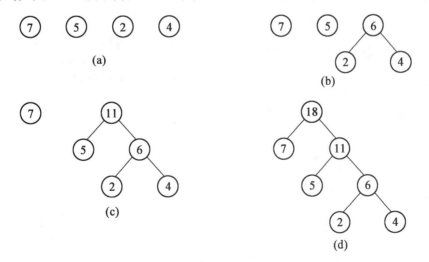

图 6 - 21　哈夫曼树的构造过程

由于哈夫曼树中没有度为 1 的结点,因此这类树又称严格(Strict)或正则的二叉树,则一棵 n 个叶子结点的哈夫曼树共有 $2n-1$ 个结点,可以存储在一个大小为 $2n-1$ 的一维数组中。如何选定结点结构?考虑到哈夫曼树的构造以及运算的方便性,则对每个结点而言,既存储双亲信息,又存储孩子结点的信息。因此,设定下述存储结构:

```
typedef struct
{
float weight;                        //数据域用于存放权值
int lchild,parent,rchild;            //指针域
} htnode, * hufmtree;
typedef char * huffmancode;
```

其中,每个结点包含 4 个域,weight 域用于存放结点的权值,lchild、rchild 分别为结点的左、右孩子在一维数组(或静态链表)中的下标,parent 是结点的双亲在一维数组中的下标。

在此存储结构的基础上,可得构造哈夫曼树算法的功能描述如下:

(1)初始化哈夫曼树的 $2n-1$ 个结点的一维数组,即将各结点中的各个域均置 0;

(2)读入 n 个权值存放到一维数组的前 n 个单元中,它们即为初始森林中的 n 个只含根结点的权值;

(3)对森林中的二叉树进行合并,产生 $n-1$ 个新结点,依次存放到一维数组的第 $n+1$ 个开始的单元中,在这个过程中要注意对被合并根结点双亲域、新产生根结点的左右孩子域以及权值的修改。

```
hufmtree creathufmantree(int * w,int n)
                                     //w 数组存放 n 个字符的权值(均
                                     大于 0),构造哈夫曼树 ht
{
  hufmtree ht,t;
  int i,j,m,p1,p2;
  float s1,s2; m = 2 * n - 1;
  ht =(hufmtree)malloc((m + 1) * sizeof(htnode));
                                     //动态分配数组存储哈夫曼树,假
                                     设 0 号单元不用
  for(t = ht + 1,i = 1;i < =n;i + +,t + +,w + + )  //数组赋初值
    * t = { * W,0,0,0};
  for(;i < =m;i + +,t + + )
    * t = {0,0,0,0};                 //数组初始化
  for(i = n + 1;i < =m;i + + )       //构造哈夫曼树
                                     //在 ht [ 1..i - 1) 中选择
                                     parent 为 0 且 weight 最小的两
                                     个结点,其序号分别为 p1 和 p2
  {
    p1 = p2 = 1;
    s1 = s2 = maxval;                //设 maxval 为某一范围 float
                                     类型数据的最大值
```

```
    for(j = 1;j < =i;j + + )
      if(ht[j].parent = = 0)                        //判断是否为根结点,即没有双亲的
                                                       结点
        if(ht[j].weight < s1)
          {s2 = si;si = ht[j].weight;p2 = pi;p1 = j;}
        else
        if(ht[j].weight < s2)
          { s2 = ht[j].weight;p2 = j;}
        ht[p1].parent = i;ht[p2].parent = i;
        ht[i].lchild = p1;ht[i].rchild = p2;
        ht[i].weight = ht[p1].weight + ht[p2].weight;
    }
  return (ht);
}
```

根据上述算法,图 6-21 中构造的哈夫曼树,其存储结构 ht 的初始状态如图 6-22(a)所示,其最终状态如图 6-22(b)所示。

	weight	parent	lchild	rchild
1	7	0	0	0
2	5	0	0	0
3	2	0	0	0
4	4	0	0	0
5	0	0	0	0
6	0	0	0	0
7	0	0	0	0

(a)ht的初始状态

	weight	parent	lchild	rchild
1	7	7	0	0
2	5	6	0	0
3	2	5	0	0
4	4	5	0	0
5	6	6	3	4
6	11	7	2	5
7	18	0	1	6

(b)ht的最终状态

图 6-22　哈夫曼树存储结构示例

通常将文件中的每个字符均转换为一个唯一的二进制位串的操作过程称为编码,而将二进制位串转换为对应的字符的过程称为解码。哈夫曼树被广泛应用在编码技术中。例如,在进行远距离快速通信时,通常要将需要传送的文字转换成由二进制数字组成的字符串。假设在电文中只用到 A、B、C、D 四种字符,则可以用两位二进制数字分别对字符编码为 00、01、10、11。此时,若需要传送电文"ABACCDA",则实际传送的电文为"00010010101100",其总长为 14 位,在接收端可按两位进行分组译码,恢复原来的电文。

在实际应用中,总是希望电文的总长度尽可能短,这就需要对电文中的各个字符设计出长度不等的编码,并且对于电文中出现次数较多的字符采用尽可能短的编码。但如果设计得不合理,会给译码带来困难。例如,对于上述的电文"ABACCDA",字符 A 与 C 的出现次数较多,分别编码为 0 和 1,而 B 和 D 的出现次数较少,分别编码为 00 和 01,则上述电文为"000011010",其总长度为 9 位。虽然电文的长度减小了,但这样的电文在接收端根本无法翻译,因为根据对 A、B、C、D 的编码,电文中的前四位组成的子串"0000"可以有多种译法。它可以译成"AAAA",也可以译成"ABA",还可以译成"BB"等。因此,为设

计每字符长度不等的编码,以便减小电文编码的总长,还必须考虑译码的唯一性。

考虑到译码的唯一性,一般要求任意一个字符的编码都不是另外一个字符编码的前缀。满足该要求的编码称为前缀编码,等长编码是一种前缀编码,利用二叉树可以设计二进制的前缀编码。如果二叉树中的所有叶子结点为需要编码的字符,且约定所有结点的左分支表示二进制数字"0",右分支表示二进制数字"1",则从根结点到叶子结点的路径上各分支的二进制数字顺序组成的串即为该叶子结点字符的二进制前缀编码。在如图 6-23 的前缀编码示例中,可以得到字符 A、B、C、D 的二进制前缀编码分别为 0、10、110、111。

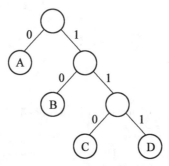

图 6-23 前缀编码示例

现在的问题是如何得到使电文总长最短的二进制前缀编码。假设电文中使用 n 种字符,每种字符在电文中出现的次数为 w_k,且每种字符的编码长度为 p_k,则电文总长为 $\sum_{k=1}^{n} w_k p_k$。每种字符为二叉树的叶子结点,它们在电文中出现的次数为对应叶子结点的权值,则编码长度恰为根结点到叶子结点的分支数,且电文的总长 $\sum_{k=1}^{n} w_k p_k$ 恰为二叉树的带权路径长度。因此,设计电文总长为最短的二进制前缀编码的问题实际上就是设计哈夫曼树的问题,由此得到的二进制前缀编码称为哈夫曼编码。

综上所述,可以得到设计二进制前缀编码的方法如下:

(1)根据给定的 n 个字符以及相应的权值构造一棵哈夫曼树;

(2)对于每一种字符所对应的叶子结点找出到根结点的路径,则从根结点到此叶子结点路径上各分支字符组成的二进制数字串即为该字符的二进制前缀编码。

具体算法如下:

```
huffmancode code(hufmtree ht,int n)
{
  char * cd;huffmancode * hc;
  int start;                              // start 为编码二进制串的起始
                                          位置
  hc = (huffmancode * )malloc((n + 1) * sizeof(char));
  cd = (char * )malloc(n * sizeof(char));
  cd[n - 1] = '\0';                       //置二进制串编码结束符
  for(i = 1;i < = n;i + + )                //逐个字符求哈夫曼编码
  {
    start = n - 1;j = i;p = ht[i].parent;
```

```
    while(p! = 0)
    {
      if(ht[p].lchild = = j)
        cd[ - - start] = '0';
      else
      cd[ - - start] = '1';                       //ht[i]是右子树,生成代码'1' j =
                                                   p;
      p = ht[p].parent;                           //从叶子到根逆向求编码
    }
    hc[i] = (char * )malloc((n - start) * sizeof(char));
    strcpy(hc[i],&cd[start]);                     //将 cd 编码串复制到 hc 中
  }
  free(cd);                                        //释放工作空间
  return hc;
}
```

采用哈夫曼编码时,译码的过程就是分解电文中的二进制数字串。从根结点出发,按照电文中的"0"和"1"来确定沿左链或右链进行寻找,直到叶子结点为止,便译得相应的字符。然后重新从根结点出发继续译码,直到二进制电文结束。

6.7 基本能力上机实验

头文件引用:
```
#include < iostream.h >
#include < iomanip.h >
#include < stdio.h >
#include < stdlib.h >
#include < time.h >
```
类型定义:
```
typedef char ElemType;                     //定义元素类型
#define MAXSIZE 100                         //确定二叉树的最大结点数
class BTreeNode
{
private:
  int ltag,rtag;                           //线索标记
  BTreeNode *left;                         //左子树指针
  BTreeNode * right;                       //右子树指针
public:
  ElemType data;                           //数据域
  BTreeNode( )                             //构造函数
  {
    ltag = 0;
    rtag = 0;
```

```
        left = NULL;
        right = NULL;
      }
    BTreeNode(ElemType item,int ltag1,int rtag1,BTreeNode * left1,BTreeNode *
right1)
      {
        data = item;
        ltag = ltag1;
        rtag = rtag1;
        left = left1;
        right = right1;
      }
                                          //返回结点的左孩子
    BTreeNode * &Left()
      {
      return left;
      }
                                          //返回结点的右孩子
    BTreeNode * &Right()
      {
        return right;
      }
    friend class BinaryTree;              //二叉树类为二叉树结点类的友
                                          元类
  };
  class BinaryTree
  {
  private:
    BTreeNode * root;
  public:
    BinaryTree() { root = NULL; }              //构造函数,初始化二叉树为空
    bool BTreeEmpty() { return root = = NULL; } //判断二叉树是否为空
    void Greate(BTreeNode * &BT,int mark);      //先序创建二叉树
    void TraverseBTree(int mark);               //按任一种遍历次序输出二叉树中
                                                的所有结点
    void Traverse(BTreeNode * &BT,int mark);    //用于遍历的递归函数,被函数
                                                TraverseBTree 调用
    void PreOrder(BTreeNode * &BT);             //先序遍历的递归函数
    void PreOrder_N1(BTreeNode * &BT);          //先序遍历的非递归函数一
    void PreOrder_N2(BTreeNode * &BT);          //先序遍历的非递归函数二
    void InOrder(BTreeNode * &BT);              //中序遍历的递归函数
    void InOrder_N1(BTreeNode * &BT);           //中序遍历的非递归函数一
    void InOrder_N2(BTreeNode * &BT);           //中序遍历的非递归函数二
    void PostOrder(BTreeNode * &BT);            //后序遍历的递归函数
```

```
    void PostOrder_N1(BTreeNode * &BT);        //后序遍历的非递归函数一
    void PostOrder_N2(BTreeNode * &BT);        //后序遍历的递归函数
    void LayerOrder(BTreeNode * &BT);          //层序遍历的非递归函数
    void CreateThread();                       //线索化二叉树
    void InOrderThread(BTreeNode * &BT,BTreeNode * &pre);
                                               //中序线索化二叉树的递归函数,
                                               被函数 CreateThread 调用
    void ThInOrder(BTreeNode * &BT);           //中序线索化二叉树中实现中序遍
                                               历,被函数 CreateThread 调用
};
```

1. 采用先序思想创建二叉树

```
void BinaryTree::Greate(BTreeNode * &BT)
{
    char ch;
    ch = getchar();
    if(ch = =' ')BT = NULL;
    else
    {
        if(! (BT = new BTreeNode))
            {cout < < " \n 堆内存分配失败 \n";
            exit(1);
            }
        BT - >data = ch;
        Greate(BT - >left,mark);
        Greate(BT - >right,mark);
    }
}
```

2. 遍历二叉树:先序、中序、后序、层序遍历二叉树

```
void BinaryTree::TraverseBTree(int mark)
{
    srand(time(NULL));                         //产生随机种子数,用来选择相同
                                               顺序遍历的不同算法
    Traverse(root,mark);
    cout < < endl;
}
void BinaryTree::Traverse(BTreeNode * &BT,int mark)
                                               //用于遍历的递归函数,被函数
                                               TraverseBTree 调用
{
    int option;
    switch(mark)
    {
    case 1:                                    //先序遍历
    {
```

```
        option = rand()% 3 +1;
        switch(option)                          //随机选择一种先序算法
        {
        case 1:
               PreOrder(BT);
break;
        case 2:
          PreOrder_N1(BT);
          break;
        case 3:
          PreOrder_N2(BT);
          break;
        }
        break;
}
    case 2:                                     //中序遍历
    {
      option = rand()% 3 + 1;
      switch(option)                            //随机选择一种中序算法
      {
      case 1:
        InOrder(BT);
        break;
      case 2:
        InOrder_N1(BT);
        break;
      case 3:
        InOrder_N2(BT);
        break;
      }
    break;
    }
    case 3:                                     //后序遍历
    {
      option = rand()% 3 +1;
      switch(option)                            //随机选择一种先序算法
      {
      case 1:
        PostOrder(BT);
        break;
      case 2:
        PostOrder_N1(BT);
        break;
      case 3:
```

```
      PostOrder_N2(BT);
      break;
    }
    break;
  }
  case 4:                                        //层序遍历
  {
    LayerOrder(BT);
    break;
  }
  default:
    cout < < "mark 的值无效! 遍历失败!" < < endl;
  }
}
                                               //先序遍历的递归函数
void BinaryTree::PreOrder(BTreeNode * &BT)
{
  if(BT! = NULL)
  {
    cout < < BT - >data < < '';
    PreOrder(BT - >left);
    PreOrder(BT - >right);
  }
}


                                               //先序遍历的非递归函数一
void BinaryTree::PreOrder_N1(BTreeNode * &BT)
{
  BTreeNode * p;
  struct
  {
    BTreeNode * pt;
    int tag;
  }stack[MAXSIZE];
  int top = -1;
  top + +;
  stack[top].pt = BT;
  stack[top].tag = 1;
  while(top > -1)                               //栈不空时循环
  {
    if(stack[top].tag = =1)                     //不能直接访问
    {
      p = stack[top].pt;
      top - -;
```

```
        if(p! = NULL)                          //按右、左、结点顺序进栈,后进先
                                               出,即先序遍历

          {
            top + +;
            stack[top].pt = p - >right;        //右孩子入栈
            stack[top].tag =1;
            top + +;
            stack[top].pt = p - >left;         //左孩子入栈
            stack[top].tag =1;
            top + +;
            stack[top].pt = p;                 //根结点入栈
            stack[top].tag =0;                 //可以直接访问
          }
        }
      if(stack[top].tag = =0)                  //可以直接访问
        {
          cout < < stack[top].pt - >data < <' ';
          top - -;
        }
    }
}
void BinaryTree::PreOrder_N2(BTreeNode * &BT)    //先序遍历非递归函数二
{
  BTreeNode * stack[MAXSIZE], * p;
  int top = -1;
  if(BT! = NULL)
  {
    top + +;                                   //根结点入栈
    stack[top] = BT;
    while(top > -1)                            //栈不空时循环
    {
      p = stack[top];
      top - -;
      cout < < p - >data < < " ";
      if(p - >right ! = NULL)                  //右孩子入栈
      {
        top + +;
        stack[top] = p - >right;
      }
      if(p - >left ! = NULL)                    //左孩子入栈
      {
        top + +;
        stack[top] = p - >left;
      }
```

```
      }                                          //while
    }                                            //if(root! =NULL)
  }
void BinaryTree:;InOrder(BTreeNode  * &BT)       //中序遍历的递归函数
  {
    if(BT! =NULL)
      {
        InOrder(BT ->left);
        cout <<BT ->data <<' ';
        InOrder(BT ->right);
      }
  }
void BinaryTree:;InOrder_N1(BTreeNode  * &BT)    //中序遍历的非递归函数一
  {
    BTreeNode  * p;
    struct
      {
        BTreeNode  * pt;
        int tag;
      }stack[MAXSIZE];
    int top  = -1;
    top ++;
    stack[top].pt  = BT;
    stack[top].tag  = 1;
    while(top > -1)                              //栈不空时循环
      {
        if(stack[top].tag  = = 1)                //不能直接访问
          {
            p  = stack[top].pt;
            top -- ;
            if(p! =NULL)                          //按右、左、结点顺序进栈,后进先
                                                  出,即先序遍历

              {
                top ++;
                stack[top].pt =p ->right;        //右孩子入栈
                stack[top].tag  = 1;
                top ++;
                stack[top].pt  = p;              //根结点入栈
                stack[top].tag  = 0;             //可以直接访问
                top ++;
                stack[top].pt =p ->left;         //左孩子入栈
                stack[top].tag  = 1;

              }
```

```
      }
      if(stack[top].tag = = 0)                        //可以直接访问
      {
        cout < < stack[top].pt - > data < < ' ';
        top - - ;
      }
    }
  }
}
void BinaryTree::InOrder_N2(BTreeNode * &BT)          //中序遍历的非递归函数二
{
  BTreeNode * stack[MAXSIZE], * p;
  int top = -1;
  if(BT ! = NULL)
  {
    p = BT;
    while(top > -1 ||p ! = NULL)
    {
      while(p ! = NULL)                               //所有左结点入栈
      {
        top + + ;
        stack[top] = p;
        p = p - >left;
      }
      if(top > -1)
      {
        p = stack[top];
        top - - ;
        cout < < p - > data < < " ";
        p = p - > right;
      }
    }
  } // if
}
void BinaryTree::PostOrder(BTreeNode * &BT)           //后序遍历的递归函数
{
  if(BT! = NULL)
  {
    PostOrder(BT - > left);
    PostOrder(BT - > right);
    cout < < BT - > data < < ' ';
  }
}
void BinaryTree::PostOrder_N1(BTreeNode * &BT)        //后序遍历非递归函数一
{
```

```
  BTreeNode *p;
  struct
  {
    BTreeNode *pt;
    int tag;
  }stack[MAXSIZE];
  int top = -1;
  top++;
  stack[top].pt = BT;
  stack[top].tag = 1;
  while(top > -1)                              //栈不空时循环
  {
    if(stack[top].tag == 1)                    //不能直接访问
    {
      p = stack[top].pt;
      top--;
      if(p! = NULL)                            //按右、左、结点顺序进栈,后进先
                                               出,即先序遍历
      {
        top++;
        stack[top].pt = p;                     //根结点入栈
        stack[top].tag = 0;                    //可以直接访问
        top++;
        stack[top].pt = p->right;              //右孩子入栈
        stack[top].tag = 1;
        top++;
        stack[top].pt = p->left;               //左孩子入栈
        stack[top].tag = 1;
      }
    }
    if(stack[top].tag == 0)                    //可以直接访问
    {
      cout<<stack[top].pt->data<<' ';
      top--;
    }
  }
}
void BinaryTree::PostOrder_N2(BTreeNode *&BT)  //后序遍历非递归函数二
{
  BTreeNode *stack[MAXSIZE],*p,*q;
  q = BT;
  int top = -1,flag;
  if(q! = NULL)
  {
```

```
      do
      {
        while(q ! = NULL)                              //所有左结点入栈
        {
          top + + ;
          stack[top] = q;
          q = q - >left;
        }
        p = NULL;                                      //p指向当前结点的前一个已访问
                                                       的结点

        flag = 1;                                      //设置q的访问标记为已访问过
        while(top > -1&&flag)
        {
          q = stack[top];                              //取出当前栈顶元素
          if(q - >right = = p)                         //当右孩子不存在或已被访问时,则
                                                       访问

          {
            cout < < q - >data < < " ";
            top - - ;
            p = q;                                     //p指向刚被访问的结点
          }
          else
          {
            q = q - >right;                            //指向右孩子
            flag = 0;                                  //设置未被访问的标记
          }
        }
      }while(top > -1);
    }                                                  //if
}
void BinaryTree::LayerOrder(BTreeNode * &BT)           //层序遍历的非递归函数
{
  BTreeNode *Queue[MAXSIZE];                           //定义存储二叉树结点指针的数组
                                                       空间作为队列使用

  int front = 0,rear = 0;                              //定义队首指针和队尾指针,初始均
                                                       置0表示空队

  BTreeNode *p;
  if(BT! = NULL)
  {
    rear = (rear + 1)% MAXSIZE;                        //后移队尾指针
    Queue[rear] = BT;                                  //将树根结点指针进队
  }
  while(front! = rear)                                 //当队列非空时执行循环
  {
```

```
    front = ( front +1)% MAXSIZE;                    //后移队首指针
    p = Queue[ front ];                              //删除队首结点的值
    cout < < p − > data < < ' ';                     //输出队首结点的值
    if( p − > left! = NULL)                          //若结点存在左孩子,则左孩子结
                                                     点指针进队
      {
        rear = ( rear +1)% MAXSIZE;
        Queue[ rear ] = p − > left;
      }
  if( p − > right! = NULL)                           //若结点存在右孩子,则右孩子结
                                                     点指针进队
      {
        rear = ( rear +1)% MAXSIZE;
        Queue[ rear ] = p − > right;
      }
    }
}
```

3. 二叉树线索:中序线索二叉树

```
void BinaryTree::CreateThread( )
{
  BTreeNode * pre;
  BTreeNode * t_root;
  BTreeCopy( root, t_root);                          //复制二叉树 root 给 t_root
  BTreeNode * throot;                                //二叉线索树的头结点指针
  throot = new BTreeNode;                            //创建二叉线索树头结点
  throot − > ltag = 0;
  throot − > rtag = 1;
  throot − > right = throot;
  if( root = = NULL)
    throot − > left = throot;                        //空二叉树
  else
  {
    throot − > left = t_root;
    pre = throot;                                    //pre 是 p 的前驱结点
    InOrderThread( t_root, pre);                     //中序线索化二叉树
    pre − > right = throot;                          //最后处理,加入指向根结点的线索
    pre − > rtag = 1;
    throot − > right = pre;                          //根结点右线索化
  }
  ThInOrder( throot);                                //中序线索化二叉树中实现中序
                                                     遍历
}
void BinaryTree::InOrderThread( BTreeNode * &BT, BTreeNode * &pre)
                                                     //中序线索化二叉树的递归函数,
```

```
                                                    被函数 CreateThread 调用
  {
    if(BT! = NULL)
    {
      InOrderThread(BT - > left,pre);          //左子树线索化
      if(BT - > left = = NULL)                 //前驱线索
      {
        BT - > left = pre;                      //建立当前结点的前驱线索
        BT - > ltag = 1;
      }
      else
        BT - > ltag = 0;
      if(pre - > right = = NULL)                //后续线索
      {
        pre - > right = BT;                     //建立前驱结点的后续线索
        pre - > rtag = 1;
      }
      else
        pre - > rtag = 0;
      pre = BT;
      InOrderThread(BT - > right,pre);         //右子树线索化
    }
  }
  void BinaryTree::ThInOrder(BTreeNode * &BT)    //中序线索化二叉树中实现中序遍
                                                //历,被函数 CreateThread 调用
  {
    BTreeNode * p = BT - > left;                 //p 指向根结点
    while(p! = BT)                              //空树或遍历结束时,p = = BT
    {
      while(p - > ltag = = 0)
        p = p - > left;
      cout < < " " < < p - > data;                //访问其左子树为空的结点
      while(p - > rtag = = 1&&p - > right! = BT)
      {
        p = p - > right;
        cout < < " " < < p - > data;             //访问后续结点
      }
      p = p - > right;
    }
    cout < < endl;
  }
```

6.8　拓展能力上机实验

构造通信报文编码和译码系统,对 Huffman 编码与译码有如下要求。

(1)使用英文报文实施通信。设组成报文的字符集为键盘上可以输入的共94个不同字符。

(2)字符集中每个字符,包括字母和两个标点符号,使用概率根据英文行文合理给出。

(3)以字符集中各个字符为叶结点、字符的使用频率为权重构造 Huffman 树,并求得各个字符的 Huffman 编码。同时,输出构造的 Huffman 树和字符编码结果。

(4)在上述报文编码系统中实现译码。接收报文的编码序列,即0、1字符组成的字符串,输出对应的译码报文。其中,报文的编码序列自己设定,尽量是一句话或一段文字的对应编码序列,这样可以验证输出的译码是否正确。

(5)实现加密明文和解密密文。

头文件:Huffman.h

```
int a[95] = {
    32, 33, 34, 35, 36, 37, 38, 39, 40, 41,
    42, 43, 44, 45, 46, 47, 48, 49, 50, 51,
    52, 53, 54, 55, 56, 57, 58, 59, 60, 61,
    62, 63, 64, 65, 66, 67, 68, 69, 70, 71,
    72, 73, 74, 75, 76, 77, 78, 79, 80, 81,
    82, 83, 84, 85, 86, 87, 88, 89, 90, 91,
    92, 93, 94, 95, 96, 97, 98, 99,100,101,
   102,103,104,105,106,107,108,109,110,111,
   112,113,114,115,116,117,118,119,120,121,
   122,123,124,125,126
};                              //数组 a 中存放 ASCII 值从 32 ~
                                126 共 95 个不同的字符进行编码

typedef int ElemType;
typedef struct Hcode
{
  char character;
  int quan;                     //与 ASCII 码对应的权值
  int code[95];                 //与 ASCII 码对应的编码
}Hcode;
class HBTreeNode
{
private:
  HBTreeNode * left;            //左子树指针
  HBTreeNode * right;           //右子树指针
  char character;               //标志 ASCII 码字符
```

```
public:
  int hdata;                                    //数据域,权值
    HBTreeNode()                                //构造函数
    {
    left = NULL;
    right = NULL;
    character = NULL;
    }
    HBTreeNode(ElemType item,HBTreeNode * left1,HBTreeNode * right1,char cha)
                                                //带参数初始化的构造函数
    {
    hdata = item;
    left = left1;
    right = right1;
    character = cha;
    }
    friend class HBinaryTree;                   //哈夫曼树类为结点类的友元类
};
class HBinaryTree
{
private:
  HBTreeNode * hroot;                           //哈夫曼数根结点
  Hcode hcode[95];                              //存放每个 ASCII 码相对应信息
public:
  HBinaryTree() { hroot = NULL; }               //构造函数
  void HafumanCreate();                         //创建哈夫曼树
  void Hafuman_Input_Ming(int flag);            //明文输入,flag 为 0 时以键盘方
                                                  式输入,为 1 时来自文件
    void Hafuman_Ming_to_Mi(char hstring_ming[]);
                                                //明文加密为密文
    void Hafuman_Input_Mi(int flag);            //密文输入,flag 为 0 时以键盘方
                                                  式输入,为 1 时来自文件
    void Hafuman_Mi_to_Ming(char mi_code[]);    //密文解密为明文
    void HafumanChange();                       //修改 ASCII 码权值
    void HafumanASCII();                        //按 ASCII 字符编码顺序输出 95
                                                  个 ASCII 码的编码
  void HufumanCode();                           //根据哈夫曼树先序遍历每个叶子
                                                  的编码
    void PutCode(HBTreeNode * &HBT,int len,int flag);
                                                //用于清除哈夫曼树的递归函数,
                                                  被函数 ~ HBinaryTree 调用
    void Clear(HBTreeNode * &HBT);              //根据哈夫曼树先序遍历每个叶子
                                                  的编码的递归函数,len 初始化为
                                                  0,flag 为 0 时先序遍历,为 1 时存
```

```
                                              储编码
  ~HBinaryTree();                             //析构函数,清除哈夫曼树
};
void HBinaryTree::HafumanCreate()            //创建哈夫曼树
{
  int i,j;
  HBTreeNode * *b,* q;
  b =(HBTreeNode * *)malloc( 95 * sizeof(HBTreeNode * ) );
  for(i =0;i <95;i + +)
  {
    hcode[i].character = i +32;
    hcode[i].quan = a[i];
    for(int j =0;j <95;j + +)
      hcode[i].code[j] = 9;
    b[i] = (HBTreeNode *)malloc( sizeof(HBTreeNode) );
    b[i] - >hdata = a[i];
    b[i] - >character = i + 32;
    b[i] - >left = b[i] - >right = NULL;
  }
    for(i =1;i <95;i + +)                     //进行 n -1 次循环建立哈夫曼树
  {
    int k1 = -1,k2;                           //用 k1 指向森林中具有最小权值
                                              的树根结点的下标,用 k2 指向森林
                                              中具有次最小权值的树根结点的下
                                              标,令 k1 初始化指向森林中的第一
                                              棵树, k2 初始化指向森林中的第二
                                              棵树
    for(j =0;j <95;j + +)
    {
      if(b[j]! =NULL && k1 = = -1)
      {
        k1 =j;
        continue;
      }
      if(b[j]! =NULL)
      {
        k2 =j;
        break;
      }
    }
    for(j =k2;j <95;j + +)                    //从当前森林中求出最小权值树和
                                              次小权值树

    {
      if(b[j]! =NULL)
```

```
      }
        if(b[j] - >hdata < b[k1] - >hdata)
        {
          k2 = k1;
          k1 = j;
        }
        else if(b[j] - >hdata < b[k2] - >hdata)
          k2 = j;
    }
  }

  q = (HBTreeNode * )malloc( sizeof(HBTreeNode) );
                                  //由最小权值树和次最小权值树建
                                    立一颗新树,q指向树根结点
  q - >hdata = b[k1] - >hdata + b[k2] - >hdata;
  q - >left = b[k1];
  q - >right = b[k2];
  b[k1] = q;                       //将指向新树指针赋给b指针数组
                                    中 k1 位置, k2 位置为空
    b[k2] = NULL;
  }
  hroot = q;
  free(b);
  PutCode(hroot,0,1);
}


void HBinaryTree::Hafuman_Input_Ming( int flag)  //明文输入,flag 为 0 时以键盘方
                                    式输入,为 1 时来自文件
{
  int i;
  char hstring_ming[10000];        //存放原始明文,最大值为 10000
                                    个字符

  for(i = 0;i < 10000;i + +)
    hstring_ming[i] = NULL;
  if(flag = = 0)                   //键盘输入
  {
    puts("请输入原始明文: ");
    char temp;
    for(i = 0; ( temp = getchar() ) ! = '\n'; i + + )
      hstring_ming[i] = temp;
    Hafuman_Ming_to_Mi(hstring_ming);
  }
    else                          //来自文件
```

```
    }
      FILE * FP;
      char FN[128];                                    //存放文件路径
      cout < <"请输入文件路径: ";
      cin > >FN;
      if( (FP = fopen(FN,"r +t")) = =NULL )
      {
        cout < <"打开文件 " < <FN < <" 失败" < <endl;
      }
      else
      {
        fread(hstring_ming,sizeof(char),10000,FP);
        fclose(FP);
        Hafuman_Ming_to_Mi(hstring_ming);
      }
    }
}


void HBinaryTree::Hafuman_Ming_to_Mi(char hstring_ming[])    //明文加密为密文
{
  int i;
  char mi_code[10000];                               //暂时存放由明文经过加密的密文
  int mi_count =0;
  cout < <"加密后的密文:" < <endl;
  int line = 0;
  int temp_int;
  i = 0;
  while(hstring_ming[i]! =NULL)
  {
    temp_int = hstring_ming[i];
    temp_int = temp_int - 32;
    int j = 0;
    cout < <setw(4);
    while(hcode[temp_int].code[j]! =9)
    {
      cout < <hcode[temp_int].code[j];
      if(mi_count <10000)                             //是否超过容量
        mi_code[mi_count + +] =hcode[temp_int].code[j] +48;
      j + +;
      line + +;
    }
    if(line > = 40)
    {
      cout < <endl;
```

```
        line = 0;
      }
      i + +;
    }
  cout < < endl;
  int flag_open = 1;
  do
  {
    cout < < "密文是否保存(Y/N): ";
    char temp_mi;
    cin > > temp_mi;
    if(temp_mi = = 'Y' | | temp_mi = = 'y')
    {
      char FN[128];
      cout < < "请输入要保存的文件路径名: ";
      cin > > FN;
      FILE * FP;
      if( (FP = fopen(FN,"w + t")) = = NULL )
      {
        cout < < "打开文件 " < < FN < < " 失败" < < endl;
        flag_open = 0;
      }
      else
      {
        fwrite(mi_code,sizeof(char),mi_count,FP);
        flag_open = 1;
        fclose(FP);
      }
    }
    else
      break;
  }while(flag_open = = 0);
}
void HBinaryTree::Hafuman_Input_Mi(int flag)        //密文输入,flag 为 0 时以键盘方
                                                      式输入,为 1 时来自文件
{
  int i;
  char mi_code[10000];                               //存放原始密文,0 - 1 的字符串,最
                                                      大值为10000 个字符
  for(i = 0;i < 10000;i + +)
    mi_code[i] = NULL;
  if(flag = = 0)                                     //键盘输入
  {
    puts("请输入原始密文: ");
```

```
        char temp;
        for(i = 0; ( temp = getchar( ) ) ! = '\n'; i + + )
          mi_code[i] = temp;
        Hafuman_Mi_to_Ming(mi_code);
      }

      else                                    //来自文件
    {

      FILE * FP;
      char FN[128];                           //存放文件路径
      cout < < "请输入文件路径: ";
      cin > > FN;
      if( (FP = fopen(FN,"r + t")) = = NULL )
      {
        cout < < "打开文件 " < < FN < < " 失败" < < endl;
      }
      else
      {
        fread(mi_code,sizeof(char),10000,FP);
        fclose(FP);
        Hafuman_Mi_to_Ming(mi_code);
      }
    }


  }
    void HBinaryTree::Hafuman_Mi_to_Ming( char mi_code[])
                                          //密文解密为明文
{

    int i;
    char hstring_ming[10000];              //存放密文经过翻译后的明文
    for( i = 0; i < 10000; i + + )
      hstring_ming[i] = NULL;
    int ming_count = 0;                    //计算明文长度
    for(int k = 0,j = 0; k < 95; k + + )    //对密文进行解密
    {
      int temp_j = j;
      int m = 0;
      while(mi_code[j] ! = NULL && hcode[k].code[m]! =9)
      {
        if( (mi_code[j] - 48) = = hcode[k].code[m] )
        {
          j + +;
          m + +;
        }
        else
```

```
        }
      break;
      }
    }
    if(hcode[k].code[m] = =9)
    {
      hstring_ming[ming_count + +] = hcode[k].character;
      k = -1;
    }
    else
    {
      j = temp_j;
    }
    if(mi_code[j] = =NULL)                          //密文结束
      break;
}
cout < <"解密后的明文:" < <endl;
for(i =0;i <ming_count;i + +)
{
  cout < <hstring_ming[i];
}
cout < <endl;
int flag_open =1;
do
{
  cout < <"明文是否保存(Y/N): ";
  char temp_ming;
  cin > >temp_ming;
  if(temp_ming = ='Y'||temp_ming = ='y')
  {
    char FN[128];
    cout < <"请输入要保存的文件路径名：";
    cin > >FN;
    FILE * FP;
    if( (FP = fopen(FN,"w +t")) = =NULL )
    {
      cout < <"打开文件 " < <FN < <" 失败" < <endl;
      flag_open =0;
    }
    else
    {
      fwrite(hstring_ming,sizeof(char),ming_count,FP);
      flag_open =1;
      fclose(FP);
```

```
        }
      }
    else
      break;
  }while(flag_open = =0);
}

  void HBinaryTree::HafumanChange()                    //修改 ASCII 码权值
{
  cout < <"请输入要修改权值的 ASCII 码字符: ";
  char temp_char;
  cin > >temp_char;
  cout < <"请输入 " < <temp_char < <" 新的权值: ";
  int temp_int;
  cin > >temp_int;
  int change = temp_char -32;
  a[change] = temp_int;
  Clear(hroot);
  HafumanCreate();                                     //重新创建哈夫曼树
}


void HBinaryTree::HafumanASCII()                       //按 ASCII 字符编码顺序输出 95
                                                       个 ASCII 码的编码
{
  cout < <"ASCII 字符   ASCII 码值   权值" < <endl;
  for(int i =0;i <95;i + +)
  {
    int j = 0;
    char temp = i +32;
    cout < <setw(4) < <temp < <setw(12) < <i +32 < <setw(8);
    while(hcode[i].code[j]! =9)
    {
      cout < <hcode[i].code[j];
      j + +;
    }
    cout < <endl;
  }
}
void HBinaryTree::HufumanCode()                        //根据哈夫曼树先序遍历每个叶子
                                                       的编码
{
  cout < <"先序遍历哈夫曼树叶子结点编码: " < <endl;
  cout < <"ASCII 字符   ASCII 码值   权值" < <endl;
  PutCode(hroot,0,0);
}
```

```
void HBinaryTree::PutCode(HBTreeNode * &HBT,int len,int flag)
                                                    //根据哈夫曼树先序遍历每个叶子
                                                      的编码的递归函数,len 初始化为
                                                      0,flag 为 0 时先序遍历,为 1 时存
                                                      储编码
{
  static int a[20];
  if(HBT! = NULL)
  {
    if(HBT - >left = = NULL && HBT - >right = = NULL)
                                                    //访问到叶子结点时输出其保存在
                                                      数组 a 中的 0 和 1 序列编码
    {
      int i;
      if(flag = =0)
      {
        int t_int;
        t_int = HBT - >character;
        cout < <setw(4) < <HBT - >character < <setw(12) < <t_int < <setw(8);
      }
      int temp_int;
      for(i =0;i <len;i + +)
      {
        if( flag = = 0 )                           //flag 为 0,先序输出编码
          cout < <a[i];
        temp_int = HBT - >character;
        hcode[temp_int -32].code[i] = a[i];        //存储与 ASCII 码对应的编码值
      }
      if( flag = = 0 )
        cout < <endl;
    }
    else
    {
      a[len] = 0;
      PutCode(HBT - >left,len +1,flag);
      a[len] = 1;
      PutCode(HBT - >right,len +1,flag);
    }
  }
}
HBinaryTree:: ~HBinaryTree()                        //析构函数,清除哈夫曼树
{
  Clear(hroot);
}
```

```
void HBinaryTree::Clear(HBTreeNode * &HBT)          //用于清除哈夫曼树的递归函数
{
  if(HBT! = NULL)
  {
                                                    //当二叉树非空时进行如下操作
    Clear(HBT - >left);                             //删除左子树
    Clear(HBT - >right);                            //删除右子树
    delete HBT;                                     //删除根结点
    HBT = NULL;
  }
}
```

源文件 :Hafuman.cpp

```
#include < iostream.h >
#include < stdio.h >
#include < string.h >
#include < stdlib.h >
#include < iomanip.h >
#include "Hafuman.h"
int main(void)
{
  HBinaryTree HBtree;
    HBtree.HafumanCreate();                         //创建哈夫曼树
  char option;
  do
  {
    cout < < "                          哈夫曼树演示程序 \n \n";
    cout < < "[1] 明文加密为密文" < < endl;
    cout < < "[2] 密文解密为明文" < < endl;
    cout < < "[3] 修改 ASCII 码权值" < < endl;
    cout < < "[4] 按 ASCII 字符编码顺序输出编码" < < endl;
    cout < < "[5] 先序遍历哈夫曼树叶子的编码" < < endl;
    cout < < "[6] 退出" < < endl;
    cout < < "1 - -6 请选择: ";
    cin > >option;
    cout < < endl;
    switch(option)
    {
    case '1':                                       //明文加密为密文
      {
        char option1;
        do
        {
          cout < < "[1] 明文加密为密文" < < endl;
          cout < < "                请选择输入方式" < < endl;
```

```
        cout < < "                      [1] 键盘输入" < < endl;
        cout < < "                      [2] 来自文件" < < endl;
        cout < < "                      [3] 返回主菜单" < < endl;
        cout < < "                      1 - -3 请选择: ";
      cin > > option1;
      cout < < endl;
      switch(option1)
        {
        case '1':                              //键盘输入
        {
          HBtree.Hafuman_Input_Ming(0);
          cout < < " \npress any key to continue";
          cin.get();
          cin.get();
          break;
        }
        case '2':                              //来自文件
        {
          HBtree.Hafuman_Input_Ming(1);
          cout < < " \npress any key to continue";
          cin.get();
          cin.get();
          break;
        }
        case '3':                              //返回主菜单
        {
          break;
        }
        default:
        {
          cout < < "您的选择超出范围,请重新选择" < < endl;
          cout < < " \npress any key to continue";
          cin.get();
          cin.get();
        }
      }
    cout < < " \n \n \n \n \n \n \n \n \n";
    cout < < " \n \n \n \n \n \n \n \n \n";
    }while(option1! = '3');
    break;
  }
case '2':                              //密文解密为明文
{
  char option2;
```

```
      do
      {
        cout < < "[2] 密文解密为明文" < < endl;
        cout < < "                    请选择输入方式" < < endl;
        cout < < "                    [1] 键盘输入" < < endl;
        cout < < "                    [2] 来自文件" < < endl;
        cout < < "                    [3] 返回主菜单" < < endl;
        cout < < "                    1 - -3 请选择: ";
        cin > >option2;
        cout < < endl;
        switch(option2)
        {
        case '1':                               //键盘输入
        {
          HBtree.Hafuman_Input_Mi(0);
          cout < < " \npress any key to continue";
          cin.get();
          cin.get();
          break;
        }
        case '2':                               //来自文件
        {
          HBtree.Hafuman_Input_Mi(1);
          cout < < " \npress any key to continue";
          cin.get();
          cin.get();
          break;
        }
        case '3':                               //返回主菜单
        {
          break;
        }
        default:
        {
          cout < < "您的选择超出范围,请重新选择" < < endl;
          cout < < " \npress any key to continue";
          cin.get();
          cin.get();
        }
      }
      cout < < " \n \n \n \n \n \n \n \n \n \n";
      cout < < " \n \n \n \n \n \n \n \n \n \n";
    }while(option2! = '3');
    break;
```

```cpp
        }
    case '3':                                        //修改 ASCII 码权值
        {
        HBtree.HafumanChange();
        cout < < " \npress any key to continue";
        cin.get();
        cin.get();
        break;
        }
    case '4':                                        //按 ASCII 字符编码顺序输出编码
        {
        HBtree.HafumanASCII();
        cout < < " \npress any key to continue";
        cin.get();
        cin.get();
        break;
        }
    case '5':                                        //先序遍历哈夫曼树叶子的编码
        {
        HBtree.HufumanCode();
        cout < < " \npress any key to continue";
        cin.get();
        cin.get();
        break;
        }
    case '6':                                        //退出
        {
        break;
        }
    default:
        {
        cout < < "您的选择超出范围,请重新选择" < <endl;
        cout < < " \npress any key to continue";
        cin.get();
        cin.get();
        }
    }
    if(option! ='6')
    {
      cout < < " \n \n \n \n \n \n \n \n \n \n";
      cout < < " \n \n \n \n \n \n \n \n \n \n";
    }
  }while(option! ='6');
  return 0;
}
```

6.9　习　　题

1. 设二叉树以二叉链表形式存储,请编写一个求叶子结点总数的算法。

2. 将如图 6 - 24 所示树转换为二叉树,对转换后的二叉树给出先序、中序、后序遍历结果序列。

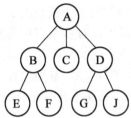

图 6 - 24　习题 2 图

3. 什么是哈夫曼树? 有一组数值 14、21、32、15、28,画出相应的哈夫曼树,并计算其 WPL。

4. 设二叉树后根遍历为 B A C,画出所有可能的二叉树。

5. 假设一棵二叉树的层序序列是 A B C D E F G H I J,中序序列是 D B G E H J A C I F,请画出该树。

6. 什么是线索二叉树? 为什么要线索化?

7. 对于如图 6 - 25 所示的树,分别用孩子链表和孩子兄弟链表法画出存储结构。

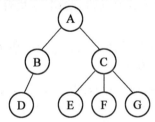

图 6 - 25　习题 7 图

8. 试设计一个算法,在中序线索化的树中求指定结点 P 在后序遍历序列中的前驱结点,要求用非递归算法。

第 7 章　图

图(Graph)是一种比线性表和树结构更为复杂的非线性结构。图形结构中的结点之间的关系可以是任意的,每个结点都可以有多个直接前趋和多个直接后继。这类结构的灵活性更强,可以用来描述和求解更多的实际问题,因此得到了广泛的应用。最典型的应用领域有电路分析、寻找最短路线、项目规划、鉴别化合物、统计力学、遗传学、控制论等。反过来,也正是由于其限制很少,已不再属于线性结构,因此运用这类结构时需要有更多的技巧。

数据结构中对图的讨论主要侧重于图在计算机中的存储方式和有关操作的算法。

7.1　图的定义和相关术语

图是由顶点集合(Vertex)及顶点间的关系集合组成的一种数据结构。图 G 由两个集合 V 和 E 组成,记为

$$G = (V, E)$$

其中,$V = \{x \mid x \in$ 某个数据对象集$\}$ 是顶点的有穷非空集合;E 是 V 中顶点偶对(称为边)的有穷集,$E = \{ <x, y> \mid x, y \in V \}$。

通常,也将图 G 的顶点集和边集分别记为 $V(G)$ 和 $E(G)$。$E(G)$ 可以是空集,若 $E(G)$ 为空,则图 G 只有顶点而没有边。

在本章的讨论中,不考虑顶点到其自身的边,即若 (v_1, v_2) 或 $<v_1, v_2>$ 是 $E(G)$ 中的一条边,则要求 $v_1 \neq v_2$。此外,不允许一条边在图中重复出现,即只讨论相对简单的图。

有向图(Directed Graph)与无向图(Undirected Graph):在有向图中,顶点对 $<x, y>$ 是有序的,称为从顶点 x 到顶点 y 的一条有向边(注意,$<x, y>$ 与 $<y, x>$ 是不同的两条边,此时,对于有向边 $<x, y>$ 而言,x 是始点,y 是终点);在无向图中,顶点对 (x, y) 是无序的,是连接于顶点 x 和顶点 y 之间的一条边,这条边没有特定的方向,(x, y) 与 (y, x) 是同一条边。

如图 7-1 所示有向图与无向图的示例中,有向图 $G_1 : V_1 = \{v_1, v_2, v_3, v_4\}$,$E_1 = \{ <v_1, v_3>, <v_1, v_2>, <v_3, v_4>, <v_4, v_1> \}$;无向图 $G_2 : V_2 = \{v_1, v_2, v_3, v_4, v_5\}$,$E_2 = \{ (v_1, v_2), (v_1, v_4), (v_2, v_3), (v_2, v_5), (v_3, v_4), (v_3, v_5), (v_2, v_1), (v_4, v_1), (v_3, v_2), (v_5, v_2), (v_4, v_3), (v_5, v_3) \}$ 或者 $E_2 = \{ (v_1, v_2), (v_1, v_4), (v_2, v_3), (v_2, u_5), (v_3, v_4), (v_3, v_5) \}$。

1. 完全图(Complete Graph)

在由 n 个顶点组成的无向图中,若有 $n(n-1)/2$ 条边,则称为无向完全图,如图 7-1(c)所示的 G_3 就是无向完全图;在由 n 个顶点组成的有向图中,若有 $n(n-1)$ 条边,则称为有向完全图,如图 7-1(d)所示的 G_4 就是有向完全图。完全图中的边数达到最大。

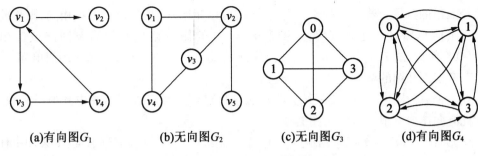

(a)有向图G_1 (b)无向图G_2 (c)无向图G_3 (d)有向图G_4

图7-1 有向图与无向图的示例

2. 权

某些图的边具有与它相关的数,称为权。权可以表示从一个顶点到另一个顶点的距离、花费的代价、所需的时间等。这种带权图称为网络。

3. 邻接顶点

若(v_i, v_j)是一条无向边,则称顶点v_i和v_j互为邻接顶点(Adjacent),或称v_i和v_j相邻接,并称(v_i, v_j)依附或关联(Incident)于顶点v_i和v_j,或称(v_i, v_j)与顶点v_i和v_j相关联。如图7-1(c)所示,在无向图G_3中,与顶点v_0(即图中标识为0的顶点,以下类同)相邻接的顶点是v_1、v_2和v_3,关联于顶点v_2的边是(v_1, v_2)、(v_2, v_3)和(v_2, v_0)。

4. 子图

设图$G = (V, E)$和$G' = (V', E')$。若$V' \subseteq V$且$E' \subseteq E$,则称图G'是图G的子图。如图7-2所示为无向图G_3的子图示例。

5. 度(Degree)

与顶点v关联的边数称为v的度,记作$\deg(v)$。在有向图中,顶点的度等于其入度与出度之和。其中,顶点v的入度是以v为终点的有向边的条数,记作$\text{indeg}(v)$;顶点v的出度是以v为始点的有向边的条数,记作$\text{outdeg}(v)$。顶点v的度$\deg(v) = \text{indeg}(v) + \text{outdeg}(v)$。一般地,若图$G$中有$n$个顶点、$e$条边,则有

$$e = \frac{1}{2} \left\{ \sum_{i=1}^{n} \deg(v_i) \right\}$$

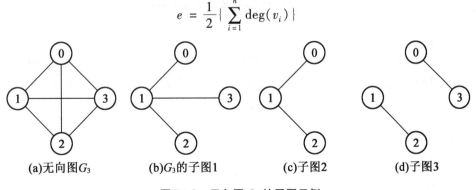

(a)无向图G_3 (b)G_3的子图1   (c)子图2   (d)子图3

图7-2 无向图G_3的子图示例

6. 路径

在无向图G中,若存在一个顶点序列v_p、v_{i1}、v_{i2}、v_{im}、v_q,使得$<v_p, v_{i1}>$、$<v_{i1}, v_{i2}>$、$<v_{im}, v_q>$均属于$E(G)$,则称顶点v_p到v_q存在一条路径(Path);在有向图G中,路径也是有向的,它由$E(G)$中的有向边$<v_p, v_{i1}>$、$<v_{i1}, v_{i2}>$、$<v_{im}, v_q>$组成。路径长度定义为

该路径上边的数目。若一条路径上除 v_p 和 v_q 可以相同外,其余顶点均不相同,则称此路径为一条简单路径。起点和终点相同($v_p = v_q$)的简单路径称为简单回路或简单环(Cycle)。例如,图 7 - 2 的图 G_3 中,顶点序列 v_0、v_1、v_2,v_0 是一个长度为 3 的简单环。

7. 有根图和图的根

在一个有向图中,若存在一个顶点 v,从该顶点有路径可以到达图中其他所有顶点,则称此有向图为有根图,v 称为图的根。

在无向图中,若从顶点 v_1 到顶点 v_2 有路径,则称顶点 v_1 与 v_2 是连通的,如果图中任意一对顶点都是连通的,则称此图为连通图,非连通图的极大连通子图称为连通分量;在有向图中,若在每一对顶点 v_i 和 v_j 之间都存在一条从 v_i 到 v_j 的路径,也存在一条从 v_j 到 v_i 的路径,则称此图是强连通图。非强连通图的极大强连通子图称为强连通分量。有向图的强连通分量示例如图 7 - 3 所示。

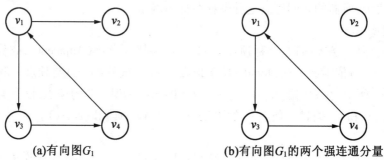

(a)有向图G_1　　　　　　　(b)有向图G_1的两个强连通分量

图 7 - 3　有向图的强连通分量示例

8. 生成树(Spanning Tree)

一个无向连通图的生成树是它的极小连通子图,若图中含有 n 个顶点,则其生成树由 $n-1$ 条边构成。若是有向图,则可能得到它的由若干有向树组成的森林。

7.2　图的存储结构

图的存储结构又称图的存储表示或图的表示。可以通过很多方法来表示和存储图结构,本章主要介绍邻接矩阵、邻接表,简要介绍邻接多重表和十字链表。至于具体选择哪一种表示法,主要取决于具体的应用和对图的操作。

7.2.1　数组表示法

邻接矩阵是表示顶点之间相邻关系的矩阵。所谓两顶点的相邻关系,即它们之间有边相连。邻接矩阵是用一个一维数组存放顶点信息,同时用一个二维数组表示 n 个顶点之间的关系。

邻接矩阵是一个 $n \times n$ 阶方阵,n 为图的顶点数,它的每一行分别对应图的各个顶点,每一列也分别对应图的各个顶点。规定矩阵的元素为 $A[i,j] = 1$,若对应为无向图的邻接矩阵,则表示图中存在无向边(v_i,v_j);若为有向图的邻接矩阵,则表示图中存在有向边 $< v_i,v_j >$。图的邻接矩阵如图 7 - 4 所示,无向图 G_5 和有向图 G_6 的邻接矩阵分别为 $\boldsymbol{A}_1$

和 A_2。

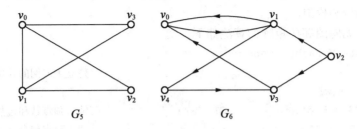

图 7-4 图的邻接矩阵

不难看出,无向图的邻接矩阵是对称的,第 i 行(列)元素之和就是顶点 i 的度。可以采用压缩存储方式只存入矩阵的下三角(或上三角)元素。有向图的邻接矩阵则不一定是对称的,第 i 行(列)元素之和就是顶点 i 的出(入)度。在图的邻接矩阵中很容易确定图中任意两个顶点间是否有边或弧相连。

如果 G 是网,则有

$$A[i,j] = \begin{cases} W_{ij} & \text{若 } v_i \neq v_j \text{ 且 } (v_i, v_j) \in E(G) \text{ 或 } <v_i, v_j> \in E(G) \\ 0 & v_i = v_j \\ \infty & \text{其他} \end{cases}$$

其中,w_{ij} 表示边上的权值;∞ 表示一个计算机允许的、大于所有边上权值的数。例如,如图 7-5 所示为带权图(网 N)及其邻接矩阵 A 的示意图。

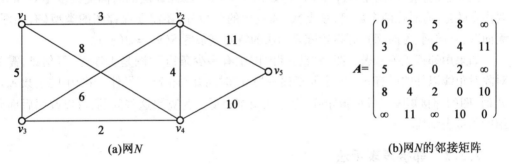

(a)网 N (b)网 N 的邻接矩阵

图 7-5 带权图(网 N)及其邻接矩阵 A 示意图

图的邻接矩阵存储结构形式说明如下:

```
# define MaxVertexNum 100                          //最大顶点数,应由用户定义
typedef  char VertexType;                          //顶点类型应由用户定义
typedef int EdgeType;                              //边上的权值类型应由用户定义
typedef struct
{
  VextexType vexs[MaxVertexNum];                   //顶点表
  EdgeType edges[MaxVertexNum][MaxVertexNum];      //邻接矩阵,可看做表
  int  n,e;                                        //图中当前的顶点数和边数
} MGragh;
```

在简单应用中,可直接用二维数组作为图的邻接矩阵(顶点表及顶点数等均可省略),当邻接矩阵中的元素仅表示相应的边是否存在时,EdgeType 可定义为值为 0 和 1 的枚举类型。在下面的算法描述中假设权值类型为 int 型,先输入图的顶点数和边数,再输

入顶点编号来建立顶点信息表,并将邻接矩阵各元素初始化为 0 ,最后按顶点顺序输入每条边的顶点编号和权值。

建立带权无向图邻接矩阵的算法如下:

```
void Create_MGraph(MGraph * G1)
{                                              //建立无向网的邻接矩阵表示
  int i,j , k,w;
  scanf("% d,% d",&G1 - >n, &G1 - >e;         //输入顶点数和边数
  for(i =0;i < G1 - > n;i + + )                //读入顶点信息,建立顶点表
    G1 - > vexs[i] = getchar();
  for(i =0;i < G1 - > n; i + + )
    for(j =0;j < G1 - > n;j + +)
      G1 - > edges[i][j] =0;                   //邻接矩阵初始化
  for(k =0;k < G1 - > e; k + + )
  {                                            //读入 e 条边,建立邻接矩阵
    scanf("% d% d% d",&i,&j,&w);               //输入边(vi ,vj )上的权 w
    G1 - > edges[i][j] =w;
    G1 - > edges[j][i] =w;
  }
}                                              //Create_MGraph
```

该算法的执行时间是 $O(n + n^2 + e)$ 。由于 $e < n^2$,因此算法的时间复杂度是 $O(n^2)$ 。要注意的是,有时除两个数组、顶点数、弧或边的个数外,还需要保存图的类型(有向图、无向图、有向网、无向网),邻接矩阵表示法的空间复杂度 $S(n) = O(n^2)$ 。

如果用邻接矩阵来表示图,要想获得"图中有多少条边""图是否连通"等信息,需要对除对角线以外的所有 $n^2 - n$ 个元素逐一检查,时间开销很高。另外,当图中的边数 $e_0 \leqslant n^2$ 时,图的邻接矩阵变成稀疏矩阵,存储利用率很低。为克服这些问题,可以改用后面介绍的邻接表结构。

7.2.2　邻接表表示法

图的邻接表表示法类似于树的孩子链表表示法,是图的一种链式存储结构。在邻接表结构中,对图中每个顶点建立一个单链表,第 i 个单链表中的结点表示依附于该顶点 v_i 的边,即对于无向图每个结点表示与该顶点相邻接的一个顶点,对于有向图则表示以该顶点为起点的一条边的终点。一个图的邻接矩阵表示是唯一的,但其邻接表表示是不唯一的,因为在邻接表的每个单链表中,各结点的顺序是任意的。

邻接点域(adjvex)指示与顶点 v_i 邻接的点在图中的位置;链域(nextege)指示下一条上附设一个表头结点。在表头结点中除设有指针域(firstedge)指向链表中第一个结点外,还设有存储顶点 v_i 的名字或其他有关信息的数据域(data),如下所示:

adjvex	nextedge	info		data	firstedge

例如,图 7 –6(a)(b)分别是图 7 –4 中 G_5 和图 7 –1 中 G_1 的邻接表。

在有向图的邻接表中求某个顶点的入度需要遍历整个邻接表。有时为便于确定顶点的入度或以顶点 v_i 为头的弧,可以建立该图的逆邻接表。在有向图中,为图中每个顶点 v_i 建立一个入边表的方法称为逆邻接表表示法。如图 7 –6(c)所示是 G_1 的逆邻接表。在

逆邻接表中,顶点 i 的边链表中链接的是所有进入该顶点的边,所以又称入边表。统计顶点 i 的边链表中结点的个数,就能得到该顶点的入度。

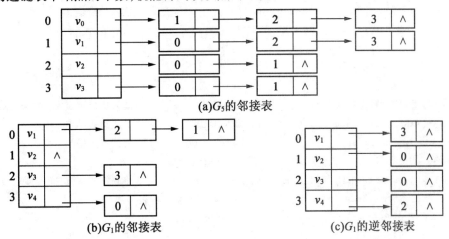

(a)G_5的邻接表

(b)G_1的邻接表 　　　　　　　　(c)G_1的逆邻接表

图7-6 邻接表和逆邻接表

图的邻接表存储结构可说明如下:

```
typedef struct node
{                                          //边表结点
inta adjvex;                               //邻接点域
struct node * nextedge;                    //链域
                                           //若要表示边上的权,则应增加一
                                           个数据域 info
} EdgeNode;
typedef struct vnode
{                                          //顶点表结点
VertexType vertex;                         //顶点域
EdgeNode * firstedge;                      //边表头指针
} VertexNode;
typedef VertexNode AdjList[MaxVertexNum];  //AdjList 是邻接表类型
typedef struct
{
AdjList adjlist;                           //邻接表
int n,e;                                   //图中当前顶点数和边数
intkind;                                   //图的种类标志
} ALGraph;                                 //对于简单的应用,无须定义此类
                                           型,可直接使用 AdjList 类型
```

类似于邻接矩阵,可以得到建立无向图的邻接表算法如下:

```
void CreateALGraPh(ALGraph * G1)
{                                          //建立无向图的邻接表表示
int i,j,k;
EdgeNode * s;
scanf( "% d% d",&G1 - > n,&G1 - > e);      //读入顶点数和边数
```

```
for(i = 0;i < G1 - > n;i + + )
{ * /建立顶点表
G1 - > adjlist[i].vertex = getchar();          //读入顶点信息
G1 - > adjlist[i].firstedge = NULL;            //边表置为空表
}
for(k = 0;k < G1 - > e;k + + ) 。
{  //建立边表
  scanf("% d% d",&i,&j);                       //读入边(vi ,vi )的顶点对序号
  s = (EdgeNode * )malloc(sizeof(EdgeNode));   //生成边表结点
  s - > adjvex = j;                            //邻接点序号为 j
  s - > next = G1 - > adjlist[i].firstedge;
  G1 - > adjlist[i].firstedge = s;             //将新结点 * s 插入顶点 vi 的边
                                                 表头部

  s = (EdgeNode * )malloc(sizeof(EdgeNode));
  s - > adjvex = i;                            //邻接点序号为 i
  s - > nextedge = G1 - > adjlist[j].firstedge;
  G1 - > adjlistk[j].firstedge = s;            //将新结点 * s 插入顶点 vi 的边
                                                 表头部
}                                              //end for
}                                              //end CreateALGraph
```

该算法的时间复杂度是 $O(n+e)$。显然,建立有向图的邻接表更简单,每当读入一个顶点对序号 $<i,j>$ 时,仅需生成一个邻接序号为 j 的边表结点,将其插入到 v_i 的出边表头部即可。建立网络的邻接表时,需在边表的每个结点中增加一个存储边上权的数据域。

邻接矩阵和邻接表这两种存储方法的空间效率孰优孰劣,需要结合实际的应用加以考虑。一般来讲,主要取决于边的数目。图越稠密(边的数量大),邻接矩阵的空间效率就越高,因为邻接表的指针开销较大,而邻接矩阵的边可能只需要一个二进位(bit)就可以表示。对于稀疏图,即边的数目远远小于顶点数目平方的图,使用邻接表可以获得较高的空间效率。若有 n 个顶点、e 条边,则用邻接表表示无向图,需要 n 个顶点结点和 $2e$ 个边结点;用邻接表表示有向图,若不考虑逆邻接表,则只需 n 个顶点结点、e 个边结点。当 $e \leqslant n^2$ 时,可以节省大量的存储空间。在时间效率方面,邻接表往往优于邻接矩阵,因为访问图的某个顶点的所有邻接顶点的操作使用最频繁,如果是邻接表,只需检查此顶点对应的边链表,就能很快找到所有与此顶点相邻接的全部顶点,使得图的操作更为便捷。而在邻接矩阵中,则必须检查某一行全部矩阵元素。此外,对于无向图的存储而言,邻接表还有一点不足,即每条边都被存储了两遍。如图 7 – 6 所示,只要 (v_i,v_j) 出现在顶点 i 的边链表中,(v_j,v_i) 就必然出现在顶点 j 的边链表中,反之亦然。实际上,它们就是同一条边。另外,在解决很多应用问题的过程中,都需要给被处理的边做上(已访问或已删除等)标记。若采用邻接表,则必须给各边对应的两个结点同时增加标记。由于这两个结点分属不同的边链表,因此操作很不方便。针对这一问题的一种改进方法就是采用邻接多重表(Adjacency Multilist)结构。

7.2.3 邻接多重表表示法

邻接多重表把多重表结构引入图的邻接表表示中,实际上是把邻接表表示中代表同

一条边的两个边结点合为一个边结点,把几个边链表合成一个多重表,这样图的每一条边只用一个多重表结点表示。

7.2.4 十字链表表示法

在用邻接表表示有向图时,有时需要同时使用邻接表和逆邻接表。可以把这两个表结合起来,用有向图的邻接多重表(通常称为十字链表)来表示一个有向图。十字链表也是有向图的一种链式存储结构,它是将有向图的邻接表作为顶点表,图中的每条弧构成一个弧结点。结点的结构如下所示:

顶点结点

data	firstin	firstout

弧结点

tailvex	headvex	hlink	tlink	info

顶点由3个域组成:data 域存储和顶点相关的信息,如顶点的名称等;firstin 和 firstout 为两个链域,分别指向以该顶点为弧头或弧尾的第一个弧点。在弧结点中有5个域:尾域(tailvex)和头域(headvex)分别指示弧尾和弧头这两个顶点在图中的位置;链域 hlink 指向弧头相同的下一条弧;链域 tlink 指向弧尾相同的的下一条弧;info 域指向该弧的相关信息。弧头相同的弧在同一条链表,弧尾相同的的弧也在同一条链表上。例如,有向图 G_1 的十字链表如图7-7所示。

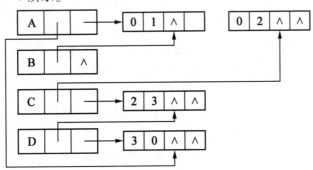

图7-7 有向图 G_1 的十字链表

有向图的十字链表存储表示的形式说明如下:

```
typedef struct Anode                                     //弧结点结构类型
{
    int tailvex,headvex;                                 //该弧的弧尾和弧头域
    struct ANode * hlink, * tlink;                       //弧头相同和弧尾相同的弧的链域
    InfoType info;                                       //该弧的相关信息
} ArcNode;
typedef struct VNode
{                                                        //顶点结构类型
    VertexType data;                                     //顶点数据域
    ArcNode * firstin, * firstout;                       //分别指向该顶点的第一条入弧和
                                                         //出弧
}VNode;
typedef struct
{
```

```
    VNode xList[MaxV];                          //表头向量
    int n,e;                                    //有向图的顶点数 n 和弧数 e
} OLGraph;
```

只要输入 n 个顶点的信息和 e 条弧的信息，便可建立有向图的十字链表。

7.3　图 的 遍 历

与树的遍历类似，图的遍历（Graph Traversal）也是从某个顶点出发，沿着某条搜索路径对图中每个顶点各做一次且仅做一次访问。它是求解图的连通性问题、拓扑问题和求关键路径等算法的基础。这里所说的"访问"视具体的应用问题而异，可以是输出顶点的信息，也可以是修改顶点的某个属性，还可能是对所有顶点的某个属性进行统计（如累计所有顶点的权值）。在与图相关的各种应用问题中，涉及遍历的情况很多。例如，通过遍历，可以找出某个顶点所在的极大连通子图、消除图中的所有回路、找出关键结点等。

绝大多数有关图和网络的问题都涉及图的整体结构，因此只有在收集到所有顶点的信息之后，才能正确地求解问题。另外，如果不能控制各顶点被访问的次数，算法的冗余计算将导致问题复杂化，变得无法计算，大大降低时间效率。基于实际需要，要求通过遍历能够覆盖所有的顶点，并让每个顶点只被访问一次。对于树结构而言，能够满足从任意顶点出发，访问树中全部顶点的要求。此外，树是无环图，故任意两个顶点之间最多只有一条通路。然而对于一般的图结构而言，这两点并不能直接满足。首先，若图中存在回路，则回路上的任一顶点在被访问之后都有可能会（沿着回路）再次被访问。为避免此类重复，可设一标志数组 visited[0..n−1]，记录结点是否访问过。在开始遍历之前，将该数组的所有数组元素全部置为0，在实施遍历的过程中，顶点 v_i 一旦被访问，就立即将 visited[i] 置为1。这样，无论到达哪个顶点，只要检查其对应的 visited 标志，就可以判断是否应该访问该顶点，从而防止一个顶点被多次访问。其次，对于非连通图来说，在两个顶点之间可能不存在通路，每次遍历只能遍访其中的一个连通分量。为保证所有顶点都能被访问到，需要检测所有顶点的访问标志，一旦没有访问过，就可以从这个顶点出发，再开始实施新的图遍历。

与树结构类似，图的遍历算法也有很多种。算法不同，确定各顶点接受访问次序的原则也不尽相同。基本的图遍历算法有两种：深度优先搜索（Depth First Search，DFS）和广度优先搜索（Breadth First Search，BFS）。两种算法既适用于无向图，也适用于有向图。

7.3.1　深度优先搜索

1. 图的深度优先遍历的递归定义

假设给定图 G 的初态是所有顶点均未曾访问过。在 G 中任选一顶点 v 为初始出发点（源点），则深度优先遍历可定义如下：首先访问出发点 v，并将其标记为已访问过，然后依次从 v 出发搜索 v 的每个邻接点 w。若 w 未被访问过，则以 w 为新的出发点继续进行深度优先遍历，直至图中所有和源点 v 有路径相通的顶点（也称从源点可达的顶点）均已被访问为止。若此时图中仍有未被访问的顶点，则另选一个尚未被访问的顶点作为新的源点重复上述过程，直至图中所有顶点均已被访问为止。

图的深度优先遍历类似于树的前序遍历,采用的搜索方法的特点是尽可能先对纵深方向进行搜索。这种搜索方法称为深度优先搜索(Depth – First Search)。相应地,用此方法遍历图就很自然地称为图的深度优先遍历。

2. 深度优先搜索的过程

设 x 是当前被访问顶点,在对 x 做过访问标记后,选择一条从 x 出发的未检测过的边 (x,y)。若发现顶点 y 已被访问过,则重新选择另一条从 x 出发的未检测过的边,否则沿边 (x,y) 到达未曾被访问过的 y,对 y 进行访问并将其标记为已被访问过。然后从 y 开始搜索,直到搜索完从 y 出发的所有路径,即访问完所有从 y 出发可达的顶点之后,才回溯到顶点 x,并且再选择一条从 x 出发的未检测过的边。重复上述过程直至从 x 出发的所有边都已检测过为止。此时,若 x 不是源点,则回溯到在 x 之前被访问过的顶点;否则,图中所有和源点有路径相通的顶点(即从源点可达的所有顶点)都已被访问过。若图 G 是连通图,则遍历过程结束;否则,继续选择一个尚未被访问的顶点作为新源点,进行新的搜索过程。

3. 深度优先遍历的递归算法

(1)深度优先遍历算法。

```
                                          //假设初始状态是图中所有顶点都
                                          未被访问
typedefenum{FALSE, TRUE}Boolean;          //FALSE 为 0,TRUE 为 1
Boolean visited[MaxVertexNum];            //问标志向量是全局量
void DFSTraverse(ALGraph * G1)

                                          //深度优先遍历以邻接表表示的图
                                          G,而以邻接矩阵表示 G 时,算法完
                                          全与此相同

  int i;
  for(i = 0;i < G1 - > n;i + + )
    visited[i] = FALSE;                   //标志向量初始化
  for(i = 0;i < G1 - > n;i + + )
    if(! visited[i])                      //vi 未被访问过
      DFS(G1,i);                          //以 vi 为源点开始 DFS 搜索
                                          //DFSTraverse
```

设第一个访问顶点为 v_i,则对每一个连通图部分深度优先遍历的步骤为:

①访问顶点 v_i 并标记顶点 v_i 为已访问;

②检查顶点 v_i 的第一个邻接顶点 w;

③若顶点 v_i 的邻接顶点 w 存在,则继续执行,否则算法结束;

④若顶点 w 未被访问过,则从顶点 w 出发进行深度优先搜索遍历算法;

⑤查找顶点 v_i 的 w 邻接顶点的下一个邻接顶点 w,转到步骤③。

例如,对图 7 – 8(a)中的连通图 G_7 进行深度优先遍历的过程如图 7 – 8(b)所示。假设从顶点 v_0 出发进行搜索,在访问了 v_0 之后,选择邻接点 v_1,因为 v_1 未被访问过,则从 v_2 出发进行搜索。依此类推,接着从 v_5 出发进行搜索,访问完 v_5 后,因为 v_5 的邻接点都已访问过,则搜索返回到 v_2,同理又返回到 v_1。此时,v_1 的另一个邻接点 v_4 未被访问过,则从 v_1 选择邻接点 v_4,从 v_4 出发继续进行搜索。由此可得 G_7 的深度优先遍历序列为 v_0,

v_1, v_2, v_5, v_4, v_6, v_3, v_7。图 7 – 8(b)中的虚线是遍历时的递归返回路径。

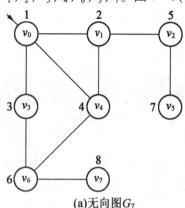

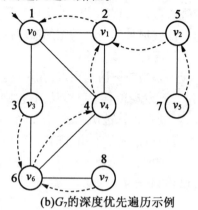

(a)无向图G_7　　　　　　　　　　(b)G_7的深度优先遍历示例

图 7 – 8　图的遍历示例

（2）邻接表表示的深度优先搜索算法。

```
void DFS(ALGraph * G1,int i)                       //以 vi 为出发点对邻接表表示的
{                                                   图 G 进行深度优先搜索

  EdgeNode * p;
  printf("visitvertex:% c",G1 - > adjlist[i]。vertex);
                                                    //访问顶点 vi
  visited[i] = TRUE;                                //标记 vi 已访问
  p = G1 - > adjlist[i].firstedge;                  //取 vi 边表的头指针
  while(p)
  {                                                 //依次搜索 vi 的邻接点 vj ,这里
                                                    j = p - > adjvex
    if(! visited[p - > adjvex])                     //若 vi 尚未被访问
      DFS(G1, p - > adjvex);                        //则以 vj 为出发点向纵深搜索
    p = p - >  next;                                //找 vi 的下一邻接点
  }
}                                                   //DFS
```

（3）邻接矩阵表示的深度优先搜索算法。

```
void DFSM(MGraph * G1,int i)                        //以 vi 为出发点对邻接矩阵表示
{                                                   的图 G 进行 DFS 搜索,设邻接矩阵
                                                    是 0,1 矩阵

  int j;
  printf("visit vertex: c",G1 - > vexs[i]);         //访问顶点
  vivisited[i] = TRUE;
  for(j = 0;j < G1 - > n;j + + )                    //依次搜索 vi 的邻接点
    if(G1 - > edges[i][j] = = 1&&! visited[j])
      DFSM(G1,j);                                   //(vi ,vj )∈E,且 vj 未访问过,
                                                    故 vj 为新出发点
```

　　　　　　　　　　　　　　　　　　　　　　//DFSM

　　对图进行深度优先遍历时,按访问顶点的先后次序得到的顶点序列称为该图的深度优先遍历序列,或简称为 DFS 序列。一个图的 DFS 序列不一定唯一。当从某顶点 x 出发搜索时,若 x 的邻接点有多个尚未被访问过,则可任选一个进行访问。源点和存储结构的内容均已确定的图的 DFS 序列唯一。邻接矩阵表示的图确定源点后,DFS 序列唯一。DFSM 算法中,当从 v_i 出发搜索时,是在邻接矩阵的第 i 行上从左至右选择下一个未曾访问过的邻接点作为新的出发点,若这样的邻接点多于一个,则选中的总是序号较小的那一个。

　　对于具有 n 个顶点和 e 条边的无向图或有向图,遍历算法 DFSTraverse 对图中每顶点至多调用一次 DFS 或 DFSM。从 DFSTraverse 中调用 DFS(或 DFSM)及 DFS(或 DFSM)内部递归调用自己的总次数为 n。

　　当访问某顶点 v_i 时,DFS(或 DFSM)的时间主要耗费在从该顶点出发搜索它的所有邻接点上。用邻接矩阵表示图时,其搜索时间为 $O(n)$;用邻接表表示图时,需搜索第 i 个边表上的所有结点。因此,对所有 n 个顶点进行访问,在邻接矩阵上共需检查 n^2 个矩阵元素,在邻接表上需将边表中所有 $O(e)$ 个结点检查一遍。因此,DFSTraverse 的时间复杂度为 $O(n^2)$(调用 DFSM)或 $O(n+e)$(调用 DFS),其运算时间主要花费在 for 循环中。设具有 n 个顶点、e 条边的图中,若用邻接表表示图,则沿 link 链可以依次取出顶点 v 的所有邻接顶点。由于总共有 $2e$ 个边结点,因此扫描边的时间为 $O(e)$,每个顶点只被访问 1 次,故遍历图的时间复杂性为 $O(n+e)$。如果用邻接矩阵表示图,则查找每一个顶点的所有的边所需时间为 $O(n)$,遍历图中所有顶点所需的时间为 $O(n^2)$。

7.3.2　广度优先搜索

1.广度优先遍历的递归定义

设图 G 的初态是所有顶点均未被访问过。在 G 中任选一顶点 v 为源点,则广度优先遍历可以定义为:首先访问出发点 v,接着依次访问 v 的所有邻接点 w_1、w_2、w_t,然后再依次访问与 w_1、w_2、w_t 邻接的所有未被访问过的顶点。依此类推,直至图中所有和源点 v 有路径相通的顶点都已被访问到为止。此时从 v 开始的搜索过程结束。

若 G 是连通图,则遍历完成;否则,在图 G 中另选一个尚未访问的顶点作为新源点继续上述的搜索过程,直至 G 中所有顶点均已被访问为止。

广度优先遍历类似于树的按层次遍历,采用的搜索方法的特点是尽可能先对横向进行搜索,故称为广度优先搜索(Breadth – First Search),相应的遍历也就自然地称为广度优先遍历。

2.广度优先搜索过程

在广度优先搜索过程中,设 x 和 y 是两个相继应被访问而未访问过的顶点,它们的邻接点分别记为 x_1、x_2、x_s 和 y_1、y_2、y_t。

为确保先访问的顶点其邻接点亦先被访问,在搜索过程中使用 FIFO 队列来保存已访问过的顶点。当访问 x 和 y 时,这两个顶点相继入队。此后,当 x 和 y 相继出队时,分别从 x 和 y 出发搜索其邻接点 x_1、x_2、x_s 和 y_1、y_2、y_t,对其中未被访者进行访问并将其入队。这种方法是将每个已访问的顶点入队,保证了每个顶点至多只有一次入队。

3. 广度优先搜索算法

广度优先遍历算法类似于 DFSTraverse。

对每一连通图部分的广度优先搜索遍历算法步骤可归纳如下。

(1)从初始顶点 v 出发,访问顶点 v 并标记顶点 v 为已访问。

(2)顶点 v 进队列。

(3)当队列非空时继续执行,否则算法结束。

(4)出队列取得队头顶点 x。

(5)查找顶点 x 的第一个邻接顶点 w。

(6)若顶点 x 的邻接顶点 w 不存在,则转到(3),否则循环执行下列步骤:

①若顶点 w 尚未被访问,则访问顶点 w 并标记顶点 w 为已访问;

②顶点 w 入队列;

③查找顶点 x 的下一个邻接顶点 w,转到(6)。

类似地,广度优先遍历图所得的顶点序列,简称 BFS 序列(一个图的 BFS 序列不是唯一的)。给定了源点及图的存储结构时,广度优先遍历图所得的 BFS 序列就是唯一的。例如,图 7 - 8 中 G_7 以邻接矩阵为存储结构,以 v_0 为出发点的 BFS 序列为 $v_0, v_1, v_3, v_4, v_2,$ v_6, v_5, v_7。

广度优先搜索不是一个递归的过程,其算法也不是递归的。为实现逐层访问,算法中使用了一个队列,以记忆正在访问的这一层和上一层的顶点,以便于向下一层访问。另外,与深度优先搜索过程一样,为避免重复访问,需要一个辅助数组 visited[ ] 给被访问过的顶点加标记。下面给出广度优先搜索的算法 BFS 和 BFSM。

(1)邻接表表示图的广度优先搜索算法。

```
void BFS(ALGraph * G,int k)
{                                         //以 vk 为源点对用邻接表表示的
                                          图 G 进行广度优先搜索
  int i;
  CirQueue Q;                             //须将队列定义中 DataType 改为
                                          int EdgeNode * p;
  InitQueue(&Q);                          //队列初始化
                                          //访问源点 vk printf("visit
                                          vertex:% e",G -> adjlist
                                          [k].vertex); visited[k] =
                                          TRUE;
  EnQueue(&Q,k);                          //vk 已访问,将其入队(实际上是
                                          将其序号入队)
  while(! QueueEmpty(&Q))
  {                                       //队非空则执行
    i = DeQueue(&Q);                      //相当于 vi 出队
    p = G -> adjlist[i].firstedge;        //取 vi 的边表头指针
    while(p)
    {                                     //依次搜索 vi 的邻接点 vj(令 p
                                          -> adjvex = j) if(! visited
                                          [p -> adivex])
```

```
        {                                      //若 vi 未访问过
          printf("visitvertex:% c",G - > adjlist[p - > adjvex).vertex);
                                               //访问 vi
          visited[p - > adjvex] = TRUE;
          EnQueue(&Q,p - > adjvex);            //访问过的 vj 入队
        }                                      //end if
      } p = p - > nextedge;                    //找 vi 的下一邻接点
      }                                        //end while
    }                                          //end while
}                                              //end of BFS
```

（2）邻接矩阵表示图的广度优先搜索算法。

```
void BFSM(MGraph * G,int k)
{                                              //以 vk 为源点对用邻接矩阵表示
                                               //的图 G 进行广度优先搜索
Int i,j; CirQueue Q; InitQueue(&Q);
print{("vist vertex:% c",G - > vexs[k]);       //访问源点 vk
visited[k] = TRUE; EnQueue(&Q,k);
while(! QueueEmpty(&Q))
{
  i = DeQueue(&Q);                             //vi 出队
  for(j = 0;j < G - > n;j + + )                //依次搜索 vi 的邻接点 vj
    if(G - >edges[i][j] = = 1&&! visited[j]
    {                                          //vi 未访问
      print{("visit vertex:% c",G - > vexs[j];  //访问 vi visited[j] = TRUE;
      EnQueue(&Q,j);                           //访问过的 vi 入队
    }
  }                                            //end while
}                                              //end of BFSM
```

对于具有 n 个顶点和 e 条边的无向图或有向图,每个顶点均入队一次。广度优先遍历（BFSTraverse）图的时间复杂度与 DFSTraverse 算法相同。

当图是连通图时,BFSTraverse 算法只需调用一次 BFS 或 BFSM 即可完成遍历操作,此时 BFS 和 BFSM 的时间复杂度分别为 $O(n+e)$ 和 $O(n^2)$。

7.4　生成树和最小生成树

深度优先搜索或广度优先搜索在遍历无向连通图时,遍历过程中经过的边的集合和图中所有顶点一起构成连通图的极小连通子图,为连通图的一棵生成树,分别称为深度优先生成树和广度优先生成树,无向图的生成树示例如图 7-9 所示。讨论如何获得最小代价的生成树对生活中诸如通信网络的经济性和可靠性等都极具意义。

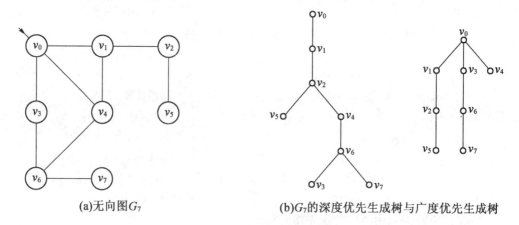

(a)无向图G_7　　　　　　　　　(b)G_7的深度优先生成树与广度优先生成树

图 7 - 9　无向图的生成树示例

7.4.1　生成树和生成森林

当无向图为非连通图时,从图中某一顶点出发,利用深度优先搜索算法或广度优先搜索算法无法遍历图的所有顶点,而只能访问到该顶点所在最大连通子图的所有顶点,这些顶点构成一个连通分量(Connected Component)。若在无向图每一连通分量中,分别从某个顶点出发进行一次遍历,就可以得到无向图的所有连通分量。

在实际算法中,需要对图中顶点逐一检测:若已被访问过,则该顶点一定是落在图中已 求得的某一连通分量上;若尚未被访问,则从该顶点出发遍历图,即可求得图的另一个连通分量。例如,图 6 - 10(a)给出了一个非连通的无向图 G,对它进行深度优先搜索,将二次调用 DFS 过程:第一次从顶点 A 出发;第二次从顶点 H 出发,最后得到原图的两个连通分量,即两个极大连通子图,如图 6 - 10(b)所示。

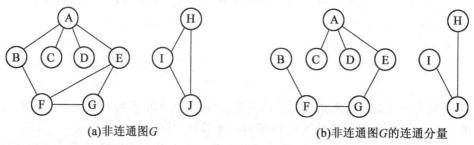

(a)非连通图G　　　　　　　　　(b)非连通图G的连通分量

图 7 - 10　非连通无向图及其连通分量

对于非连通的无向图,每个连通分量中的所有顶点集合和用某种方式遍历它的所走过的边的集合构成一个子图 G',其刚好将图的所有顶点连通但又不形成环路,就称子图 G' 是原图 G 的生成树。生成树是一个极小连通子图。

生成树具有以下两个特点:生成树任意两个顶点之间有且仅有一条路径,如果再增加一条边就会出现环路,如果去掉一条边此子图就会变成非连通图,具有 n 个顶点连通图的生成树有且仅有 $n-1$ 条边。

对于非连通图,每个连通分量中的顶点集和遍历时走过的边一起构成若干棵生成树,这些连通分量的生成树组成非连通图的生成森林。

生成树和生成森林除依赖于遍历算法外,还依赖于采用的存储结构。

7.4.2　最小生成树

对于带权的连通图(连通网)G,其生成树也是带权的。把生成树各边的权值总和称为该生成树的权,并且将权最小的生成树称为最小生成树(Minimum Spanning Tree)。

对于一个带权连通无向图,它的所有生成树中必有一棵树边的权值之和为最小值,即最小代价生成树,简称最小生成树。生成树和最小生成树有许多重要的应用。例如,网络 G 表示 n 个城市之间的通信线路网(其中,顶点表示城市,边表示两个城市之间的通信线路,边上的权值表示线路的长度或造价),可通过求该网络的最小生成树达到求解通信线路总代价最小的最佳方案。许多应用问题都是一个求无向连通图的最小生成树问题,因此找出一个网络的最小生成树具有现实意义。常见的求最小生成树的算法有两个:普里姆(Prim)算法和克鲁斯卡尔(Kruskal)算法。

7.4.3　普里姆算法

构造最小生成树可以有多种算法。其中,许多算法利用了最小生成树的下列一种简称为 MST 的性质:设 $G = (V,E)$ 是一个连通网络,U 是顶点集 V 的一个非空子集,若(u,v)是 G 中所有的一个端点在 U(即 $u \in U$)里,另一个端点不在 U(即 $v \in V-U$)里的边中具有最小权值的一条边,则一定存在 G 的一棵最小生成树包括此边(u,v)。

用反证法可以证明 MST 性质。假设网 G 的任何一棵最小生成树都不包含(u,v)。设 T 是连通网 G 的一棵最小生成树,若把(u,v)加入 T 中,由生成树的定义可知必会产生回路。另外,在原生成树 T 中(顶点 u 和顶点 v 是相通的,但 T 又不包含边(u,v)),必存在另一条边(u',u'),$u' \in U$,$v' \in V$,且 u 和 u'、v 和 v'之间均有路径相通。若删去边 (u',v'),便可消除上述回路,同时得到另一棵生成树 T'。因为(u,v)的代价比(u',v')低,所以 T' 的代价比 T 代价低,T'是包含(u,v)的一棵最小生成树,因此与假设矛盾。

普里姆(Prim)算法和克鲁斯卡尔(Kruskal)算法都是利用 MST 性质构造最小生成树的算法。普里姆(Prim)算法描述如下。

假设 $G = (V,E)$ 是一个具有 n 个顶点的连通网络,$T = (U,TE)$ 是 G 的最小生成树。其中,U 是 T 的顶点集,TE 是 T 的边集,U 和 TE 的初值均为空。算法开始时,首先从 V 中任取一个顶点(假定为 V_0),将此顶点并入 U 中,此时最小生成树顶点集 $U = \{V_0\}$。然后从那些其一个端点已在 U 中,另一个端点仍在 U 外的所有边中,找一条最短(即权值最小)的边,假定该边为 (V_i,V_j),其中 $V_i \in U$,$V_j \in V-U$,并把该边(V_i,V_j)和顶点 V_j 分别并入 T 的边集 TE 和顶点集 U。如此循环进行下去,每次往生成树里并入一个顶点和一条边,直到 $n-1$ 次后,把所有 n 个顶点都并入生成树 T 的顶点集 U 中,此时 $U=V$,TE 中包含有 $n-1$ 条边。这样,T 就是最后得到的最小生成树。如图 7-11 所示为普里姆算法构造最小生成树的过程示例。

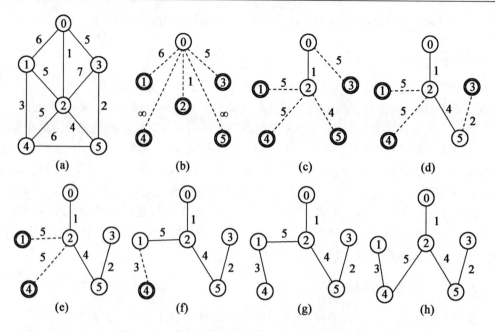

图 7 – 11 普里姆算法构造最小生成树的过程示例

为实现这个算法,需要附设一个辅助数组 closedge,以记录从 U 到 $V-U$ 具有最小代价的边。对每个顶点 $v_i \in V-U$,在辅助数组中存在一个相应分量 closedge$[i-1]$,它包括两个域:lowcost 存储该边上的权;adjvex 存储该边依附的在 U 中的顶点。在 closedge 中选择最小权的边。假设 $v_k \notin U$ 是 closedge 中具有最小权边的结点,则置 closedge$[k]$.lowcost $=0$,即将 v_k 并入 U,并修改 closedge。对于 $v_j \in U$,只需考虑可能出现的新边 (v_j, v_k) 是否具有更小的权 closedge$[j]$.lowcost $= \min\{$closedge$[j]$lowcost,$W(vj,vk)\}$,若必要,对相应的结点做修改 closedge$[j]$.adjvetex $=$ vk。

```
Struct
{
  VertexType adjvex;                        //U 集中的顶点序号
  EdgeType lowcost;                         //边的权值
} closedge[MAX_VERTEX_NUM];
void MiniSpanTree_Prim(MGpraph G,VertexType u)
{
  k = LocateVex(G,u);                       //顶点 u 为构造生成树的起始点
  for(j = 0;j < G.vexnum; + + j)            //辅助数组初始化
    if(j! =k)closedge[j] ={u,G.edges[k][j]};   //adjvex,lowcost
  closedge[k].lowcost = 0;                  //初始,U = {u}
  for(i = i;i < G.vexnum; + + i)

  {                                         //在其余顶点中选择
    k = minimum( closedge);                 //求出 T 的下一个结点:第 k 个
                                            结点

    printf(closedge[k].adjvex,G.vexs[k]);   //输出生成树的边
    closedge[k].lowcost = 0;                //第 k 顶点并入 U 集
    for(j = 0;j < G;vexnum; + + j)
```

```
    if(G.edges[k][j].adj < closedge[j].lowcost)
      closedge[j] = {G.vexs[k],G.edges[k][j]};
                                              //新顶点并入 U 后重新选择最小边
    }
  }                                           //MiniSpanTree
```

普里姆算法中每次选取的边两端,总是一个已连通顶点(在 U 集合内)和一个未连通顶点 (在 U 集合外),故这个边选取后一定能将未连通顶点连通而又保证不会形成环路。例如,对于图 7 – 11(a)中的网,利用算法将输出生成树的 5 条边:$\{(v_0,v_2),(v_2,v_5),(v_5,v_3),(v_2,v_1),(v_1,v_4)\}$。该算法的时间复杂度为 $O(n^2)$,与图中边数无关,该算法适合于稠密图。

7.4.4 克鲁斯卡尔算法

假设 $G = (V,E)$ 是一个具有 n 个顶点的连通网络,$T = (U,TE)$ 是 G 的最小生成树,U 的初值等于 V,即包含有 G 中的全部顶点,TE 的初值为空集。

基本思想:将图 G 中的边按权值从小到大的顺序依次选取,若选取的边使生成树 T 不形成环路,则把它并入 TE 中,保留作为生成树 T 的一条边;若选取的边使生成树 T 形成环路,则将其舍弃。如此进行下去,直到 TE 中包含 $n-1$ 条边为止,此时的 T 即为最小生成树。

该算法的执行步骤为:开始时假定 n 个顶点分属于 n 个集合,即每个集合中有一个顶点,当确定某条边保留作为生成树的一条边时,就将该边两端点所属的两集合合并为一个,表示原来属于两个集合的各个顶点已被这条新的边连通。如果取到某条边,发现它的两个端点已属于同一集合时,则此边应当舍去。两个顶点属于同一集合说明它们已连通,若再添上这条边,就会出现环路。如此进行下去,到所有的顶点均已属于一个集合时,此最小生成树就构成了。

用 Kruskal 算法构造最小生成树的过程如图 7 – 12 所示。

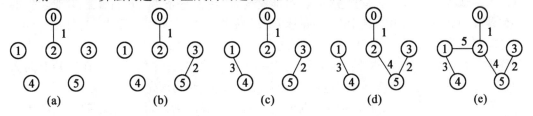

图 7 – 12　用 Kruskal 算法构造最小生成树的过程

Kruskal 算法的时间主要取决于边数,其时间复杂度为 $O(eloge)$,它较适合于稀疏图。

7.5　最短路径

通常,交通运输网络可以表示为一个带权图,用图的顶点表示城市,用图的各条边表示城市之间的交通运输路线,各边的权值表示该路线的长度或沿此路线运输所需的时间或运费等。这种运输路线往往有方向性,如汽车的上山和下山、轮船的顺水和逆水等。此时,即使是在同一对地点之间,沿正反方向的代价也不尽相同。因此,往往用有向带权图来表示交通运输网络。

所谓最短路径(Shortest Path)问题,是指从在带权图的某一顶点(称为源点)出发,找出一条通往另一顶点(称为终点)的最短路径。所谓"最短",是指沿路径各边的权值总和达到最小。

7.6　拓扑排序

所谓的拓扑排序,通俗地说就是将有向图中的顶点排成一个线性序列,使得任意顶点的前驱在该序列中位于该结点之前或任意顶点的后继在该序列中位于该结点之后。即如果有向图中 i 是 j 的前驱,在该序列中,i 应位于 j 之前;相反,如果 j 是 i 的后继,则在拓扑序列中,j 必定位于 i 之后。

通常把计划、施工过程、生产流程、程序流程等都当成一个工程。除很小的工程外,一般都把工程分为若干个称为"活动"的子工程。完成了这些活动,这个工程就可以完成了。

例如,信息管理方向软件工程专业学生的学习就是一个工程,每个学生必须学习一系列的基础课程、专业基础课程以及专业课程,每一门课程的学习就是这个工程的一个活动。这些课程(活动)可能是独立的,也可能有先修、后修等条件。软件工程专业学生的必修课程列表见表 7 - 1。其中,有些课程要求有先修课程,有些则不要求。这样在有的课程之间有领先关系,有的课程则可以并行地学习。可以利用如图 7 - 13 所示表示课程之间优先关系的有向图(AOV 网)来表示表 7 - 1 中课程学习的先修关系。在这种有向图中,顶点表示课程学习活动,有向边表示课程学习活动之间的领先(先修)关系。

假设在有向图 G 中,如果每个顶点代表一项任务或活动,弧代表活动间存在的优先关系,即弧 $<v_i, v_j>$ 表示 v_i 的活动必须先处理完后,才能处理 v_j 的活动,这种图 G 称为 AOV 网。若在 AOV 网中不存在回路,则必能产生一种活动的线性序列。其中,若 v_i 是 v_j 的前驱,则在线性序列中 v_i 必然排在 v_j 的前面,称这种线性序列为拓扑序列,在一个 AOV 网中找出拓扑序列的过程称为拓扑排序。

在 AOV 网络中,如果活动 v_i 必须在活动 v_j 之前进行,则存在有向边 $<v_i, v_j>$,并称 v_i 是 v_j 的直接前驱,v_j 是 v_i 的直接后继。这种前驱与后继的关系有传递性。此外,任何活动 v_i 不能以它自己作为自己的前驱或后继,称为反自反性。从前驱和后继的传递性和反自反性来看,AOV 网络中不能出现有向回路,即有向环。在 AOV 网络中如果出现了有向环,则意味着某项活动应以自己作为先决条件,这是不对的。如果设计出这样的流程图,工程将无法进行,对于程序而言,将出现死循环。因此,对给定的 AOV 网络,必须先判断它是否存在有向环。

　　检测有向环的办法是对 AOV 网络构造它的拓扑有序序列,即将各个顶点(代表各个活动)排列成一个线性有序的序列,使得 AOV 网络中所有应存在的前驱和后继关系都能得到满足。如果通过拓扑排序能将 AOV 网络的所有顶点都排入一个拓扑有序的序列中,则该 AOV 网络中必定不会出现有向环;相反,如果得不到满足要求的拓扑有序序列,则说明 AOV 网络中存在有向环,此 AOV 网络所代表的工程是不可行的。例如,对图 7 – 13 给出的学生选课工程图进行拓扑排序,得到的拓扑有序序列为

$$C_1,C_2,C_3,C_4,C_5,C_6,C_8,C_9,C_7(拓扑有序序列是不唯一的)$$

　　若某个学生每学期只学表 7 – 1 中的一门课程,则他必须按拓扑有序的顺序来安排学习计划,这样才能保证学习任一门课程时,其先修课程已经学过。

表 7 – 1　软件工程专业学生的必修课程列表

课程代号	课程名称	先修课程
C_1	高等数学	无
C_2	程序设计基础	无
C_3	离散数学	C_1,C_2
C_4	数据结构	C_3,C_2
C_5	面向对象程序设计	C_2
C_6	编译方法	C_5,C_4
C_7	操作系统	C_4,C_9
C_8	普通物理	C_1
C_9	计算机组成原理	C_8

　　那么,如何进行拓扑排序呢? 解决的办法比较简单。

　　(1)在有向图中选一个没有前驱的顶点且输出它。

　　(2)从图中删除该顶点和所有以它为尾的弧。

　　(3)重复上述两步:

　　①直至图中全部顶点均已输出,则拓扑排序完成;

　　②当前图中的顶点中不存在无前驱的顶点,则有向图中存在有向环。

　　以图 7 – 13 为例,图中顶点 C_1 和 C_2 没有前驱,则任选一个。假设先输出 C_2,删除 C_2 及弧 $<C_2,C_3>$、$<C_2,C_4>$、$<C_2,C_5>$后,图中 C_1 和 C_5 没有前驱,输出 C_5 且删除 C_5 及弧 $<C_5,C_6>$之后,图中只有 C_1 没有前驱,输出 C_1 且删除 C_1 及 $<C_1,C_3>$、$<C_1,C_8>$后,图中顶点 C_3 和 C_8 没有前驱,任选输出 C_8 且删除 C_8 及 $<C_8,C_9>$。依此类推,分别可得拓扑排序输出顶点 C_9,C_3,C_4,C_7,C_6。最后可得图 7 – 13 中有向图的拓扑有序序列为

$$C_2,C_5,C_1,C_8,C_9,C_3,C_4,C_7,C_6$$

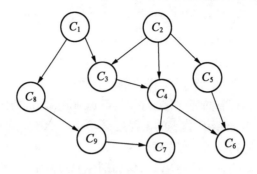

图 7 - 13　表示课程之间优先关系的有向图

该拓扑序列满足图 7 - 13 有向图的所有前驱和后继关系,对于本来没有这种关系的顶点,如 C_8 和 C_3,也排出了先后次序关系。

为在计算机中实现拓扑排序,采用邻接表作有向图的存储结构,需要增设一个数组 indegree[ ],记录各个顶点的入度,入度为零的顶点即为无前驱的顶点。另外设置一个栈 S,用以组织所有入度为零的顶点。每当访问一个顶点 v_i 并删除与它相关联的边时,这些边的另一端点的入度减 1,入度减至零的顶点进入栈 S。拓扑排序算法可以描述如下。

(1)初始化数组 indegree。

(2)建立入度为零的顶点栈。

(3)当入度为零的顶点栈不空时,重复执行:

①从顶点栈中退出一个顶点,并输出它;

②从 AOV 网络中找到从这个顶点发出的边,边的终顶点入度减 1;

③如果边的终顶点入度减至 0,则该顶点进入度为零的顶点栈,如果输出顶点个数少于 AOV 网络的顶点个数,则报告网络中存在有环。

```
Status TopologicalSort(ALGraph G)
{                                        //有向图 G 采用邻接表存储结构。若 G
                                         无回路,则输出
                                         //G 的顶点的 1 个拓扑序列并返回 OK,
                                         否则返回 ERROR
  FindlnDegree(G,indegree);
                                         // 对各顶点求入度 indegree [ 0..
                                         vernum - 1]
  InitStaek(S);
  for(i = 0;i < G.vexnum; + + i)
    if(! indegree[i])Push(S,i);
                                         //建零入度顶点栈 s,入度为 0 者进栈
  count = 0;                             //对输出顶点计数
  while(! StackEmpty(S))
}  Pop(S,i);
  Printf(i,G.adjlist[i].vertex); + + count;
                                         //输出 i 号顶点并计数
  for(p = G.adjlist[i].firstedge;p;p = p - > nextedge)
  {
```

```
    k = p - > adivex;                    //对 i 号顶点的每个邻接点的入度减 1
    if(! ( - - indegree[k]))
      Push(S,k);                         //若入度减为 0,则入栈
    }                                    //for
  }                                      //while
  ifcount < G.vexnum)return ERROR;       //该有向图有回路
  else return OK;
  }                                      //TopologicalSort
```

　　分析算法,如果 AOV 网络有 n 个顶点、e 条边,在拓扑排序的过程中搜索入度为零的顶点,建立栈所需要的时间复杂度为 $O(n)$,建立求各顶点入度的时间复杂度为 $O(e)$。在拓扑排序过程中,若有向图无环,则每个顶点进一次栈、出一次栈,入度减 1 的操作在while 语句中总共执行 e 次,所以总的时间复杂度为 $O(n+e)$。

7.7　关　键　路　径

　　与 AOV 网络密切相关的另一种网络就是 AOE(Activity on Edges)网络。如果在无有向环的有向带权图中用有向边表示一个工程中的各项活动(Activity),用有向边上的权值表示活动的持续时间(Duration),用顶点表示事件(Event),则这样的有向图称为用边表示活动的网络,简称 AOE 网络。利用 AOE 网络能够估算工程完成时间,并找出影响工程进度的关键活动,从而为决策者提供修改各活动的预计进度的依据。

　　例如,如图 7 - 14 所示为一个有 11 个活动的 AOE 网络,其中有 9 个事件 v_1,v_2,…,v_9。事件 v_1 发生表示整个工程的开始,事件 v_9 发生表示整个工程的结束。其他每一个事件 v_i 发生则表示在它之前的活动都已完成,在它之后的活动可以开始。例如,事件 v_5 发生表示活动 a_4 和 a_5 已经完成,活动 a_7 和 a_8 可以开始。图中与每个活动相联系的数(权)是执行每个活动所需的时间,如活动 a_1 需要 6 天。通常,这些时间只是估计值。在工程开始之后,活动 a_1、a_2 和 a_3 可以并行进行,在事件 v_5 发生后,活动 a_7 和 a_8 也可以并行进行。

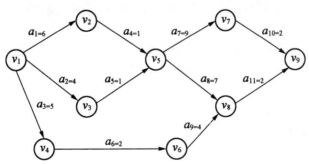

图 7 - 14　一个有 11 个活动的 AOE 网络

　　由于整个工程只有一个开始点和一个完成点,因此称开始点(即入度为零的顶点)为源点(source),称结束点(即出度为零的顶点)为汇点(sink)。

　　与 AOV 网不同的是,研究 AOE 网要考虑的问题是:

（1）完成整项工程至少需多少时间；

（2）哪些活动是影响工程进度的关键。

在 AOE 网络中，有些活动可以并行地进行。从源点到各个顶点，以至从源点到汇点的有向路径可能不止一条，这些路径的长度也可能不同。完成不同路径上的活动所需的时间虽然不同，但只有各条路径上所有活动都完成了，整个工程才算完成。因此，完成整个工程所需的时间取决于从源点到汇点的最长路径长度，即在该路径上所有活动的持续时间之和。这条路径长度最长的路径就称为关键路径（Critical Path）。

在如图 7 - 14 所示的例子中，关键路径是 a_1, a_4, a_7, a_{10} 或 a_1, a_1, a_8, a_{11}。关键路径的所有活动的持续时间之和是 18。也就是说，完成整个工程所需的时间是 18。

在图 7 - 14 中，假设开始点是 v_i，从 v_1 到 v_i 的最长路径长度称为事件 v_i 的最早发生时间。例如，只有当 a_1、a_2、a_4、a_5 这些活动都完成了时，事件 v_5 才能开始。这个时间决定了所有以 v_i（边的始顶点）为尾的弧所表示的活动（有向边 $<v_i, v_j>$）的最早开始时间，用 $e[i]$ 表示，则图 7 - 14 中 $e[5] = 7$，同理 $e[6] = 7, e[8] = 14$。在 AOE 网中也可以定义事件 v_i 的最迟允许发生时间，即在保证汇点 v_n 在 $e[n]$ 时刻完成的前提下，事件 v_i 允许的最迟发生时间，它等于 $e[n]$ 减去从 v_i 到 v_n 的最短路径长度。用 $l[i]$ 表示相应的活动 $<v_i, v_j>$ 的最迟开始时间，则图 7 - 14 中 $l[5] = 18 - 11 = 7$，而 $e[6] = 18 - 8 = 10$。规定：对于活动 a_i，$l[i] - e[i]$ 为活动的时间余量，则对于 $l[i] = e[i]$ 的活动称为关键活动。如图 7 - 14 所示，当事件 v_5 发生后，可以进行的活动 a_7 和 a_8 都是关键活动，显然关键路径上的活动都是关键活动；而当事件 v_6 发生后，可以进行的活动 a_9 则不是关键活动。对于活动 a 来说，因为最早开始时间是 7，最迟开始时间是 10，所以 a_9 在 a_6 完成后（即事件 v_6 发生后）推迟 3 天开始或延迟 3 天完成并不会影响整个工程的完成时间，也就是考虑整个工程完成时间的关键是要找出工程的关键路径（由关键活动构成）。当 AOV 网存在不止一个关键路径时，减少个别关键活动的时间未必能缩短整个工程的完成时间。图 7 - 14 中只缩短 a_7 或 a_8 不能改变整个工程的关键路径长度。

因此，分析关键路径的目的是要从源点 v_1 开始估算各个活动，辨明哪些是影响整个工程进度的关键活动，以便科学地安排工作。

为找出关键活动，就要求得各个活动的 $e[i]$ 与 $l[i]$，以判别是否 $l[i] = e[i]$。而为求得 $e[i]$ 与 $l[i]$，就要先求得从源点 v_1 到各个顶点 v_i 的最早可能发生时间 $ve[i]$ 和最迟发生时间 $vl[i]$。

假设用 $w[j,k]$ 表示有向边 $<j,k>$ 的权，即此边对应的活动 a_i 所需的时间，则有

$$e[i] = ve[j]$$
$$l[i] = vl[k] - w[j,k]$$

下面给出求 $ve[k]$ 和 $vl[k]$ 的递推公式。

（1）从源点向汇点递推。

由源点的 $ve[1] = 0$ 开始，利用公式

$$ve[k] = _{<jm,ka>x \in p}(ve[j] + w[j,k]), \quad 1 < k \leqslant n$$

向汇点的方向递推，可逐个求出各顶点的 $ve[i]$。式中，p 表示所有指向顶点的边的集合。此式的意义为：从指向顶点 vk 的各边的活动中取最晚完成的一个活动的完成时间作为 vk 的最早发生时间 $ve[k]$。

（2）向源点递推。

由上一步的递推，最后可求出汇点的最早发生时间 $vl[n]$。汇点就是结束点，最迟发生时间与最早发生时间相同，即 $vl[n] = ve[n]$。从汇点的最迟发生时间 $vl[n]$ 开始，利用公式

$$vl[j] = <jm,ki>n \in p(vl/[k] - w[j,k]), \quad 1 \leqslant j < n$$
$$(j,k) \in p$$

向源点的方向往回递推，可逐个求出各顶点的最迟发生时间 $vl[i]$。式中，s 表示所有由 v_j 点指出的边的集合。此式的意义为：由从 v_j 顶点指出的各边所代表的活动中取需最早开始的一个开始时间作为 v_j 的最迟发生时间。

对所有的有向边，向汇点递推是先求出尾顶点 $ve[i]$ 的值，再求头顶点 $ve[i]$ 的值；向源点递推则相反，先求头顶点 $vl[i]$ 的值，再求尾顶点 $vl[i]$ 的值。为此，可利用上节介绍的拓扑排序得到的顶点次序进行向汇点的递推，向源点的递推按相反的顺序进行即可，不必再重新排序。

由此可得求关键路径的算法如下：

（1）输入 e 条带权的有向边，建立邻接表结构；

（2）从源点 v_0 出发，令 $ve[1] = 0$，按拓扑有序的顺序计算每个顶点最早发生时间 $ve[i](i = 1,2,\cdots,n)$，若拓扑排序的循环次数小于顶点数 n，则说明网络中存在有向环，不能继续求关键路径；

（3）从汇点 v_{n-1} 出发，令 $vl[n] = ve[n]$，按逆拓扑有序顺序求各顶点的 $vl[i](i = n-1,n-2,\cdots,1)$；

（4）根据各顶点的 $ve[i]$ 和 $vl[i]$ 值，求各有向边的 $e[k]$ 和 $l[k]$，若有向边（弧）满足条件 $e[k] = l[k]$，则该有向边为关键活动。

由于计算各顶点的 ve 值是在拓扑排序的过程中进行的，因此相对拓扑排序的算法要做相应修改：在拓扑排序之前设初值，令 $ve[i]$ 为 $0(0 \leqslant i \leqslant n-1)$。增加一个计算 v_j 的直接后继 v_k 的最早发生时间的操作：若 $ve[j] + W[j,k] > ve[k]$，则 $ve[k] = ve[j] + W[j,k]$。为了能按逆拓扑有序序列的顺序计算各顶点的 vl 值，需记下在拓扑排序过程中的拓扑有序序列，这需要增设一个栈以记录拓扑有序序列，则在计算求得各顶点的 ve 值之后，从栈顶至栈底便为逆拓扑有序序列。

```
Status TopologicalOrder(ALGraph G,Stack&T)
{                                        //有向图 G 采用邻接表存储,求各顶点
                                         事件的最早发生 ve(全局变量)。T 为拓
                                         扑序列顶点栈,S 为零入度顶点栈。若 G
                                         无回路,则用栈 T 返回 G 的一个拓扑序
                                         列,且函数值为 ok,否则为 Error
FindlnDegree ( G, indegree)              //对各顶点求入度  indegree [ 0..
                                         vernum - 1)
                                         //建零入度顶点栈 S
{
  InitStack(S);
  for(i = 0;i < G.vexnum; + + i)
    if(! indegree[i])Push(S,i);
  InitStack(T);count = 0;ve[0..G.vexnum - 1] = 0;
                                         //初始化
  while(! StackEmpty(S))
```

```
    {
      pop(s,j);push(T,j); + + count;              //顶点 j 入 T 栈并计数
      for(p = G.adjlist[j].firstedge;p;p = p - > nextedge)
      {
        k = p - > adjvex;
        if( - - indegree[k] = = 0)Push(s,k);      //入度为 0 的顶点入栈
        if(ve[j] + * (p - > info) > ve[k])ve[k] = ve[j] + * (p - > info);
      }
    }                                             //while
    if(count < G.vexnum)return error;             //存在回路
    else return ok;
  }


S tatus CriticalPath(ALGraph)
  {                                               //G 为有向图,输出 G 的各项关键活动
  if(! TopologicalOrder(G,T))return error;
  vl[0..G.vexnum - 1) = ve[G.vexnum - 1];         //初始化最迟发生时间
  while(! StackEmpty(T))
    for(Pop(T,j),p = G.adjlist[j].firstedge;p;p = p - > nextedge)
    {
      k = p - > adjvex;w = * (p - > info)         //w[j,k]
      if(vl[kk] - w < vl[j])vl[j] = vl[k] - w;
    }                                             //for
  for(j = 0;j < G.vexnum; + + j                   //求 ve,vl 及关键活动
    for(p = G.adjlist[j];p;p = p - > nextedge)
    {
      k = p - > adjvex;w = * (p - > info);
      ve = ve[j];vl = vl[k] - w;
      tag = (ve = = vl)? ' * ':'';
      printf(j,k,w,ve,vl,tag);                    //输出关键活动
    }
  }                                               //CriticalPath
```

　　在拓扑排序求 $ve[i]$ 和逆拓扑排序求 $vl[i]$ 时所需时间为 $O(n+e)$,求各个活动的 $e[k]$ 和 $l[k]$ 时所需时间为 $O(e)$,总共花费时间仍然是 $O(n+e)$。

　　例如,如图 7 – 14 所示 AOE 网中顶点的发生时间和活动的开始时间见表 7 – 2。表中 $l-e$ 为 0 的活动(即关键活动)为 $a_1,a_4,a_7,a_8,a_{10},a_{11}$。这些关键活动构成两条关键路径,即关键路径$(v_1,v_2,v_5,v_7,v_9)$ 和 (v_1,v_2,v_5,v_8,v_9)。

表 7 – 2　如图 7 – 14 所示 AOE 网中顶点的发生时间和活动的开始时间

顶点(事件)	$ve[i]$	$vl[i]$	活动	$e[i]$	$l[i]$	$l[i]-e[i]$
v_1	0	0	a_1	0	0	0
v_2	6	6	a_2	0	2	2

续表 7 − 2

顶点（事件）	$ve[i]$	$vl[i]$	活动	$e[i]$	$l[i]$	$l[i]-e[i]$
v_3	4	6	a_3	0	3	3
v_4	5	8	a_4	6	6	0
v_5	7	7	a_5	4	6	2
v_6	7	10	a_6	5	8	3
v_7	16	16	a_7	7	7	0
v_8	14	14	a_8	7	7	0
v_9	18	18	a_9	7	10	3
			a_{10}	16	16	0
			a_{11}	14	14	0

显然,用 AOE 网来估算某些工程的完成时间是有效和实用的。在安排工程时,对于关键活动和余量小的活动应重点保证,余量较大的活动可适当地放松些,对非关键活动加速进行并不能使整个工程提前完成,只有提高关键路径上的活动的效率,才能缩短整个工程的工期。

7.8　基本能力上机实验

按照图的"邻接矩阵"存储结构实现最小生成树的 Prim 算法,并以如图 7 – 15 所示的一个带权的无向网为例进行验证。

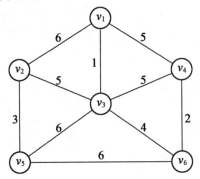

图 7 – 15　一个带权的无向图

头文件:

```
#include "stdio.h"
#include < conio.h >
# include < stdlib.h >
# define max_vertex_num 20
# define maxvalue 999
# define NULL 0
```

类型定义：

```
typedef int adjmatrix[max_vertex_num][max_vertex_num];
typedef struct {
  int * * arcs;
  int vexnum,arcnum;
}mgraph, * pmgraph;
void Creatgraph( int n)                        //创建无向图
{  void printgraph(pmgraph pg,int n);
   void Minprimtree(pmgraph pg,int n);
   pmgraph pg;
     int i =1,j =1,x,y,k,weight;
   pg =(pmgraph)malloc(sizeof(mgraph));        //动态申请内存空间
     for(x =1;x < =n;x + +)
       for(y =1;y < =n;y + +)
         pg - >arcs[x][y] =maxvalue;
     while(! (i = =0 && j = =0))
   {
     printf("please input the edge (for example 1 -2,and end by 0 -0)... \t");
     scanf("% d-% d",&i,&j);
     if(i >0&&i < =n&&j >0&&j < =n)
     {   printf("please input the weight of the edge:............. \t \t");
       scanf("% d",&weight);
       pg - >arcs[i][j] =weight;
       pg - >arcs[j][i] =weight;
       printf(" \n");

     }
     else if(i = =0&&j = =0)
      ;
     else printf("Error!") ;
   }/* while */
   printf(" \n \n \n* * * * * * * * * * *Create Success! * * * * * * * * * * *
* \n");
   printf("Press anykey to print the Graph..... ");
   getch();
   printf(" - - -The Graph is:...... \n \n") ;
   for (i =1;i < =n;i + +)
     {for(j =1;j < =n;j + +)
     printf("% 5d",pg - >arcs[i][j]);
     printf(" \n");
     }
   Minprimtree(pg,n);
   return;
}
```

```
void Minprimtree(pmgraph pg,int n)
{
int i,j,min,p,k;
struct{
  int adjvex;
  int lowcost;
  }closedge[max_vertex_num];
printf("please input the Vertex number you want to begin...\t");
scanf("% d",&k);
  if(k>n||k<1)
  {
    printf("Error! \n");
    return;
  }
  for(j=1;j<=n;j++)
    if(j! =k)
    {
      closedge[j].adjvex=k;
      closedge[j].lowcost=pg->arcs[k][j];
    }
  closedge[k].lowcost=0;
  printf(" \n The mixtree produced by prim....\n\n");
  for(i=1;i<n;i++)
  {
    p=1;
    min=maxvalue;
    for(j=1;j<=n;j++)
      if(closedge[j].lowcost! =0&&closedge[j].lowcost<min)
      {
        min=closedge[j].lowcost;
        p=j;
      }
    printf("edge% d is:(% d-% d)Theweight is % d\n",i,closedge[p].adjvex,
p,min);
    closedge[p].lowcost=0;
    for(j=1;j<=n;j++)
      if(pg->arcs[p][j]<closedge[j].lowcost)
      {
        closedge[j].lowcost=pg->arcs[p][j];
        closedge[j].adjvex=p;
      }

  }

}
```

```
int main()
{
    int n;
    printf("\tHello,Welcome!   This code is about Graph! Coded by LiuGuixue....
\n\n");
    printf("* * * * * * * * * * * * * * * * * * * * * * * * * * * * * * *
* * * * * * * * * \n\n");
    printf("Please input Vertex number:....\t");
    scanf("% d",&n);
    Creatgraph(n);
    printf("\nPress anykey to exit!.....");
    getch();
    return 0;
}
```

7.9　拓展能力上机实验

按照图的"邻接表"存储结构表示 AOE 网络,实现求其关键路径的算法,并验证如图 7 – 16所示一个 AOE 网络的关键路径。

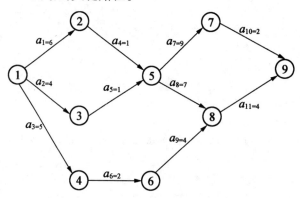

图 7 – 16　一个 AOE 网络

头文件:
```
# include <iostream.h>
# include <stdlib.h>
# define max_vertex_num 50
# define maxvalue 32760
# define NULL 0
```
类型定义:
```
typedef struct edgenode{
    int adjvex;
struct edgenode *next;
int weight;
```

```
}edgenode, * pedgenode;
typedef struct vnode{
  int data;
  struct edgenode * firstarc;
}vnode,adjlist[max_vertex_num], * pvnode;
void creatgraphadlist(pvnode &pn,int n)        // 依次输入顶点偶对,建立无向图邻
                                                  接表

{
  edgenode *p;
  int i,j,k,wei;
  i=j=1;
  pn=(pvnode)malloc((n+1) * sizeof(vnode));
  for(k=1;k<=n;k++)
    pn[k].firstarc=NULL;                       //初始化每个链表为空
  for(int f=1;!(i==0&&j==0);)
  {
    cout<<"请输入第"<<f<<"条弧的两个顶点序号,以(0,0)表示结束: ";
    cin>>i>>j;
    if(i>0&&i<=n&&j>0&&j<=n)
    {
      p=(edgenode * )malloc(sizeof(edgenode));
                                               //生成一个节点
      p->adjvex=j;                             //为节点 j 的序号附值为 j
      p->next=pn[i].firstarc;                  //将该 p 节点作为第 i 个链表的第一个
                                                 节点插入 pn[i]之后
      pn[i].firstarc=p;                        //将接点 j 作为第一个接点插入连表 i
                                                 的后面
      cout<<"请输入该边的权值(即时间):";
      cin>>wei;p->weight=wei;
      f++;
    }
    else if(i==0&&j==0)
      ;                                        //什么也不做
    else cout<<"你输入的序号不符合要求,请重新输入.\n";
  }                                            //for
  cout<<" - - - - - - - - - - - - - - - - - - - - - - - - - - - - - - - -
- - - - - - - - - - - - \n";
}
void findindegree(pvnode pn,int n,int * deg)
{
  for(int i=1;i<=n;i++)                        //第 0 个元素不用
    deg[i]=0;                                  //对数组进行初始化,全部置 0
  pedgenode pk;
  for(i=1;i<=n;i++)                            //对邻接表进行遍历
```

```
    {
      pk = pn[i].firstarc;
      for(;pk;pk = pk - > next)
        deg[pk - > adjvex] + +;                //数组相应元素自增
    }
}
int ve[max_vertex_num];                        //存放各点发生的最早时刻(全局变量)
int st[max_vertex_num];                        //存放拓扑序列各顶点的栈(全局变量)
int top2;                                      //(全局变量)
void topologicalorder(pvnode pn,int n,int * tt)
{
    int indegree[max_vertex_num];              //该数组存放各顶点的入度
    int ss[max_vertex_num];                    //设计栈 ss,用以存放入度为 0 的顶点
                                               //的信息

    int * deg;int j;
      deg = indegree;
    findindegree(pn,n,deg);
    for(int i = 1;i < =n;i + +)                //ve[0]不用
      ve[i] = 0;                               //初始化
    int top1;
    top1 = top2 = 0;                           //top1 和 top2 为栈顶指针,分别指向
                                               //栈 ss 和 tt,初始值均为 0(即栈为空)

    for(i = 1;i < =n;i + +)
      if(! indegree[i])                        //若顶点 i 入度为 0,则进栈
        ss[ + +top1] = i;
    int count = 0;                             //对输出顶点计数
    cout < < "该图的拓扑排序为: \n";
    while(top1)                                //若 ss 非空,进入循环
    {
      j = ss[top1 - -];                        //i 出栈
      cout < <j< < "  ";                       //输出 i 顶点序号
        tt[ + +top2] = j;                      //将 i 进入 tt 栈
      count + +;                               //计数
      for(pedgenode p = pn[j].firstarc ;p;p = p - >next )
      {
        int k = p - > adjvex ;
        indegree[k] - -;                       //对每一个以 i 为弧尾的顶点,将他们
                                               //的入度减 1

        if(! indegree[k])
        ss[ + +top1] = k;                      //如果减为 0,则入栈。因为若入度为
                                               //x,必然要自减 x 次才能如栈,所以可以
                                               //避免重复进栈

        if((ve[j] +p - >weight) >ve[k])
          ve[k] = ve[j] +p - >weight;          //显然此时 j 是 k 的前驱,且 ve[j]是
```

```
                                              j 发生的最早时间
      }
    }
    if( count < n )
    {
      cout < < " \n 该图存在环——错误！ \n";
      return;
    }
    cout < < " \n - - - - - - - - - - - - - - - - - - - - - - - - - - - " < < endl;
    cout < < "各顶点发生的最早时间如下" < < endl;
    for( i = 1;i < = n;i + + )
      cout < < "顶点(" < < i < < ")的最早发生时间为:" < < ve[ i ] < < endl;
      cout < < " \n - - - - - - - - - - - - - - - - - - - - - - - - - - - " < < endl;
}


void criticalpath( pvnode pn,int n,int * tt)
{
    int j,k,dut,ee,el,tag,f = 1;
    pedgenode p;
    int vl[ max_vertex_num];                 //存放各点发生的最迟时刻
    for( int i = 1;i < = n;i + + )
      vl[ i ] = ve[ n ];                     //用顶点 n 的最早时间初始化各顶点的
                                             最迟时间

    while( top2 )
    {
      j = tt[ top2 - - ];                    //出栈
      for( p = pn[ j ].firstarc ;p;p = p - >next )
      {
      k = p - >adjvex ;
      dut = p - >weight;
      if(( vl[ k ] - dut) < vl[ j ])vl[ j ] = vl[ k ] - dut;
      }
    }
    cout < < "经计算该图的关键路径如下: \n";
    for( j = 1;j < = n;j + + )
      for( p = pn[ j ].firstarc ;p;p = p - >next )
      {
        k = p - >adjvex   ;
        dut = p - >weight ;
        ee = ve[ j ];el = vl[ k ] - dut;
        if( ee = = el)                       //ee = = el,说明是关键活动
        cout < < "第" < < f + + < < "条关键活动为:" < < j < < " - - " < < k < < endl;
                                             //打印关键活动
      }
```

```
        }
    int main( )
    {
        int n, * tt;
        pvnode pn;
        tt = st;
        cout < < "请输入图的顶点个数:";
          cin > >n;
          cout < < " - - - - - - - - - - - - - - - - - - - - - - - - - - - - " < <endl;
        creatgraphadlist(pn,n);
        topologicalorder(pn,n,tt);
        criticalpath(pn,n,tt);
        return 0;
    }
```

7.10   习   题

1.在如图 7-17 所示的有向图 G 中:

(1)该图是否强连通图? 若不是,给出其强连通分量;

(2)该图是否存在有向环? 如果有,请给出有向环;

(3)请给出每个顶点的入度和出度;

(4)请给出该图的邻接矩阵、邻接表和逆邻接表。

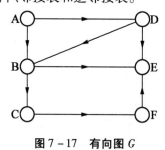

图 7-17   有向图 G

2. 对 n 个顶点的无向图和有向图,分别采用邻接矩阵和邻接表表示时,如何获得以下信息:

(1)图中有多少条边?

(2)任意两个顶点 i 和 j 是否有边相连?

(3)任意一个顶点的度是多少?

3. 具有 n 个顶点的连通图至少有多少条边? 如果是强连通图呢?

4. 对于如图 7-18 所示的有向图 G',试给出:

(1)从顶点①出发进行深度优先搜索所得到的 DFS 树顶点搜索序列;

(2)从顶点②出发进行广度优先搜索所得到的广度优先生成树和顶点搜索序列。

5. 对如图 7-19 所示的无向带权图 G:

(1)写出它的邻接矩阵,并按普里姆算法求其最小生成树;

（2）写出它的邻接表，并按克鲁斯卡尔算法求其最小生成树。

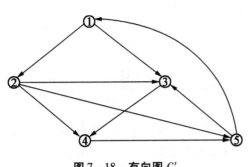

图 7-18　有向图 G'

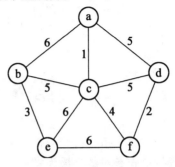

图 7-19　无向带权图 G

6.编写一个完整的程序，完成 Kruskal 求连通网络的最小生成树算法的实现（给出相应结点及边的结构类型定义和说明），网络的最小生成树如图 7-20 所示。

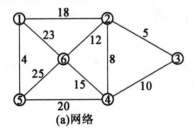

(a)网络

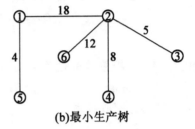

(b)最小生产树

图 7-20　网络的最小生成树

第8章 查 找

查找运算是指在待查数据表中确定一个其关键字等于给定值的记录或数据元素的操作。查找操作是对数据最为常见的操作之一：若查找成功，则查找结果应为所找到的记录在查找表中的位置或全部信息；若查找失败，则查找结果应为空记录或空指针等。根据对待查数据表施加的不同操作，一般将查找表分为静态查找表和动态查找表。

8.1 静态查找表

若内存中的一组数据相对稳定，仅对其进行查找操作，几乎不对其进行插入和删除操作，则称这组数据为静态查找表。静态查找表一般采用顺序存储的存储方式，与之对应的查找技术称为静态查找技术。

8.1.1 顺序表的查找

静态查找表最简便的存储方式为顺序存储，一般采用线性表来进行存储，因此顺序查找(Sequential Search)又称线性查找。在高级语言中，可以利用数组方便地实现对数据的顺序存储。对于用数组实现顺序存储的一组待查数据，可以采用简单直观的按数组顺序逐个查找的方法，既可以从前向后查找，也可以从后向前查找。通常采用带监视哨兵的从后向前的查找方法，即将数据分别存入下标从 1 至 n 的存储位置，空出下标为 0 的存储位置作为哨兵位，用来存储待查数据 k；然后从 n 下标位置开始向前查找数据 k，直到找到为止；最后根据查找到的数据 k 值所在的下标位置 i 来判断查找是否成功，若 i 大于 0 则表示查找成功，若 i 等于 0 则表示查找失败。

【例 8-1】 带监视哨兵的顺序表的查找。

```c
#include <stdio.h>
int main(int argc, char *argv[])
{
  int array[11] = {0, 50, 100, 35, 75, 80, 90, 65, 15, 45, 20};
  int i, k;
  printf("请输入要查找的 k 值:");
  scanf("%d", &k);
  array[0] = k;
  for(i = 10; i >= 0; i--)
    if(array[i] == k) break;
  if (i > 0)
    printf("关键字下标 i = %d,k 值%d 查找成功! \n", i, k);
```

```
else
    printf("关键字下标 i = % d,k 值% d 查找失败! \n", i, k);
return 0;
}
```

例 8 - 1 的运行结果如图 8 - 1 所示。

图 8 - 1 例 8 - 1 的运行结果

例 8 - 1 实现了带监视哨兵的顺序表的查找,利用哨兵不仅免去了在查找过程中频繁检测整个表是否查找完毕的操作,还有效地避免了数组下标越界。当然,哨兵位也可以设置在高下标位置,同理从前向后查找。其实,无论从后向前查找还是从前向后查找,无论查找成功还是查找失败,无论设置哨兵位还是不设置哨兵位,该算法的时间复杂度均为 $O(n)$,即

$$\frac{1}{n}\sum_{i=1}^{n} i = \frac{n+1}{2}$$

另外,这种按顺序逐个比较的查找方法不仅适用于顺序存储的查找表的查找,也适用于链式存储的查找表的查找。

8.1.2 有序表的查找

顺序查找既适用于无序表的查找,也适用于有序表的查找。然而,对于有序表的查找,可以采用折半查找(Binary Search)方法来提高查找的效率。折半查找方法是一种效率较高的技术,适用于采用顺序存储结构的有序线性表中元素的查找,其思想为:首先将待查数据 k 与有序线性表中间位置元素进行比较,若相等则查找成功;若待查数据 k 大于或小于中间位置元素,则利用中间位置将有序线性表划分成两个有序子表,再在大于或小于中间位置的那一半子表中查找;重复上述操作,每次缩小一半的查找范围,直至查找成功,若在某次查找中子表为空,则表示查找失败。

【**例 8 - 2**】 折半查找有序表。

```
#include < stdio.h >
int main(int argc, char * argv[])
{
    int array[10] = {15, 20, 35, 45, 50, 65, 75, 80, 90, 100};
    int k, low, high, mid;
    printf("请输入要查找的 k 值:");
    scanf("% d", &k);
    low = 0; high = 9;
    while (low < = high)
    {
        mid = (low + high) /2;
```

```
    if (k = = array[mid])
      break;
    else
      if (k < array[mid])
        high = mid - 1;
      else
        low = mid + 1;
  }
  if (low < = high)
    printf("左边界下标 low = % d,右边界下标 high = % d,关键字下标 mid = % d,k 值%
d 查找成功! \n", low, high, mid, k);
  else
    printf("左边界下标 low = % d,右边界下标 high = % d,中间位置下标 mid = % d,k
值% d 查找失败! \n", low, high, mid, k);
  return 0;
}
```

例 8 - 2 的运行结果如图 8 - 2 所示。

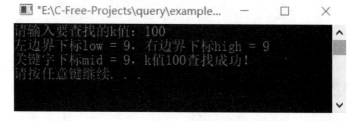

图 8 - 2　例 8 - 2 的运行结果

例 8 - 2 实现了折半查找有序表,利用折半查找方法提升了查找效率。折半查找过程如图 8 - 3 所示。

当然,折半查找也适用于递减顺序的有序表中元素的查找。其实,无论递增有序表还是递减有序表,无论奇数个元素还是偶数个元素,无论查找成功还是查找失败,该算法的时间复杂度均近似为 $O(\log_2 n)$。

另外,折半查找有序表的方法也可以用递归方法实现。

8.1.3　索引顺序表的查找

索引顺序查找又称分块查找(Blocking Search),是一种效率介于顺序查找和折半查找之间的一种查找方法。索引顺序查找首先将查找表分成若干块,保证块间有序,块内有序无序均可;然后将每块中最大或最小的元素以及每块中的第一个元素的地址存入索引表中;最后根据待查数据在索引表中进行查找,当确定待查数据属于哪一块后,再在块内进行查找。例如,带索引表的分块查找表如图 8 - 4 所示,表中含有 15 个元素,可分为 3 块,每块 5 个元素,将每块中最大的元素及每块首地址存入索引表中。

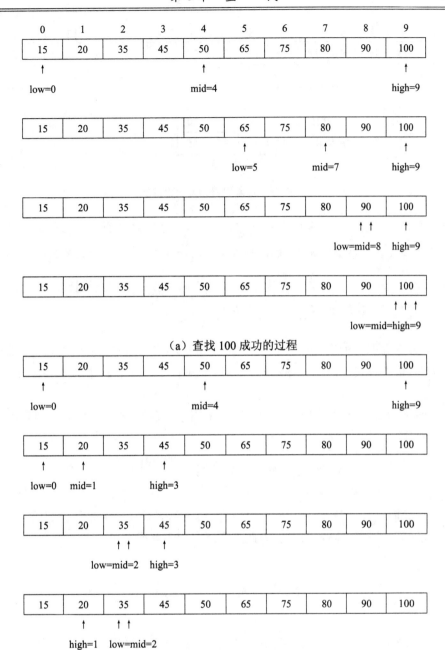

（a）查找 100 成功的过程

（b）查找 25 失败的过程

图 8 - 3   折半查找过程

图 8 - 4 中查找表的分块保证了块间有序,即块 1 最大关键字小于块 2 中的最小关键字,块 2 中的最大关键字小于块 3 中的最小关键字。此时,查找可分为两步进行,首先采用顺序查找或折半查找在索引表中确定待查数据所在的块,然后再在该块中进行顺序查找。当然,也可以不平均分块,只需索引表中额外保存每块的长度即可。

0	1	2	3	4	5	6	7	8	9	10	11	12	13	14
19	13	10	9	18	26	23	25	28	37	40	46	55	43	51
←	块1			→	←	块2			→	←	块3			→

块起始地址	0	5	10
块内最大元素	19	28	55

索引表

图 8-4 带索引表的分块查找表

设一个带索引表的查找表长为 n,被平均分成 m 块,每块中有 s 个元素。再假定查找表中每个元素的查找概率相等,即每块被查找的概率为 $\dfrac{1}{m}$,每个元素被查找的概率为 $\dfrac{1}{s}$。

若在块间及块内均采用顺序查找的方法,则分块查找的平均查找长度为

$$ASL_{分块} = L_{块间} + L_{块内} = \frac{m+1}{2} + \frac{s+1}{2} = \frac{1}{2}\left(\frac{n}{s} + s\right) + 1$$

可见,分块查找的平均长度与 n 和 s 有关。容易证明,在给定 n 的前提下,当 s 取 $\sqrt{n}$ 时,分块查找的平均长度最小为 $\sqrt{n} + 1$。此时,分块查找的性能高于顺序查找,但低于折半查找。

若块间采用折半查找方法进行查找,块内采用顺序查找方法进行查找,则分块查找的平均查找长度为

$$ASL_{分块} = L_{块间} + L_{块内} \approx \log_2\left(\frac{n}{s} + 1\right) + \frac{s}{2}$$

虽然分块查找需要额外增加一个索引表,增加了存储空间,但是分块查找要求分块内部无须有序,使得插入和删除操作仅在块内进行,且不需要移动大量数据,从而大大提升了线性表的灵活性和整体查找速度,因此被广泛应用于数据查找中。

8.2 动态查找表

若内存中的一组数据不太稳定,不仅经常对其进行查找操作,还经常对其进行插入和删除操作,则称这组数据为动态查找表。动态查找表一般采用链式存储的存储方式,与之对应的查找技术称为动态查找技术。

8.2.1 二叉查找树

1. 二叉查找树的定义

二叉查找树(Binary Search Tree)又称二叉排序树(Binary Sort Tree),是一种查找、插入和删除效率均较高的特殊二叉树。二叉查找树或者是一棵空树,或者是具有下列性质的二叉树:

(1)若其左子树不空,则左子树上所有结点的值均小于其根结点的值;

(2)若其右子树不空,则右子树上所有结点的值均大于其根结点的值;

（3）其左、右子树也分别为二叉树。

从二叉查找树的定义可以知道：首先它是一个二叉树；然后采用了递归的定义方法；最后它的结点之间满足一定的次序关系，即左子树结点一定比其双亲结点小，右子树结点一定比其双亲结点大。因此，二叉查找树有一个重要的性质，即中序遍历一颗二叉查找树时可以得到一个结点值递增的有序序列。

例如，如图 8 - 5 所示为二叉查找树，若中序遍历该二叉查找树，可得到有序序列为 $\{10, 12, 17, 25, 28, 32, 40, 55, 66, 77\}$。

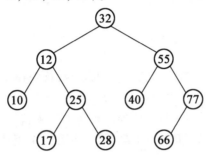

图 8 - 5　二叉查找树

其实，构造一颗二叉查找树的目的并不是为了排序，而是为了提高查找、插入和删除操作的性能。显而易见，在一个有序查找表上进行查找，速度一般快于无序查找表，而二叉查找树这种非线性结构既有利于查找操作，又有利于插入和删除操作。

2. 二叉查找树的查找

可以将二叉查找树看成一个有序查找表，且左子树上的所有结点值均小于根结点值，右子树上的所有结点值均大于或等于根结点值，因此二叉查找树的查找可以参考折半查找的思想，其查找过程为：若二叉查找树为空，则查找失败；否则，将待查数据与根结点值相比较，若相等则查找成功，若不相等则根据比较结果选择去左子树还是右子树中查找。若待查数据小于根结点值，则继续在左子树中查找；若待查数据大于根结点值，则继续在右子树中查找。显而易见，在二叉查找树的查找过程中，每层最多比较一个结点值，因此总查找时间最多为该二叉查找树的深度。当二叉查找树为满二叉树且只在最后一层缺少部分结点时，该二叉查找树的深度为 $(\log_2 n) + 1$，此时时间复杂度为 $O(\log_2 n)$。当二叉查找树中任何一个结点都仅有一个子节点时，该二叉查找树的深度为 n，此时时间复杂度为 $O(n)$。

可以定义一个二叉查找树结点结构。

```
typedef struct
{
  int key;
  struct BSTNode *LChild, *RChild;
} BSTNode, *BSTree;
```

根据二叉查找树的定义，参考折半查找的思想，显然用递归算法实现较为直观，因此可以采用递归算法实现二叉查找树的查找。

```
BSTNode * Recursive_Search(BSTNode *p, int k)
{
  BSTNode *temp = p;
```

```
   if (temp)
   {
     if (k = = temp - >key)
       return temp;
     if (k < temp - >key)
       return Recursive_Search(temp - >LChild, k);
     else
       return Recursive_Search(temp - >RChild, k);
   }
   return NULL;
}
```

上述代码采用递归算法实现二叉查找树的查找,首先判断该二叉查找树是否为空,若为空则返回空指针,若不为空则将待查数据 k 与根结点值 key 相比较:若 k = key,则查找成功并返回根结点的地址;若 k < key,则递归查找左子树;若 k > key,则递归查找右子树。另外,递归算法虽然逻辑简单,但效率不高,因此也可以采用迭代算法实现二叉查找树的查找。

```
BSTNode * Iterative_Search(BSTNode *p, int k)
{
   BSTNode *temp = p;
   while (temp)
   {
     if (k = = temp - >key)
       return temp;
     if (k < temp - >key)
       temp = temp - >LChild;
     else
       temp = temp - >RChild;
   }
   return NULL;
}
```

上述代码采用迭代算法实现二叉查找树的查找,利用 while 循环从根结点开始查找,将待查数据 k 与根结点值 key 相比较:若 k < key,则继续查找左子树;若 k > key,则继续查找右子树;若 k = key,则搜索成功。当查找到空子树时,终止查找并返回空指针意味着查找失败。

3. 二叉查找树的插入

二叉查找树的插入过程为:若二叉查找树为空则将待插入数据作为根结点插入到空树中,若二叉查找树不为空则将待插入数据与根节点值相比较;若待插入数据小于根结点值则将其插入左子树,若待插入数据大于根结点值则将其插入右子树。例如,在如图 8 - 5 所示的二叉查找树中插入元素 88,首先将待插入数据 88 与根结点值 32 比较。由于 88 > 32,因此将 88 插入到右子树,然后将待插入数据 88 与右子树根结点值 55 比较。由于 88 > 55,因此将 88 插入到 55 的右子树上。最后将带插入数据与 77 相比较,由于 88 > 77,且 77 的右子树为空,因此将 88 作为 77 的右孩子插入的该二叉查找树中,二叉查找树中插入元素 88 如图 8-6 所示。

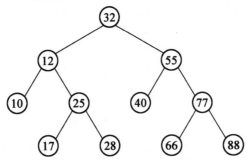

图 8-6 二叉查找树中插入元素 88

二叉查找树的插入操作的实现代码如下：

```
void Insert_BSTNode( BSTNode * p, int k)
{
  BSTNode * temp;
                                    //若该二叉查找树为空树,则直接创建
                                    一个根结点
  if ( ! p)
  {
    root = temp = ( BSTNode * )malloc(sizeof(BSTNode));
    temp - >key = k;
    temp - >LChild = temp - >RChild = NULL;
    return;
  }
  if ( k < p - >key)
  {
                                    //若左子为空,则在此插入
    if ( ! p - >LChild)
    {
      temp = ( BSTNode * )malloc(sizeof(BSTNode));
      temp - >key = k;
      temp - >LChild = temp - >RChild = NULL;
      p - >LChild = temp;
      return;
    }
    Else
                                    //若左子不为空,则在左子树中插入
      Insert_BSTNode(p - >LChild, k);
  }
  else if(k > p - >key)
  {
                                    //若右子为空,则在此插入
    if ( ! p - >RChild)
```

```
    {
        temp = (BSTNode *)malloc(sizeof(BSTNode));
        temp - >key = k;
        temp - >LChild = temp - >RChild = NULL;
        p - >RChild = temp;
        return;
    }
    Else
                                        //若右子不为空,则在右子树中插入
        Insert_BSTNode(p - >RChild, k);
    }
    else
    {
        printf("待插入数据% d已经在该二叉查找树中! \n", k);
        return;
    }
}
```

由于二叉查找树的插入过程与其查找过程类似,因此二叉查找树插入操作的时间复杂度与二叉查找树的查找操作一样,介于 $O(\log_2 n)$ 和 $O(n)$ 之间。

4. 二叉查找树的创建

二叉查找树的创建是从空树开始的,每次插入一个结点,通过二叉查找树的查找操作,将新结点插入到合理的位置。例如,按照数据集 $\{32, 12, 10, 55, 25\}$ 的顺序创建二叉查找树的过程如图 8 - 7 所示。

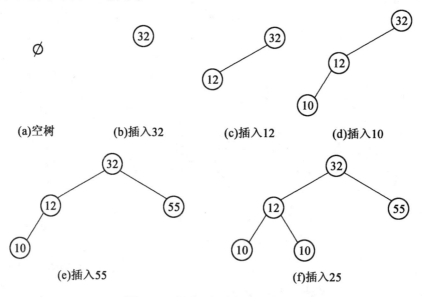

图 8 - 7 创建二叉查找树的过程

显而易见,对于 n 个结点,需要 n 次插入操作,若插入一个结点的时间复杂度为 $O(\log_2 n)$,则创建二叉查找树的时间复杂度为 $O(n\log_2 n)$。

5.二叉查找树的删除

被删除的结点可能是二叉查找树中的任一结点,要保证删除任一结点后,该二叉树仍具备二叉查找树的特性。因此,二叉查找树的删除操作比二叉查找树查找和插入等操作考虑的情况要多一些。

若待删除的结点是二叉查找树的叶子结点,删除后不影响其他结点,则直接删除即可。删除叶子结点如图 8-8 所示。

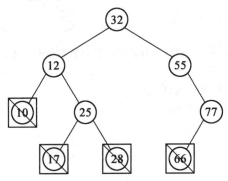

图 8-8 删除叶子结点

若待删除的结点含有左子树,则查找左子树中值最大的结点,即左子树中最靠右的结点,找到后用其替换待删除结点。删除含左子树的结点如图 8-9 所示。

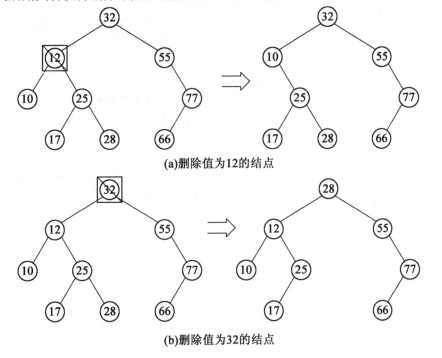

(a)删除值为12的结点

(b)删除值为32的结点

图 8-9 删除含左子树的结点

若待删除的结点不含有左子树,且含有右子树,则查找右子树中值最小的结点,即右子树中最靠左的结点,找到后用其替换待删除结点。删除不含左子树且含有右子树的结点如图 8-10 所示。

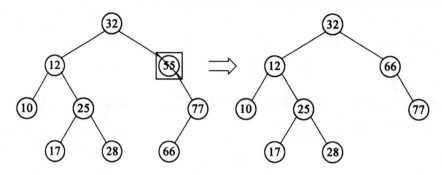

图 8 - 10   删除不含左子树且含有右子树的结点

二叉查找树的插入操作的实现代码如下：

```
BSTNode * Delete_BSTNode( BSTNode *p, int k)
{
  BSTNode *temp;
  if (! p)
    return NULL;
                                        //若待删数据 k 小于当前结点值,则在
                                        左子树中查找删除
  if (k < p - >key  )
    p - >LChild = Delete_BSTNode(p - >LChild, k);
                                        //若待删数据 k 大于当前结点值,则在
                                        右子树中查找删除
  else if (k > p - >key )
    p - >RChild = Delete_BSTNode(p - >RChild, k);
                                        //若待删数据 k 等于当前结点值, 则删
                                        除当前结点
  else
  {
                                        //如果是叶子结点,则直接删除
    if (p - >LChild = = NULL && p - >RChild = = NULL)
    {
      if(p = = root)
      {
      free(p);
      p = root = NULL;
      return NULL;
      }
      free(p);
      p =  NULL;
    }
                                        //如果当前结点有左子树
    else if (p - >LChild)
    {
```

//查找左子树中值最大的结点,替换想
要删除的结点

```
    temp = p - >LChild;
    while(temp - >RChild) temp = temp - >RChild;
    p - >key = temp - >key;
    p - >LChild = Delete_BSTNode(p - >LChild, p - >key);
    }
```

//如果当前结点有右子树

```
    else
    {
```

//查找右子树中值最小的结点,替换想
要删除的结点

```
    temp = p - >RChild;
    while(temp - >LChild) temp = temp - >LChild;
    p - >key = temp - >key;
    p - >RChild = Delete_BSTNode(p - >RChild, p - >key);
    }
  }
  return p;
}
```

由于二叉查找树的删除操作的主要过程为查找,因此二叉查找树的删除操作的时间复杂度与二叉查找树的查找操作一样,介于 $O(\log_2 n)$ 和 $O(n)$ 之间。

8.2.2　平衡二叉树

1. 平衡二叉树的定义

二叉查找树的查找、插入和删除等操作的性能取决于二叉查找树的结构,若该二叉查找树的每个结点只有一个孩子,如左单支树或右单支树,则该二叉查找树的基本操作的时间复杂度达到了 $O(n)$;若该二叉查找树的结果更合理,则该二叉树的基本操作的性能越高,时间复杂度为 $O(\log_2 n)$。因此,为提升二叉查找树的查找、插入和删除等操作的性能,需要对二叉查找树进行"平衡化处理",使其成为一棵平衡的二叉查找树。

平衡二叉树(Balanced Binary Tree)是一种二叉查找树,由俄罗斯数学家 G. M. Adelson - Velskii 和 E. M. Landis 在 1962 年共同提出,因此又称 AVL 树。

平衡二叉树或者是空树,或者是具有以下特性的二叉查找树:

(1)左子树和右子树的深度之差的绝对值不超过 1;

(2)左子树和右子树也是平衡二叉树。

将二叉树上结点的左子树深度减去右子树深度的值称为平衡因子(Balance Factor, BF),则平衡二叉树上所有结点的平衡因子只可能是 -1、0 和 1。只要二叉树上有一个结点的平衡因子的绝对值大于 1,则该二叉树就是不平衡的。例如,平衡二叉树与非平衡二叉树如图 8 -11 所示。

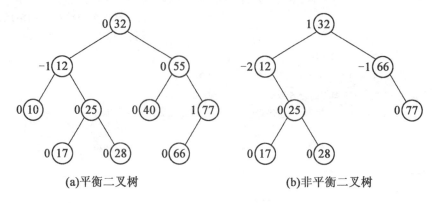

(a)平衡二叉树　　　　　　　　(b)非平衡二叉树

图 8-11　平衡二叉树与非平衡二叉树

由于平衡二叉树中任何结点的平衡因子都不超过 1,因此对于含有 n 个结点的平衡二叉树,其深度和 $\log_2 n$ 是同数量级。因此,平衡二叉树查找的时间复杂度为 $O(\log_2 n)$。

2. 平衡二叉树的插入

平衡二叉树的插入操作可以先按照普通二叉查找树的插入方法进行,但插入新结点后可能会破坏原有平衡,此时需要对插入新结点而形成的新树进行调整。调整的方法为:首先找到距离插入结点最近的,且平衡因子绝对值大于 1 的祖先结点,该结点一般称为冲突结点,以该结点为根的子树称为最小不平衡子树;然后在保证二叉排序树特性的前提下,对该子树进行旋转调整运算,即可使得新树恢复平衡。一般情况下,假定最小平衡子树的冲突结点为 A,则失去平衡后进行旋转调整运算的规律可以归纳为 4 种情况,下面分别介绍。

(1) LL 型。

由于在结点 A 的左子树的根结点 B 的左子树上插入结点,因此结点 A 的平衡因子大于 1,导致以结点 A 为根的子树失去平衡,此时需要对该子树进行一次向右的顺时针旋转调整运算。LL 型旋转调整运算如图 8-12 所示。

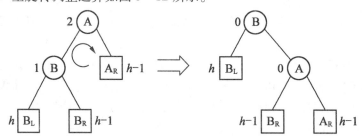

图 8-12　LL 型旋转调整运算

例如,两个 LL 型旋转调整运算实例如图 8-13 所示。

(2) RR 型。

由于在结点 A 的右子树的根结点 B 的右子树上插入结点,因此结点 A 的平衡因子小于 -1,导致以结点 A 为根的子树失去平衡,此时需要对该子树进行一次向左的逆时针旋转调整运算。RR 型旋转调整运算如图 8-14 所示。

例如,两个 RR 型旋转调整运算实例如图 8-15 所示。

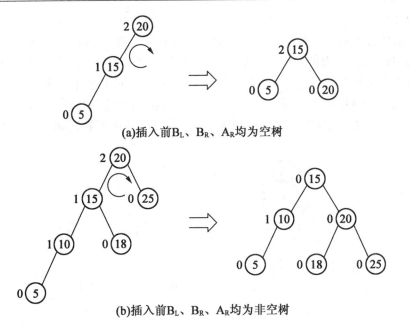

(a)插入前B_L、B_R、A_R均为空树

(b)插入前B_L、B_R、A_R均为非空树

图 8-13 两个 LL 型旋转调整运算实例

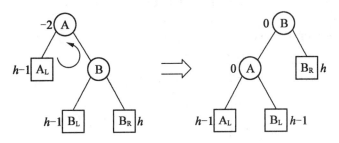

图 8-14 RR 型旋转调整运算

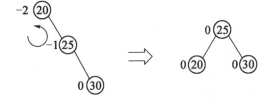

(a)插入前A_L、B_L、B_R均为空树

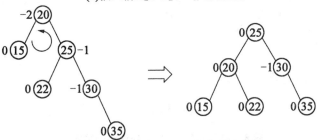

(b)插入前A_L、B_L、B_R均为非空树

图 8-15 两个 RR 型旋转调整运算实例

(3)LR 型。

由于在结点 A 的左子树的根结点 B 的右子树上插入结点,因此结点 A 的平衡因子大于 1,导致以结点 A 为根的子树失去平衡,此时需要对该子树进行两次旋转调整运算。第一次对结点 B 及其右子树进行向左的逆时针旋转,使得结点 C 转上去成为结点 B 的根结点,此时即变成了 LL 型,因此第二次只需进行 LL 型的向右的顺时针旋转调整运算即可。若 C 原来存在子树,则调整 C 的左子树为 B 的右子树。LR 型旋转调整运算如图 8 – 16 所示。

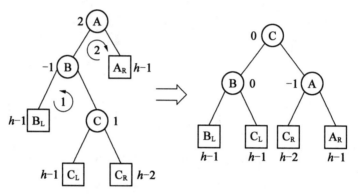

图 8 – 16　LR 型旋转调整运算

如果图 8 – 16 中的 C_L 和 C_R 互换,那么调整方法与结果不变,只不过将会导致最终的结点 A 和结点 B 的平衡因子略有不同。

例如,三个 LR 型旋转调整运算实例如图 8 – 17 所示。

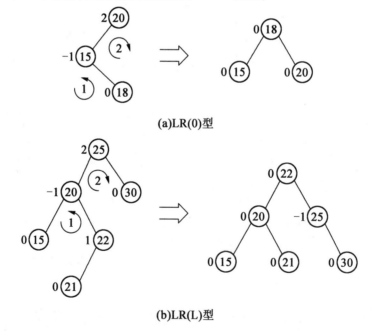

(a)LR(0)型

(b)LR(L)型

图 8 – 17　三个 LR 型旋转调整运算实例

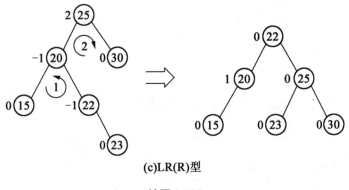

(c)LR(R)型

续图 8-17

（4）RL 型。

由于在结点 A 的右子树的根结点 B 的左子树上插入结点，因此结点 A 的平衡因子小于 -1，导致以结点 A 为根的子树失去平衡，此时需要对该子树进行两次旋转调整运算。第一次对结点 B 及其右子树进行向右的顺时针旋转，使得结点 C 转上去成为结点 B 的根结点，此时即变成了 RR 型，因此第二次只需进行 RR 型的向左的逆时针旋转调整运算即可。若 C 原来存在子树，则调整 C 的右子树为 B 的左子树。RL 型旋转调整运算如图 8-18所示。

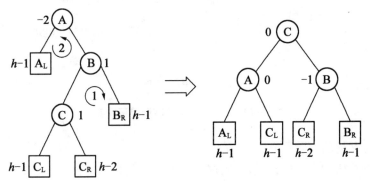

图 8-18　RL 型旋转调整运算

如果图 8-18 中的 C_L 和 C_R 互换，那么调整方法与结果不变，只不过将会导致最终的结点 A 和结点 B 的平衡因子略有不同。

例如，三个 RL 型旋转调整运算实例如图 8-19 所示。

上述方法可以简单归纳为：当最小不平衡子树的根结点的平衡因子大于 1 时，就向右顺时针旋转，否则就向左逆时针旋转；当最小不平衡子树的平衡因子与其子树的平衡因子符号相反时，就需要先对其子树结点先进行一次旋转以使得符号相同，再反向旋转一次冲突结点即可。

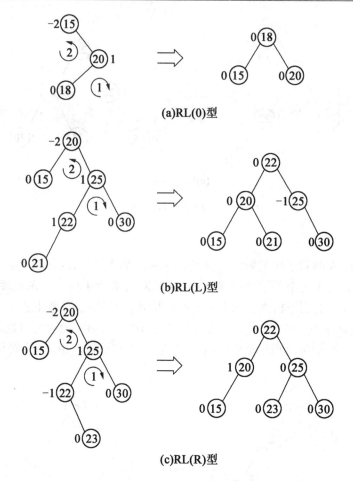

图 8 - 19　三个 RL 型旋转调整运算实例

3. 平衡二叉树的删除

与二叉查找树的删除操作类似,若删除平衡二叉树的含有两个孩子的结点,可以找一个替身结点,则可以转化为删除叶子或只有一个结点的情况。因此,平衡二叉树的删除最终转化为删除最多只有一个孩子的结点的情况,这样一来,删除操作将会导致删去孩子结点的子树变矮,影响祖先结点的平衡性。若平衡被破坏,则可以采用旋转调整运算实现重新平衡。下面分三种情况加以讨论。

(1)若删除结点的父节点的平衡因子原来为 0,则表示其左右子树深度相同。此时,无论删除其左子结点还是删除右子结点都不会破坏平衡。

(2)若删除结点的父节点的平衡因子原来为 1,则表示其左子树深度比右子树深度多 1。此时,若删除左子结点,则不会破坏平衡;若删除右子结点,则使得父节点平衡因子变为 2,造成冲突从而破坏平衡。

(3)若删除结点的父节点的平衡因子原来为 1,则表示其右子树深度比左子树深度多 1。此时,若删除右子结点,则不会破坏平衡;若删除左子结点,则使得父节点平衡因子变为 -2,造成冲突从而破坏平衡。

关于平衡二叉树的删除操作的旋转调整运算可以参考插入结点的 LL、RR、LR 和 RL四种情况分别进行处理即可。例如,三个平衡二叉树删除结点实例如图 8 -20 所示。

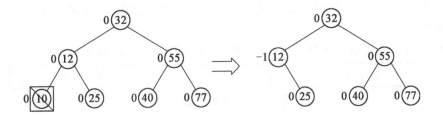

(a)平衡二叉树删除结点实例1

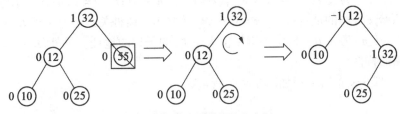

(b)平衡二叉树删除结点实例2

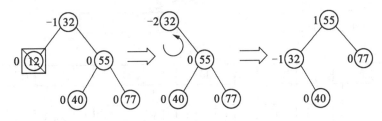

(c)平衡二叉树删除结点实例3

图 8 – 20 三个平衡二叉树删除结点实例

8.2.3 B – 树

前面介绍的查找方法均适用于查找都保存在计算机内存中的数据,统称为内查找法。然而,这种查找方法适用于存放于内存中的较小的文件,若文件较大且存放于外存中,这种查找方法就不适用了。由于内查找法都以结点为单位进行查找,若用其查找存于外存文件中的数据,则需要反复的进行内、外存的交换,着实既费时又费时,因此德国的 R. Bayer 和美国的 E. McCreight 于 1970 年提出了一种适用于外存查找的树型结构,称为 B – 树(B – Tree)。B – 树在查找性和平衡性方面与二叉查找树和平衡二叉树类似,不同的是其每个节点包含子树的个数都大于或等于 2,且每个结点包含更多的元素,每访问一次外存,就可以把一个结点中的全部元素都读入内存。

1. B – 树的定义

B – 树是一种可以用来建立索引的多路查找树(Multi – way Search Tree),又称多路查找树。M 阶的 B – 树必须满足如下定义:

(1)一棵 M 阶的 B – 树或者为空树,或者只有一个根结点,或者除根结点外还有多个子孙结点;

(2)根结点最多有 M 棵子树,至少有 2 棵子树;

(3)除根结点之外的所有非叶子结点最多有 M 棵子树,至少有 $\lceil M/2 \rceil$ 棵子树;

（4）所有叶子结点都出现在同一层上，并且不带任何信息，可以视为空结点，一般称为失败结点；

（5）非叶子结点最多拥有 $M-1$ 个关键字，B－树的结点结构如图 8－21 所示。

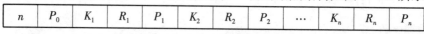

n	P_0	K_1	R_1	P_1	K_2	R_2	P_2	$\cdots$	K_n	R_n	P_n

图 8－21　B－树的结点结构

其中，n 为关键字的个数，有 n 个关键字就意味着有 $n+1$ 个指针指向其 $n+1$ 棵子树；$K_i(i=1,\cdots,n)$ 为关键字，且 $K_i<K_{i+1}(i=1,\cdots,n-1)$；$R_i(i=1,\cdots,n)$ 为关键字为 K_i 的数据在原始文件中的地址；$P_{i-1}(i=1,\cdots,n)$ 为在 B－树种关键字值小于 K_i 的子树的地址；$P_i(i=1,\cdots,n)$ 为在 B－树中关键字值大于 K_i 的子树的地址。另外，B－树具有平衡、有序和多路的特性。

例如，一棵 3 阶的 B－树如图 8－22 所示。

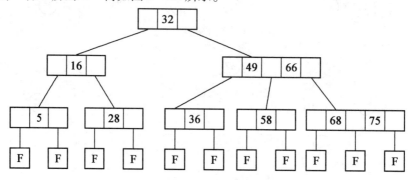

图 8－22　一棵 3 阶的 B－树

其中，所有叶子结点均在同一层次，这体现了平衡的特性；每个节点的关键字是有序的，且关键字 K_i 的左子树中的关键字均小于 K_i，而关键字 K_i 的右子树中的关键字均大于 K_i，这体现了有序的特性；除叶子结点之外，有的结点拥有一个关键字和两棵树，有的结点拥有两个关键字和三棵树，这体现了多路的特性。

2. B－树的查找

在如图 8－22 所示的 B－树中查找关键字 58 的过程如下：首先从 B－树的根结点开始，58 关键字不在根结点中，且 58＞32，因此顺 32 右侧指针走向第 2 层第 2 个结点；58 关键字也不在此结点中，且 49＜58＜66，因此顺该结点中间指针走向第 3 层第 4 个结点；在该结点中找到关键字 58，此时查找成功。

查找不成功的过程也类似。例如，在如图 8－22 所示的 B－树中查找关键字 18 的过程如下：首先从 B－树的根结点开始，18 关键字不在根结点中，且 18＜32，因此顺 32 左侧指针走向第 2 层第 1 个结点；18 关键字也不在此结点中，且 18＞16，因此顺该结点右侧指针走向第 3 层第 2 个结点；在该结点中没找到关键字 18，且 18＜28，因此顺 28 左侧指针走向其叶子结点，此时查找失败。

在具有 n 个关键字的 B－树的查找过程中，外存被访问的次数最多是 $1+\log_{\lceil m/2\rceil}\dfrac{n+1}{2}$。另外，可以将 B－树看成为一个有序表，其查找是在内存中的查找，因此可以采用顺序查找和折半查找等内查找法。

3. B – 树的插入

对于一棵 B – 树进行插入运算,就是把一个不重复的指定元素插入到一棵 B – 查找树中,并使新树仍然满足 B – 树的特性。例如,在图 8 – 22 中插入元素 8 的过程如下:首先按照 B – 树的查找方法,找到第 3 层第 1 个结点;然后在该结点插入元素 8,该结点关键字个数由 1 变成 2,其叶子结点个数由 2 变成 3,新树满足 3 阶 B – 树的特性,插入结束。在一棵 3 阶 B – 树中插入元素 8 如图 8 – 23 所示。

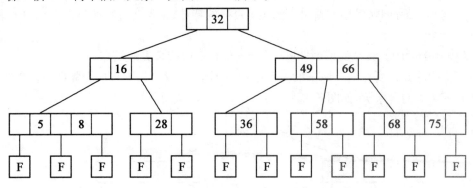

图 8 – 23 在一棵 3 阶 B – 树中插入元素 8

若插入结点导致新树不满足 B – 树的特性,就需要通过逐步向上分裂来调整。例如,在图 8 – 23 中插入元素 10 的过程如下:首先按照 B – 树的查找方法,找到第 3 层第 1 个结点;然后在该结点插入元素 10,该结点关键字个数由 2 变成 3,其叶子结点个数由 3 变成 4,新树不满足 3 阶 B – 树的特性,需要进行分裂调整;最后将该结点的中间结点提升到父结点中,剩余结点一分为二,新树满足 3 阶 B – 树的特性,插入结束。在一棵 3 阶 B – 树中插入元素 10 如图 8 – 24 所示。

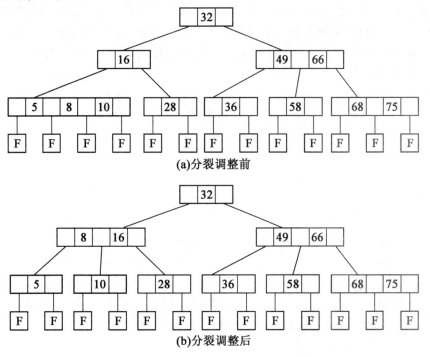

图 8 – 24 在一棵 3 阶 B – 树中插入元素 10

在 B - 树中插入数据,首先从根结点逐步向下查找,需要比较的次数为 B - 树的深度,若插入后引起结点分裂,最坏的情况是逐步向上分裂,直至根结点,因此总的时间消耗为 B - 树高度的 2 倍。

4. B - 树的删除

对于一棵 B - 树删除操作,就是把一个指定元素从一棵 B - 查找树中删除,并使得新树仍然满足 B - 树的特性。删除操作首先仍是进行查找操作,找到该元素所在的结点;然后删除该元素,若删除后导致新树不满足 B - 树的特性,则需要进行调整。下面分几种情况进行介绍。

(1)待删除的元素在最低的非叶子结点层,其下层就是失败结点。

若待删除元素所在结点原来的关键字数目不小于 $\lceil M/2 \rceil$,则直接删除即可。例如,删除图 8 - 22 中的元素 75 如图 8 - 25 所示。

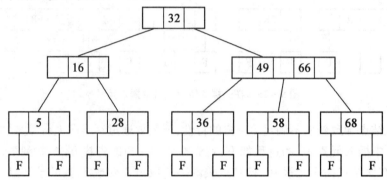

图 8 - 25　删除图 8 - 22 中的元素 75

若待删除元素所在结点原来的关键字数目等于 $\lceil M/2 \rceil - 1$,则向左右兄弟结点拥有叶子结点数目非最小者借用一个元素,借用时将左结点中的最大关键字或者右结点中的最小关键字和父结点交换,将父结点关键字追加到删除元素的结点中,即采用"旋转"的方式借用兄弟结点中的元素。若左右兄弟结点数目均为最小值,则与左或右兄弟结点合并,将父结点中介于两合并结点之间的关键字下移加入合并结点,即采用"抱团合并"的方式合并父结点中的元素,如果父结点关键字由此数量少于 $\lceil M/2 \rceil - 1$ 个,则继续向上调整。例如,删除图 8 - 25 中的元素 68 如图 8 - 26 所示。

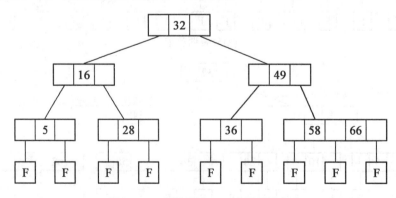

图 8 - 26　删除图 8 - 25 中的元素 68

（2）待删除的元素在中间层，其下层仍为非叶子结点层。

首先在待删除关键字所在结点的左子树中找到最大关键字，或者右子树中找到最小关键字；然后用其代替待删除关键字；最后转换为删除最低的非叶子结点层中的元素的情况。例如，删除图 8 - 26 中的元素 49 如图 8 - 27 所示。

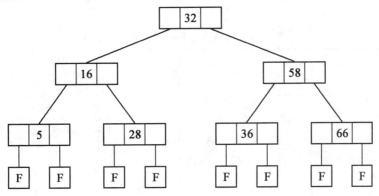

图 8 - 27　删除图 8 - 26 中的元素 49

另外，我们只是在 B - 树中删除某数据的关键字，并没有删除外存中存储的数据，外存中存储的被删除数据可以暂时不做处理，一般通过定期批量数据清理维护来清理即可。

8.3　哈希表查找

前边介绍的查找方法，无论是静态查找还是动态查找，都是通过比较数据关键字值来完成的，查找时间的消耗与数据在存储结构中的位置无直接关系，均与数据的规模有关，尤其当结点个数较多时，在查找过程中要大量地与无效结点的关键字进行比较，导致查找速度不高。若能在元素的存储位置和其关键字之间建立某种直接联系，则能够减少查找时的比较次数，甚至可能根据这种关系直接找到相应的数据，这就是哈希方法的思想。哈希表就是按这个思想建立的。哈希表是表示集合和字典的另一种有效方法，提供了一种完全不同的存储和查找方式，能够通过关键字值映射到表中某个位置来存取数据。

8.3.1　哈希表的基本概念

哈希表（Hash Table，HT）又称散列表，是一段连续的存储空间，用来存储按 $p = H(key)$ 函数计算得到存储位置的数据。其中，p 为数据的存储位置；key 为数据的关键字；H 为表示存储位置与关键字对应关系的哈希函数。另外，考虑到是连续的存储空间，通常采用顺序存储结构来实现哈希表，如一维数组。

例如，对吉林省主要地区集合建立一个哈希表，关键字集合如下：

$SetKey_1 = \{$长春，吉林，四平，辽源，通化，白山，白城，延边，松原，长白山$\}$

为了编程方便，转换为英文名字，则关键字集合如下：

$SetKey_2 = \{$Changchun, Jilin, Siping, Liaoyuan, Tonghua, Baishan, Baicheng, Yanbian, Songyuan, Changbaishan$\}$

假设把英文字母都对应为 1 ~ 26，定义一个哈希函数 HF_1，即 $HF_1(Changchun) = \{3,$

8，1，14，7，3，8，21，14}。显而易见，若按照哈希函数 HF_1 来存储数据，则会浪费很大的存储空间，因此需要考虑压缩，即不能把数据中的每位字母都进行映射，而是仅选择其中的一部分。例如，假设取首字母的哈希函数 HF_2，即 $HF_2(Changchun) = 3$，则哈希函数 HF_2 对应的哈希表见表 8 – 1。

表 8 – 1　哈希函数 HF_2 对应的哈希表

位置	关键字
1	
2	Baishan　Baicheng
3	Changchun　Changbaishan
...	
10	Jilin
11	
12	Liaoyuan
...	
19	Siping　Songyuan
20	Tonghua
...	
25	Yanbian
...	

从表 8 – 1 中可以看出，Baishan 不等于 Baicheng，但 $HF_2(Baishan) = HF_2(Baicheng)$。这种不同关键字经过哈希函数映射到相同存储位置的现象称为冲突，而哈希函数映射结果相同的关键字称为同义词。可见，哈希函数 HF_2 并不理想，存在三个冲突。在实际应用中，理想化的、不产生冲突的哈希函数极少存在，这是因为哈希表中关键字的取值集合往往远大于表空间的地址集。因此，要设计出较为实用的哈希表，必须考虑如何解决冲突问题。

8.3.2　哈希函数的构造方法

哈希函数的构造方法很多，应根据具体应用来选择哈希函数的构造方法，通常要考虑以下几点：

(1)哈希表的长度；

(2)关键字的长度；

(3)关键字的分布；

(4)哈希函数的运算时间；

(5)数据的查找频率。

一般而言，构造一个实用的哈希函数需要遵循以下两个原则：

(1)计算简单；

（2）哈希地址分布均匀，冲突少。

1. 直接定址法

取关键字的某个线性函数值为哈希地址，即

$$HF(key) = a \times key + b$$

其中，a、b 为常数。

例如，假设关键字集合 SetKey = {100, 200, 300, 400, 618, 818, 918}，哈希函数 HF(key) = key/100 - 1，则哈希函数 HF(key) = key/100 - 1 对应的哈希表见表 8 - 2。

表 8 - 2 哈希函数 HF(key) = key/100 - 1 对应的哈希表

0	1	2	3	4	5	6	7	8
100	200	300	400		618		818	918

此类函数是一一映射的，具有简单、均匀的优点，且不会造成冲突，但仅适用于关键字的分布基本连续的情况，否则将造成存储空间的浪费，因此虽然简单但并不常用。

2. 数字分析法

若关键字为位数较多的数字，且某些位上的数据分布比较均匀，能区分出不同的元素，就可以取这些位数字作为存储地址用。例如，某班级手机号码关键字集合为{136 * * * * 1234, 136 * * * * 2345, 138 * * * * 3456, 138 * * * * 4567, 186 * * * * 5678}，通过分析可知末位分布较为均匀，并能够区分不同的元素，因此可以取后末位作为哈希地址，则哈希地址为{4, 5, 6, 7, 8}。当然，在实际应用中手机号码可能较多，因此也可以取后 4 位作为哈希地址。

3. 平方取中法

若关键字分布不均匀，可以先计算关键字的平方，再取中间的几位作为哈希地址。例如，设关键字集合为{123, 125, 132, 135, 126, 136}，则其平方结果为{15129, 15625, 17424, 18225, 15876, 18496}，此时可以取中间 3 位作为哈希地址，则哈希地址为{512, 562, 742, 822, 587, 849}。该方法适用于不知道关键字分布，且位数不是很大的情况。

4. 折叠法

折叠法是将关键字从左到右分割成位数相等的若干部分，然后将这些部分相加，最后根据情况取相加结果的后几位作为哈希地址。例如，关键字为 123456789，哈希地址为 3 位，则可以将其分为 3 部分求和，即 123 + 456 + 789 = 1368，再取后 3 位作为哈希地址，即 368。该方法适用于不知道关键字的分布，且位数较多的情况。

5. 除留余数法

选取一个合适的正整数 p，然后用 p 去除关键字，用所得余数作为哈希地址，即哈希函数为 HF(key) = key mod p。例如，关键字集合为{28, 36, 6, 18, 66, 5, 16}，哈希函数 HF(key) = key mod 7，则哈希地址为{0, 1, 6, 4, 3, 5, 2}。由于除留余数法的计算简单，且适用于多种情况，因此该方法为最常用的哈希函数的构造方法。值得注意的是，p 的选取非常重要，若哈希表长为 m，一般选取 p 为小于或等于 m 的最大质数。

6. 随机数法

选择一个随机数，取关键字的随机函数值作为哈希地址，即哈希函数 HF(key) =

random(key) ,其中 random 为随机函数。该方法适用于关键字长度不等的情况。

8.3.3　哈希冲突的处理方法

构造好哈希函数可以在一定程度上减少冲突,但在实际应用中,很难完全避免冲突的发生,因此选择一个有效的方法来处理冲突非常重要。由于处理冲突的方法与哈希表本身的组织形式有关,因此一般按组织形式将其分为两大类,分别为开放地址法和链地址法。

1. 开放地址法

用开放地址法解决冲突的思想为:把数据都存储在哈希表中,当冲突发生时,使用某种探测技术在哈希表中形成一个探测序列,并顺此序列逐个单元查找,直到找到给定的关键字或者遇到一个开放的地址为止。若插入时探测到开放地址,则将待插入结点存储至该位置;若查找时探测到开放地址,则表示查找失败。值得注意的是,若要想用开放地法处理哈希冲突,必须在构建哈希表前将所有单元置空。

开发地址法的一般形式为

$$\text{HF}_i = (\text{HF}(\text{key}) + d_i)\%m, \quad i = 1, 2, 3, \cdots, m-1$$

其中,HF(key) 为哈希函数;d_i 为增量序列;m 为哈希表长。HF(key) 为初始探测位置,后续的探测位置依次为 $H_1, H_2, \cdots, H_{m-1}$,这样就形成了一个探测序列。根据 d_i 取值的不同,可以将开放地址法分为以下三种探测方法。

(1)线性探测法。

$$d_i = 1, 2, 3, \cdots, m-1$$

这种方法的基本思想为:将哈希表看成为一个循环表,若发生冲突,则从冲突地址的下一个单元顺序寻找开放地址;若到最后一个位置也没找到开放地址,则返回到哈希表头继续查找,直到找到开放地址为止,就把元素存放在此;若找不到开放地址,则表明哈希表已满,需要进行溢出处理。例如,假设关键字集合为 $\{100, 200, 300, 512, 520, 618\}$,哈希函数 HF(key) = key/100 − 1 时,$m = 10$,则 100 被存入 0 位置,200 被存入 1 位置,300 被存入 2 位置,512 被存储至 4 位置。当存入 520 时与 512 发生冲突,由于 $(4+1)\%10 = 5$ 且 5 位置暂时为开放地址,因此将 520 存入 5 位置;当存入 618 时与 520 发生冲突,由于 $(5+1)\%10 = 6$,且 6 位置暂时为开放地址,因此将 618 存入 6 位置。用线性探测法处理哈希冲突的哈希表实例见表 8 − 3。

表 8 − 3　用线性探测法处理哈希冲突的哈希表实例

0	1	2	3	4	5	6	7	8	9
100	200	300		512	520	618			

(2)二次探测法。

$$d_i = 1^2, -1^2, 2^2, -2^2, \cdots, +k^2, -k^2, \quad k \leqslant m/2$$

这种方法比线性方法向前移动的幅度大,不容易造成二次冲突。

（3）伪随机探测法。

$$d_i = 伪随机数序列$$

线性探查法有一个明显的缺点，就是容易使众多元素在哈希表中连成一片，从而增加探查次数，进而影响效率。这种现象称为基本聚集或堆积，即在处理同义词的冲突过程中产生了非同义词的冲突。而伪随机探测法就是为了消除线性探测的堆积而提出来的方法，其基本思想为：建立一个伪随机数发生器，若发生冲突，则利用伪随机数发生器计算出下一个要探查的位置。

另外，二次探测法和伪随机探测法能够消除基本聚集，但也可能会造成二级聚集，此时可以采用双哈希法避免二级聚集。所谓双哈希法，即使用两个哈希函数，第一个哈希函数计算探测序列的起始值，第二个哈希函数计算下一个位置的探测步长。

2. 链地址法

链地址法的基本思想为：将具有相同哈希地址的元素放在同一个单链表中，称为同义词链表。有 m 个哈希地址就有 m 个单链表，同时用数组 HT[0]，…，HT[m−1] 存储各个链表的头指针，凡是哈希地址为 i 的元素都以结点的形式插入到以 HT[i] 开头结点的单链表中。例如，假设关键字集合为 {28, 36, 6, 18, 66, 5, 16, 34, 33, 25}，哈希函数为 HF(key) = key%11，则用链地址法处理哈希冲突的哈希表实例如图 8-28 所示。

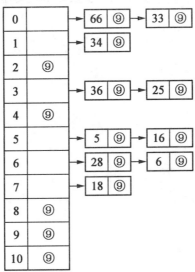

图 8-28　用链地址法处理哈希冲突的哈希表实例

8.3.4　哈希表查找的性能分析

在有 n 个记录的哈希表中搜索、插入和删除一个元素的时间，最坏的情况下均为 $O(n)$。

设 m 为哈希表的长度，n 为表中已有元素的数目，则 $\alpha = n/m$ 称为哈希表的装载因子。α 标志哈希表的装满程度。显而易见，若 α 越小，则发生冲突的可能性越小；反之，若 α 越大，则表中已存储的元素越多，再存入新元素时，发生冲突的可能性就越大，使得查找过程中的比较次数就越多。再设 S_n 为成功查找一个随机选择的关键字值的平均比较次数，U_n 为查找一个不在哈希表中的关键字值的平均比较次数，那么用几种不同方法处理哈希冲突时哈希表的平均查找长度见表 8 - 4。

表 8 - 4　用几种不同方法处理哈希冲突时哈希表的平均查找长度

处理冲突的方法		平均查找长度	
		查找成功 S_n	查找失败 U_n
开放地址法	线性探测法	$\dfrac{1}{2}\left(1+\dfrac{1}{1-\alpha}\right)$	$\dfrac{1}{2}\left[1+\dfrac{1}{(1-\alpha)^2}\right]$
	二次探测法	$-\dfrac{1}{\alpha}\ln(1-\alpha)$	$\dfrac{1}{1-\alpha}$
	伪随机探测法	$-\dfrac{1}{\alpha}\ln(1-\alpha)$	$\dfrac{1}{1-\alpha}$
链地址法		$1+\dfrac{\alpha}{2}$	$\alpha+\mathrm{e}^{-\alpha}$

8.4　基本能力上机实验

8.4.1　实验目的

(1)理解静态查找的概念。
(2)掌握顺序查找的实现。
(3)掌握折半查找的实现。

8.4.2　实验内容

1.不带监视哨兵的顺序表的查找

```c
#include < stdio.h >
int search( int * p, int k);
int main( int argc, char * argv[ ])
{
  int array[10] = {100, 28, 35, 76, 88, 92, 68, 66, 17, 33};
  int * p = array, k;
  printf( "请输入要查找的 k 值:");
  scanf( "% d", &k);
  search(array, k);
  return 0;
}
int search( int * p, int k)
{
  int i;
  for( i = 0; i < 10; i + +)
  if( p[ i] = = k) break;
```

```
if (i < 10)
    printf("关键字下标 i = % d,k 值% d 查找成功！\n", i, k);
else
    printf("关键字下标 i = % d,k 值% d 查找失败！\n", i, k);
}
```

上述代码运行结果如图 8 - 29 所示。

图 8 - 29 运行结果

2. 带监视哨兵的顺序表的查找

```
#include < stdio.h >
int search(int * p, int k);
int main(int argc, char * argv[ ])
{
    int array[11] = {100, 28, 35, 76, 88, 92, 68, 66, 17, 33, 0};
    int * p = array,i,k;
    printf("请输入要查找的 k 值:");
    scanf("% d", &k);
    i = search(array, k);
    if (i < 10)
        printf("关键字下标 i = % d,k 值% d 查找成功！\n", i, k);
    else
        printf("关键字下标 i = % d,k 值% d 查找失败！\n", i, k);
    return 0;
}
int search(int * p, int k)
{
    int i;
    p[10] = k;
    for(i = 0; p[i]! = k; i + +);
    return i;
}
```

上述代码运行结果如图 8 - 30 所示。

图 8 - 30 运行结果

3. 折半查找有序表

```c
#include <stdio.h>
int search(int *p, int k);
int main(int argc, char *argv[])
{
  int array[10] = {5, 8, 16, 18, 28, 36, 45, 58, 66, 78};
  int *p = array, i, k;
  printf("请输入要查找的 k 值:");
  scanf("% d", &k);
  i = search(array, k);
  if (i ! = -1)
    printf("关键字下标 mid = % d,k 值% d 查找成功! \n", i, k);
  else
    printf("k 值% d 查找失败! \n", k);
  return 0;
}
int search(int *p, int k)
{
  int i, low, high, mid;
  low = 0; high = 9;
  while (low < = high)
  {
    mid = (low + high) /2;
    if (k = = p[mid])
      return mid;
    else if (k < p[mid])
        high = mid - 1;
    else
        low = mid + 1;
  }
  return -1;
}
```

上述代码运行结果如图 8 - 31 所示。

图 8 - 31　运行结果

8.5 拓展能力上机实验

8.5.1 实验目的

(1)理解动态查找的概念。
(2)熟悉二叉查找树的插入。
(3)熟悉二叉查找树的查找。
(4)熟悉二叉查找树的删除。

8.5.2 实验内容

```c
#include <stdio.h>
typedef struct
{
  int key;
  struct BSTNode *LChild, *RChild;
} BSTNode, *BSTree;
BSTNode *root;
void Insert_BSTNode(BSTNode *p, int k);
void disp(BSTNode *p);
BSTNode * Recursive_Search(BSTNode *p, int k);
BSTNode * Iterative_Search(BSTNode *p, int k);
BSTNode * Delete_BSTNode(BSTNode *p, int k);
int main(int argc, char *argv[])
{
  int a[10] = {32, 12, 10, 25, 17, 28, 55, 40, 77, 66};
  int i,k;
  root = NULL;
                                    //创建二叉查找树
  for (i = 0; i < 10; i + +)
    Insert_BSTNode(root, a[i]);
                                    //先序遍历二叉查找树
  disp(root);
                                    //递归查找关键字
  printf(" \n 请输入要递归查找的关键字: \n");
  scanf("% d",&k);
  if (Recursive_Search(root,k))
    printf("发现关键字% d! \n",k);
  else
    printf("未发现关键字% d! \n",k);
  disp(root);
                                    //迭代查找关键字
```

```
    printf("\n 请输入要迭代查找的关键字: \n");
    scanf("% d",&k);
    if (Iterative_Search(root,k))
      printf("发现关键字% d! \n",k);
    else
      printf("未发现关键字% d! \n",k);
    disp(root);
                                        //插入的关键字
    printf("\n 请输入要插入的关键字: \n");
    scanf("% d",&k);
    Insert_BSTNode(root, k);
    disp(root);
                                        //删除关键字
    printf("\n 请输入要删除的关键字: \n");
    scanf("% d",&k);
    Delete_BSTNode(root,k);
    disp(root);
    return 0;
}
Insert_BSTNode(BSTNode * p, int k)
{
    BSTNode * temp;
    if (! p)                           //如果查找树的根为空,则直接建立一个结点
                                       //并作为根结点
    {
      root = temp = (BSTNode * )malloc(sizeof(BSTNode));
      temp - >key = k;
      temp - >LChild = temp - >RChild = NULL;
      return;
    }
    if (k < p - >key)
    {
      if (! p - >LChild)               //左子为空,插入位置即此地
      {
        temp = (BSTNode * )malloc(sizeof(BSTNode));
        temp - >key = k;
        temp - >LChild = temp - >RChild = NULL;
        p - >LChild = temp;
        return;
      }
      else
                                       //左子不为空,插入以左子为根的查找树中
        Insert_BSTNode(p - >LChild, k);
    }
```

```
    else if(k > p - >key)
    {
      if (! p - >RChild)                        //右子为空,插入位置即此地
      {
        temp = (BSTNode * )malloc(sizeof(BSTNode));
        temp - >key = k;
        temp - >LChild = temp - >RChild = NULL;
        p - >RChild = temp;
        return;
      }
      else
                                      //右子不为空,插入以右子为根的查找树中
        Insert_BSTNode(p - >RChild, k);
    }
    else
    {
      printf("% d已经在该二叉排序树中! \n",k);
      return;                         //已经在二叉树中
    }
}
                                      //先序遍历二叉查找树
void disp(BSTNode * p)
{
  if(root = = NULL)
  {
    printf("空树 \n");
    return;
  }
  if(p)
  {
    printf("% d ",p - >key);
    disp(p - >LChild);
    disp(p - >RChild);
  }
}
                                      //递归查找
BSTNode * Recursive_Search(BSTNode * p, int k)
{
  BSTNode * temp = p;
  if (temp)
  {
    if (k = = temp - >key)
      return temp;
    if (k < temp - >key)
```

```
      return Recursive_Search(temp - >LChild,k);
    else
      return Recursive_Search(temp - >RChild,k);
  }
  return NULL;
}
                                        //迭代查找
BSTNode * Iterative_Search(BSTNode * p, int k)
{
  BSTNode * temp = p;
  while (temp)
  {
    if (k = = temp - >key)
      return temp;
    if (k < temp - >key)
      temp = temp - >LChild;
    else
      temp = temp - >RChild;
  }
  return NULL;
}
BSTNode * Delete_BSTNode(BSTNode * p, int k)
{
  BSTNode * temp;
  if (! p)
    return NULL;
```

//若待删数据 k 小于当前结点值,则在左子树中查找删除

```
  if (k < p - >key  )
    p - >LChild = Delete_BSTNode(p - >LChild, k);
```

//若待删数据 k 大于当前结点值,则在右子树中查找删除

```
  else if (k > p - >key )
    p - >RChild = Delete_BSTNode(p - >RChild, k);
```

//若待删数据 k 等于当前结点值,则删除当前结点

```
  else
  {
```

//如果是叶子结点,则直接删除

```
    if (p - >LChild = = NULL && p - >RChild = = NULL)
    {
      if(p = = root)
      {
      free(p);
```

```
        p = root = NULL;
        return NULL;
        }
        free(p);
        p =  NULL;
    }
                                        //如果当前结点有左子树
    else if (p - >LChild)
    {
                                        //查找左子树中值最大的结点,替换想要删除
                                        的结点
        temp = p - >LChild;
        while(temp - >RChild) temp = temp - >RChild;
        p - >key = temp - >key;
        p - >LChild = Delete_BSTNode(p - >LChild, p - >key);
    }
                                        //如果当前结点有右子树
    else
    {
                                        //查找右子树中值最小的结点,替换想要删除
                                        的结点
        temp = p - >RChild;
        while(temp - >LChild) temp = temp - >LChild;
        p - >key = temp - >key;
        p - >RChild = Delete_BSTNode(p - >RChild, p - >key);
    }
    }
    return p;
}
```

上述代码运行结果如图 8 –32 所示。

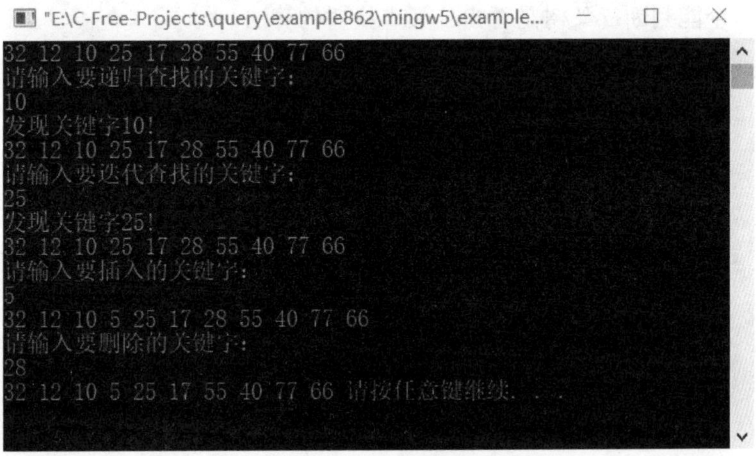

图 8 –32　运行结果

8.6 习　　题

一、选择题

1. 假设查找每个元素的概率相同,则对 n 个元素的查找表进行顺序查找的平均查找长度为(　　)。

A. n 　　　　　　　　　　　　　B. $n/2$

C. $n+1$ 　　　　　　　　　　　D. $(n+1)/2$

2. 在有序表{5, 6, 8, 10, 12, 16, 18, 20, 22, 25}中折半查找 19 的比较顺序为(　　)。

A. 16, 20, 18 　　　　　　　　　B. 16, 18

C. 12, 20, 18 　　　　　　　　　D. 12, 20, 16, 18

3. 假设哈希表长为 10,哈希函数为 HF(key) = key%7,表中已存储关键字 15、18、26 和 30,现在要存储关键字 16,若采用线性探测法,则存入位置为(　　)。

A. 2 　　　　　　　　　　　　　B. 3

C. 4 　　　　　　　　　　　　　D. 5

二、应用题

1. 假设在有序表{5, 8, 16, 18, 28, 36, 45, 56, 66, 88}中进行折半查找,试回答下列问题:

(1)若查找关键字 66,则比较顺序为什么?

(2)若查找关键字 20,则比较顺序为什么?

2. 请画出根据序列{13, 5, 18, 15, 17, 5, 16, 8, 20, 7}创建的二叉查找树。

3. 假设关键字集合为{17, 28, 25, 33, 15, 23, 13, 12},哈希函数为 HF(key) = key%7,表长为 10,采用线性探测法处理哈希冲突,请画出哈希表。

三、算法设计题

1. 设计折半查找的递归算法。

2. 设计一个能判断二叉树是否为二叉查找树的算法。

3. 设计二叉查找树的中序遍历算法。

第 9 章　排　　序

通过前面对查找的学习,可以发现对有序表的查找远远快于无序表,如折半查找就能使得时间复杂度从 $O(n)$ 降到 $O(\log_2 n)$。因此,为加快数据的处理效率,需要对待处理数据进行一些预处理操作,而排序就是最常见的预处理操作之一。本章主要介绍如何将一个无序表变成有序表。

9.1　排序概述

排序又称分类,是数据处理中的一种重要操作,在很多领域中都有广泛的应用,如在网络购物时经常按销量、评论和价格等对商品进行排序。若待排序数据的数量不多,则可以直接读入内存进行排序,称为内排序;若待排序数据的数量太多,难以一次读入内存进行排序,则必须分多次读入内存才能完成排序操作,称为外排序。

9.1.1　排序的基本概念

排序(Sorting)是按照关键字的递增或递减顺序对一组记录重新进行排列的操作,其确切定义如下。

假设含 n 个记录的序列为 $\{R_1, R_2, \cdots, R_n\}$,其相应的关键字序列为 $\{K_1, K_2, \cdots, K_n\}$,需确定 $1, 2, \cdots, n$ 的一种 $P_1, P_2, \cdots, P_n$,使其相应的关键字满足 $K_{P_1} \leqslant K_{P_2} \leqslant \cdots \leqslant K_{P_n}$ 递增关系或 $K_{P_1} \geqslant K_{P_2} \geqslant \cdots \geqslant K_{P_n}$ 递减关系,即使得序列成为一个按关键字有序的序列 $\{R_{P_1}, R_{P_2}, \cdots, R_{P_n}\}$,这样的操作就称为排序。

9.1.2　排序算法的性能分析

1. 排序的稳定性

若原始序列中的关键字 $K_i(i=1, 2, \cdots, n)$ 都不相等,则该序列排序后的结果唯一;反之,若原始序列中存在两个或两个以上的关键字相等,则排序的结果可能不唯一。假设 $K_i = K_j(1 \leqslant i \leqslant n, 1 \leqslant j \leqslant n, i \neq j)$,且在排序前的序列中的 R_i 位于 R_j 的前边(即 $i < j$)。若排序后 R_i 仍位于 R_j 的前边,则称所用的排序算法是稳定的;若排序后 R_i 变动到 R_j 的后边,则称所用的排序算法是不稳定的。稳定的排序算法与不稳定的排序算法实例如图 9-1 所示。

值得注意的是,只要序列中有一组关键字的实例在排序前后不满足稳定性要求,则认为所用算法是不稳定的。另外,不能说不稳定的排序算法就不好,不稳定的排序算法也有其适用场合。

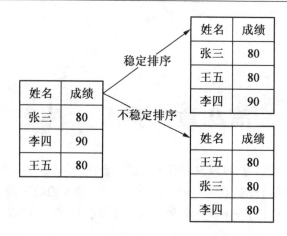

图 9 - 1　稳定的排序算法与不稳定的排序算法实例

2. 排序算法的排序趟数

在排序算法的运行过程中,一般不断重复一组排序操作,这组操作称为排序算法的一趟排序过程。另外,虽然排序算法的排序趟数多少不代表排序算法的优劣,但是可以用于算法时间复杂度的分析。

3. 时间复杂度

时间复杂度是衡量排序算法优劣的重要标志,可以根据每一趟排序过程中排序关键字的比较次数和记录的移动次数,分析排序算法在最好、最坏和平均情况下的时间复杂度。高性能的排序算法应具有尽可能少的关键字比较次数和记录的移动次数。

4. 空间复杂度

空间复杂度是评价排序算法优劣的另一个重要指标,可以根据排序算法的执行过程中所占用的辅助存储空间来分析排序算法的空间复杂度。理想的空间复杂度为 $O(1)$,即排序算法在执行过程中所占用的辅助空间与待排序的数据量无关。

9.2　插 入 排 序

插入排序类似抓扑克牌,边抓边对牌,其基本思想为:每一趟按照关键字的大小将一个待排序的记录插入到一组有序记录中,直至所有待排序记录全部插入为止。

9.2.1　直接插入排序

直接插入排序(Straight Insertion Sort)是一种最简单的排序方法,基本操作为:将一个记录插入到已经排好序的有序表中,从而得到一个新的、记录数增 1 的有序表。例如,利用该思想在有序序列 $\{1, 3, 5, 7, 9\}$ 中插入元素 6 的过程为:首先将 6 与序列中的元素由后向前逐个比较,直至找到第一个不大于 6 的元素 5,然后将比 6 大的所有元素逐个向后移动,最后在 5 后边空出的位置插入元素 6。

【例 9 - 1】　用直接插入排序法对关键字集合 $\{6, 16, 26, 8, 18, 28, 9, 19, 29\}$ 进行排序。

直接插入排序的过程如图 9 - 2 所示。

初始关键字集合为:	6	16	26	8	18	28	9	19	29
第1趟排序结果:	6	16	26	8	18	28	9	19	29
第2趟排序结果:	6	16	26	8	18	28	9	19	29
第3趟排序结果:	6	8	16	26	18	28	9	19	29
第4趟排序结果:	6	8	16	18	26	28	9	19	29
第5趟排序结果:	6	8	16	18	26	28	9	19	29
第6趟排序结果:	6	8	9	16	18	26	28	19	29
第7趟排序结果:	6	8	9	16	18	19	26	28	29
第8趟排序结果:	6	8	9	16	18	19	26	28	29

图9-2 直接插入排序的过程

完整代码如下:

```
#include <stdio.h>
int main(int argc, char *argv[])
{
  int array[9] = {6, 16, 26, 8, 18, 28, 9, 19, 29};
  int i, j, m, key;
  key = array[1];
  for (i = 1; i < 9; i++)
  {
                                    // 从后往前找第一个不大于key的元素
    for (m = i-1; m >= 0; m--)
      if (array[m] <= key) break;

                                    // 将所有大于key的元素向后移动
    for (j = i-1; j > m; j--)
      array[j+1] = array[j];

                                    // 在空出的位置插入元素key
    array[m+1] = key;
    key = array[i+1];
  }
  for (i = 0; i < 9; i++)
    printf("%d  ", array[i]);
  return 0;
}
```

下面从四个方面对直接插入排序法进行分析。

(1)稳定性。

由于该算法在查找过程中,是从后向前寻找第一个不大于待插入关键字的关键字,因此相等的关键字顺序不会改变,即该算法是稳定的。

(2)排序算法的排序趟数。

对于 n 个待排序关键字的情况,该排序算法的排序趟数为 $n-1$。

(3)时间复杂度。

该算法的基本操作主要是比较两个关键字的大小和移动记录。对于 n 个待排序关键字的情况,在最好的情况下,即初始序列为正序,此时仅需比较 $n-1$ 次和移动 0 次,时间复杂度为 $O(n)$;在最坏情况下,即初始序列为逆序,此时需要比较 $1+2+\cdots+n-1=n(n-1)/2$ 次,移动 $n(n-1)/2$ 次,时间复杂度为 $O(n^2)$;在平均情况下,该算法的关键字比较次数和移动次数均约为 $n^2/4$,时间复杂度为 $O(n^2)$。

(4)空间复杂度。

该算法只需要一个用于存储待插入关键字的辅助空间,因此空间复杂度为 $O(1)$。

9.2.2　折半插入排序

折半插入排序(Binary Insertion Sort)是直接插入排序的一种改进,其思想为:首先将待插入关键字和有序表中间位置的关键字进行比较,若待插入关键字小于有序表中间位置的关键字,则在有序表的前半部分查找插入位置,否则在有序表的后半部分查找插入位置;然后在新的查找区间进行同样的查找操作,直至查找区间无效为止;最后将插入位置后面的关键字后移,空出位置插入待插入关键字。

【例 9-2】　用折半插入排序法对关键字集合{6, 16, 26, 8, 18, 28, 9, 19, 29}进行排序。

折半插入排序的完整代码如下:

```c
#include <stdio.h>
int main(int argc, char *argv[])
{
  int array[9] = {6, 16, 26, 8, 18, 28, 9, 19, 29};
  int i, j, mid, key, low, high;
  for(i = 1; i < 9; i++)
  {
    key = array[i];
    low = 0;
    high = i-1;
    while(low <= high)
    {
      mid = (low + high) /2;
      if(key < array[mid])
        high = mid - 1;
      else
        low = mid + 1;
    }
    for(j = i; j > low; --j)
      array[j] = array[j-1];
    array[low] = key;
  }
  for(i = 0; i < 9; i++)
    printf("%d  ", array[i]);
  return 0;
}
```

折半插入排序算法采用待插入关键字小于查找区间中间关键字作为判断依据,从而保证了排序算法的稳定性。该算法仅减少了关键字间的比较次数,而关键字的移动次数不变,因此时间复杂度仍为 $O(n^2)$。该算法只需要一个用于存储待插入关键字的辅助空间,因此空间复杂度为 $O(1)$。

9.2.3 希尔排序

希尔排序(Shell's Sort)又称"缩小增量排序"(Diminishing Increment Sort),是 D. L. Shell 于 1959 年为突破时间复杂度 $O(n^2)$ 而提出的一种插入排序算法。其基本思想为:首先取第一个增量 $d_1(d_1 < n)$,把全部记录分成 d_1 个组,所有距离为 d_1 的倍数的关键字放在同一组中,在各组内进行直接插入排序;然后取第二个增量 $d_2 > d_1$,重复上述的分组和排序;最后依此类推,直至所取的增量 $d_t = 1(d_t < d_{t-1} < \cdots < d_2 < d_1)$,即所有记录在同一组中进行直接插入排序为止。

【例 9 - 3】 用希尔排序法对关键字集合{6, 16, 26, 8, 18, 28, 9, 19, 29}进行排序,增量值分别取 4、2 和 1。

希尔排序的过程如图 9 - 3 所示。

初始关键字集合为:	6	16	26	8	18	28	9	19	29
子序列 1:	6				18				29
子序列 2:		16				28			
子序列 3:			26				9		
子序列 4:				8				19	
第 1 趟排序结果:	6	16	9	8	18	28	26	19	29
子序列 1:	6		9		18		26		29
子序列 2:		16		8		28		19	
第 2 趟排序结果:	6	8	9	16	18	19	26	28	29
第 3 趟排序结果:	6	8	9	16	18	19	26	28	29

图 9 - 3 希尔排序的过程

完整代码如下:

```c
#include <stdio.h>
void Shell_Sort(int array[], int, int);
int main(int argc, char *argv[])
{
  int array[9] = {6, 16, 26, 8, 18, 28, 9, 19, 29};
  int i;
  Shell_Sort(array, 4, 9);
  printf("第 1 趟排序结果为: \n");
  for(i = 0; i < 9; i ++)
    printf("% d ", array[i]);
  printf(" \n");
  Shell_Sort(array, 2, 9);
```

```
    printf("第2趟排序结果为:\n");
    for(i = 0; i < 9; i ++)
      printf("% d ", array[i]);
    printf("\n");
    Shell_Sort(array, 1, 9);
    printf("第3趟排序结果为:\n");
    for(i = 0; i < 9; i ++)
      printf("% d ",array[i]);
    printf("\n");
    return 0;
}
void Shell_Sort(int array[], int dk, int n)
{
    int i, j, k, key;
    for(i = 0; i < dk; i ++)
    {
      for(j = i + dk; j < n; j += dk)
      {
        if(array[j - dk] > array[j])
        {
          key = array[j];
          for(k = j - dk; k >= 0 && array[k] > key; k -= dk)
            array[k + dk] = array[k];
          array[k + dk] = key;
        }
      }
    }
}
```

在希尔排序过程中,相等的关键字有可能在根据不同增量进行分组时分在不同的组,经过各自分组排序中位置的调整,使得原来的相对前后位置发生改变,因此希尔排序不是稳定排序。希尔排序算法的"增量"选取非常关键,至今尚未有人求得一种最好的增量序列,但大量研究表明,当增量序列为 $d_t[k] = 2^{t-k+1} - 1$ 时,希尔排序的时间复杂度为 $O(n^{3/2})$,其中 t 为排序趟数,$1 \leqslant k \leqslant t \leqslant \lfloor \log_2(n+1) \rfloor$。还有人在大量实验的基础上提出:当 n 在某个特定范围内,希尔排序所需的比较次数和移动次数约为 $n^{1.3}$,当 n 趋向无穷大时,时间复杂度可以减少到 $n(\log_2 n)^2$。该算法只需要一个用于存储待插入关键字的辅助空间,因此空间复杂度为 $O(1)$。

9.3 交 换 排 序

交换排序(Exchange Sort)是通过交换两个逆序关键字来实现排序的排序方法,其基本思想为:每次将待排序序列中的关键字进行两两比较,一旦发现关键字不满足次序要求就执行交换操作,直至序列中的任意两个关键字都满足次序要求为止。常用的交换排序包括冒泡排序和快速排序。

9.3.1　冒泡排序

冒泡排序(Bubble Sort)是最简单的交换排序方法,其排序过程为:对于含有 n 个关键字的待排序序列,首先比较待排序序列的第 1 个关键字和第 2 个关键字,若逆序则交换二者位置;然后再比较当前序列的第 2 个关键字和第 3 个关键字,若逆序则交换二者位置;最后重复上述操作,直至处理完第 $n-1$ 个关键字和第 n 个关键字为止。上述过程称为一趟冒泡排序,该排序过程的结果就是将最小的关键字或最大的关键字交换到序列的最后一个位置。继续对前边未排好序的剩余关键字重复上述冒泡排序过程,直至在某一趟冒泡排序过程中没有出现交换,则说明序列全部关键字已经达到次序要求。

【例 9-4】　用冒泡排序法对关键字集合{6, 16, 26, 8, 18, 28, 9, 19, 29}进行排序。

冒泡排序的过程如图 9-4 所示。

```
初始关键字集合:      6   16   26   8   18   28   9   19   29
第 1 趟排序结果:     6   16   8   18   26   9   19   28   29
第 2 趟排序结果:     6   8   16   18   9   19   26   28   29
第 3 趟排序结果:     6   8   16   9   18   19   26   28   29
第 4 趟排序结果:     6   8   9   16   18   19   26   28   29
第 5 趟排序结果:     6   8   9   16   18   19   26   28   29
```

图 9-4　冒泡排序的过程

完整代码如下:

```c
#include <stdio.h>
int main(int argc, char *argv[])
{
int array[9] = {6, 16, 26, 8, 18, 28, 9, 19, 29};
  int i, j, temp;
  int Swap_Flag = 1;
  for (i = 0; i < 9-1; i++)
  {
    if (!Swap_Flag) break;
    Swap_Flag = 0;
    for (j = 0; j < 9-1-i; j++)
      if (array[j] > array[j+1])
      {
        temp = array[j];
        array[j] = array[j+1];
        array[j+1] = temp;
        Swap_Flag = 1;
      }
```

```
    }
    for(i = 0; i < 9; i + +)
      printf("% d  ", array[i]);
    printf("\n");
    return 0;
  }
```

在冒泡排序过程中,若关键字相等则不会交换,因此该算法是稳定的。在最好情况下,即待排序序列为正序,此时只需进行一趟冒泡排序,共进行 $n-1$ 次关键字比较,且不移动记录;在最坏情况下,即待排序序列为逆序,此时需要进行 $n-1$ 趟冒泡排序。关键字比较的次数为

$$\sum_{i=n}^{2} (i-1) = \frac{n(n-1)}{2} \approx \frac{n^2}{2}$$

关键字的移动次数为

$$3\sum_{i=n}^{2} (i-1) = \frac{3n(n-1)}{2} \approx 3\frac{n^2}{2}$$

在平均情况下,冒泡排序的关键字比较次数约为 $\frac{n^2}{4}$,关键字移动次数约为 $\frac{3n^2}{4}$。因此,冒泡排序的时间复杂度为 $O(n^2)$。该算法只需要一个用于存储待插入关键字的辅助空间。因此,空间复杂度为 $O(1)$。

9.3.2 快速排序

快速排序(Quick Sort)是对冒泡排序的一种改进排序算法,其基本思想为:在待排序序列中选择一个分割关键字,通过一趟排序使得待排序序列被分割成两个相邻的区域,其中一个区域中的关键字均小于另一个区域中的关键字,然后分别对两个区域的关键字进行再排序,最终使得整个待排序序列有序。

假设待排序关键字数量为 n,$\text{low}=1$,$\text{high}=n$,则快速排序过程如下。

(1)选择待排序序列中的第 1 个关键字作为分割关键字,称为主元(Pivot),将其存入变量 pivot 中。

(2)从待排序序列的最右边依次向左搜索,找到第一个小于 pivot 的关键字,将其移动到 low 所指的位置。具体操作为:当 low < high 时,若 high 所指位置的关键字大于等于pivot,则向左移动 high;否则,将 high 所指位置的关键字与 pivot 交换。

(3)继续从待排序序列的最左边依次向右搜索,找到第一个大于 pivot 的关键字与pivot 交换。具体操作为:当 low < high 时,若 low 所指位置的关键字小于等于 pivot,则向右移动 low;否则,将 low 所指位置的关键字与 pivot 交换。

(4)重复步骤(2)和步骤(3),直至 low 与 high 相等为止。此时,low 或 high 所指的位置即为主元在此趟排序中的最终位置,待排序序列被分割为两个子序列。

(5)在两个子表中分别重复步骤(1)、步骤(2)、步骤(3)和步骤(4),直至每个子表仅有一个关键字为止,此时排序完成。

【例 9-5】 用快速排序法对关键字集合{18, 15 , 25, 7, 10, 23, 30, 11, 27}进行排序。

快速排序的过程如图 9-5 所示。

	pivot low →						← high	
初始关键字集合:	18	15	25	7	10	23	30	11	27
	low						high	
第1次交换结果:	11	15	25	7	10	23	30	11	27
			low				high	
第2次交换结果:	11	15	25	7	10	23	30	25	27
			low		high			
第3次交换结果:	11	15	10	7	10	23	30	25	27
					low high pivot			
第4次交换结果:	11	15	10	7	18	23	30	25	27
第1趟排序结果:	11	15	10	7	18	23	30	25	27
第2趟排序结果:	7	10	11	15	18	23	30	25	27
第3趟排序结果:	7	10	11	15	18	23	27	25	30
第4趟排序结果:	7	10	11	15	18	23	25	27	30
最后的排序结果:	7	10	11	15	18	23	25	27	30

图 9-5 快速排序的过程

完整代码如下:

```c
#include <stdio.h>
void Quick_Sort(int [],int,int);
int main(int argc, char *argv[])
{
  int array[9] = {18, 15, 25, 7, 10, 23, 30, 11, 27};
  int i;
  Quick_Sort(array, 0, 9);
  for(i = 0; i < 9; i ++)
    printf("% d  ", array[i]);
  printf(" \n");
  return 0;
}
void Quick_Sort(int array[],int low,int high)
{
  int i, j, pivot;
  i = low;
  j = high;
  pivot = array[low];
  while(i < j)
  {
```

```
    while(i < j && pivot < array[j])
    j - -;
    if(i < j)
    {
      array[i] = array[j];
      i + +;
    }
    while(i < j && array[i] < = pivot)
      i + +;
    if(i < j)
    {
      array[j] = array[i];
      j - -;
    }
  }
  array[i] = pivot;
  if (low < i)
    Quick_Sort(array, low, j-1);
  if (i < high)
    Quick_Sort(array, j+1, high);
}
```

　　快速排序不是稳定的排序方法。在最好情况下,该算法的时间复杂度为 $O(n\log_2 n)$;在最坏情况下,该算法的时间复杂度为 $O(n^2)$;在平均情况下,该算法的时间复杂度为 $O(n\log_2 n)$。虽然该算法只需要一个辅助空间,但快速排序需要一个栈空间来实现递归。在最好情况下,所需栈的最大深度为 $\log_2(n+1)$;在最坏情况下,栈的最大深度为 n。因此,在最好情况下,快速排序的空间复杂度为 $O(\log_2 n)$;在最坏情况下,快速排序的空间复杂度为 $O(n)$。

9.4　选　择　排　序

　　选择排序(Selection Sort)是一种简单直观的排序算法,其基本思想为:首先从待排序序列中取出最小或最大的关键字,存放于待排序序列的起始位置;然后再从剩余的未排序序列中取出最小或最大关键字,存放于已排序序列的末尾位置;最后依此类推,直至待排序序列为空。

9.4.1　直接选择排序

　　直接选择排序(Straight Selection Sorting)又称简单选择排序(Simple Selection Sort),其基本思想为:通过 $n-i$ 次关键字间的比较,从 $n-i+1$ 个关键字中找出最小的关键字,并与第 $i(1 \leqslant i \leqslant n)$ 个关键字交换。

　　【例 9 - 6】　用直接选择排序法对关键字集合 $\{18, 15 , 25, 7, 10, 23, 30, 11, 27\}$ 进行排序。

直接选择排序的过程如图 9 - 6 所示。

	pivot								
初始关键字集合:	18	15	25	7	10	23	30	11	27
第 1 趟排序结果:	7	15	25	18	10	23	30	11	27
第 2 趟待排序序列:		15	25	18	10	23	30	11	27
第 2 趟排序结果:	7	10	25	18	15	23	30	11	27
第 3 趟待排序序列:			25	18	15	23	30	11	27
第 3 趟排序结果:	7	10	11	18	15	23	30	25	27
第 4 趟待排序序列:				18	15	23	30	25	27
第 4 趟排序结果:	7	10	11	15	18	23	30	25	27
第 5 趟待排序序列:					18	23	30	25	27
第 5 趟排序结果:	7	10	11	15	18	23	30	25	27
第 6 趟待排序序列:						23	30	25	27
第 6 趟排序结果:	7	10	11	15	18	23	30	25	27
第 7 趟待排序序列:							30	25	27
第 7 趟排序结果:	7	10	11	15	18	23	25	30	27
第 8 趟待排序序列:								30	27
第 8 趟排序结果:	7	10	11	15	18	23	25	27	30

图 9 - 6　直接选择排序的过程

完整代码如下:

```c
#include <stdio.h>
int main(int argc, char *argv[])
{
  int array[9] = {18, 15 , 25, 7, 10, 23, 30, 11, 27};
  int i, j, k, temp;
  for (i = 0; i < 9 - 1; i + +)
  {
    k = i;
    for (j = i + 1; j < 9; j + +)
      if (array[j] < array[k])
        k = j;
    if (k ! = i)
    {
      temp = array[i];
      array[i] = array[k];
      array[k] = temp;
    }
  }
  for (i = 0; i < 9; i + +)
```

```
    printf("% d  ",array[i]);
  printf(" \n");
  return 0;
}
```

就选择排序方法本身来讲,是稳定的排序方法。只不过由于交换策略容易造成不稳定现象,因此可以改变这个策略,从而写出不产生"不稳定现象"的选择排序算法。对于 n 个待排序关键字,该算法的排序趟数为 $n-1$。在最好情况下不移动,在最坏情况下移动 $3(n-1)$ 次。在全部 $n-1$ 趟排序过程中,关键字比较次数为

$$\sum_{i=1}^{n-1}(n-i)=\frac{n(n-1)}{2}\approx\frac{n^2}{2}$$

因此,简单选择排序算法的最好、最坏和平均情况的时间复杂度都是 $O(n^2)$。该算法需要一个辅助空间存放用于交换关键字的临时变量 temp。因此,空间复杂度为 $O(1)$。

9.4.2　树形选择排序

树形选择排序(Tree Selection Sort)又称锦标赛排序(Tournament Sort),是一种按照锦标赛的思想进行选择排序的方法。其基本思想为:首先对 n 个关键字进行两两比较;然后在得到的 $n/2$ 个较小关键字之间再进行两两比较;最后如此重复,直至取得最小关键字为止。其过程可以用一棵具有 n 个叶子结点的完全二叉树表示。

例如,假设关键字集合为 {12, 8, 16, 9, 20, 13, 6, 15},对其进行树形选择排序的过程如图 9-7 所示。

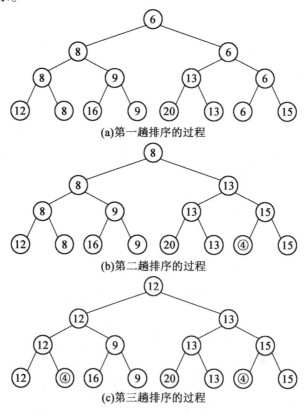

(a)第一趟排序的过程

(b)第二趟排序的过程

(c)第三趟排序的过程

图 9-7　树形选择排序的过程

图 9 - 7(a)中的 8 个叶子结点依次存放待排序序列的 8 个关键字,每个非终端结点存放其左右孩子中较小的那个关键字,则根结点的关键字为叶子结点中最小的关键字,将最小关键字取出存入已排序序列。在取出最小关键字之后,根据关系的可传递性,欲再取出次小关键字,只需将存放最小关键字的叶子结点改为"最大值",再从该叶子结点开始,与其左右兄弟的关键字相比较,根据比较结果修改从叶子结点到根结点路径上各非终端结点的关键字,则根结点的关键字即为次小值,将次小关键字取出存入已排序序列的后边。同理,可依次选出从小到大的所有关键字。

对于含有 n 个叶子结点的完全二叉树的深度为$\lceil \log_2 n \rceil + 1$,则在树形选择排序中,除最小关键字外,每选择一个次小关键字仅需进行$\lceil \log_2 n \rceil$次比较,因此该算法的时间复杂度为 $O(n\log_2 n)$。但是,这种排序算法所需的辅助空间较多,且需要和"最大值"进行多余的比较。为弥补这些缺点,Floyd 和 Willianms 于 1964 年提出了堆排序。

9.4.3　堆排序

堆排序(Heap Sort)是一种树形选择排序,其思想为:首先将待排序关键字序列看成是一颗完全二叉树的顺序存储结构;然后利用完全二叉树中双亲结点和孩子之间的内在联系,在当前无序的序列中选择最大关键字或最小关键字。

堆是具有下列性质的完全二叉树:每个结点的值都大于或等于其左右孩子结点的值,称为大顶堆,如图 9 - 8(a)所示;或者每个结点的值都小于或等于其左右孩子结点的值,称为小顶堆,如图 9 - 8(b)所示。

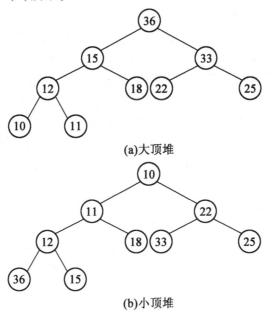

(a)大顶堆

(b)小顶堆

图 9 - 8　大顶堆和小顶堆

若按照层序遍历的方式为结点从 1 开始编号,则堆中结点之间满足如下关系:$k_i \geqslant k_{2i}$ 且 $k_i \geqslant k_{2i+1}$,或者 $k_i \leqslant k_{2i}$ 且 $k_i \leqslant k_{2i+1}$ $(1 \leqslant i \leqslant \lfloor n/2 \rfloor)$。层序遍历堆结点如图 9 - 9 所示。

堆排序利用了大顶堆或小顶堆根结点值最大或最小的特征,从当前无序的序列中选择最大或最小的关键字,从而实现排序。以利用大顶堆排序为例,其排序过程如下。

序号	1	2	3	4	5	6	7	8	9
大顶堆	36	15	33	12	18	22	25	10	11

$$k_i \geqslant k_{2i} \text{且} k_i \geqslant k_{2i+1} (例如 i=4)$$

序号	1	2	3	4	5	6	7	8	9
小顶堆	10	11	22	12	18	33	25	36	15

$$k_i \leqslant k_{2i} \text{且} k_i \leqslant k_{2i+1} (例如 i=4)$$

图 9-9　层序遍历堆结点

（1）按堆的定义将待排序关键字序列 k_1，k_2，…，k_n 调整为大顶堆，交换 k_1 和 k_n，则 k_n 为最大关键字。

（2）将关键字序列 k_1，k_2，…，k_{n-1} 重新调整为堆，再交换 k_1 和 k_{n-1}，则 k_{n-1} 为次大关键字。

（3）循环 $n-1$ 次，直至交换 k_1 和 k_2 为止，排序完毕。

【例 9-7】　用堆排序法对关键字集合 $\{18, 15, 25, 7, 10, 23, 30, 11, 27\}$ 进行排序。

堆排序过程如下。

（1）将待排序序列存入完全二叉树，如图 9-10（a）所示。

（2）判断各结点是否满足大顶堆条件，若不满足则调整。由于叶子结点肯定满足大顶堆条件，因此先判断倒数第一个非叶子结点 7 是否满足大顶堆条件，由于 7 小于 27，因此 7 与 27 交换。再判断倒数第二个非叶子结点是否满足大顶堆条件，由于 25 小于 30，因此 25 与 30 交换。再判断倒数第三个非叶子结点是否满足大顶堆条件，由于 15 小于 27，因此 15 和 27 交换。再看根结点是否满足大顶堆条件，由于 18 小于 30，因此 18 和 30 交换。由于 18 结点下移，因此还要看 18 结点下移后是否满足大顶堆条件，由于 18 小于 25，因此 18 和 25 交换。此时，第 1 次调整为大顶堆，如图 9-10（b）所示。

（3）将堆顶与最后一个关键字交换，交换后最后一个结点关键字值最大，再判断剩余元素构成的新树是否满足大顶堆条件。只有根结点 7 不满足大顶堆条件，调整为 7 与 27 交换，再调整为 7 与 15 交换，再调整为 7 与 11 交换，此时满足大顶堆条件，第 2 次调整为大顶堆，如图 9-10（c）所示。

（4）将堆顶与还未排序序列的最后一个关键字交换，再判断剩余元素构成的新树是否满足大顶堆条件。只有根结点不满足大顶堆条件，调整为 7 与 25 交换，再调整为 7 与 23 交换，此时满足大顶堆条件，第 3 次调整为大顶堆，如图 9-10（d）所示。

（5）将堆顶与还未排序序列的最后一个关键字交换，再判断剩余元素构成的新树是否满足大顶堆条件。只有根结点不满足大顶堆条件，调整为 18 与 23 交换，此时满足大顶堆条件，第 4 次调整为大顶堆，如图 9-10（e）所示。

（6）将堆顶与还未排序序列的最后一个关键字交换，再判断剩余元素构成的新树是否满足大顶堆条件。只有根结点不满足大顶堆条件，调整为 7 与 18 交换，此时满足大顶堆条件，第 5 次调整为大顶堆，如图 9-10（f）所示。

（7）将堆顶与还未排序序列的最后一个关键字交换，再判断剩余元素构成的新树是否满足大顶堆条件。只有根结点不满足大顶堆条件，调整为 10 与 15 交换，再调整为 10 与 11 交换，此时满足大顶堆条件，第 6 次调整为大顶堆，如图 9-10（g）所示。

（8）将堆顶与还未排序序列的最后一个关键字交换,再判断剩余元素构成的新树是否满足大顶堆条件。只有根结点不满足大顶堆条件,调整为 10 与 11 交换,此时满足大顶堆条件,第 7 次调整为大顶堆,如图 9–10(h)所示。

（9）将堆顶与还未排序序列的最后一个关键字交换,再判断剩余元素构成的新树是否满足大顶堆条件。只有根结点不满足大顶堆条件,调整为 7 与 10 交换,此时满足大顶堆条件,第 8 次调整为大顶堆,如图 9–10(i)所示。

（10）将堆顶与还未排序序列的最后一个关键字交换,排序完毕,获得有序序列如图 9–10(j)所示。

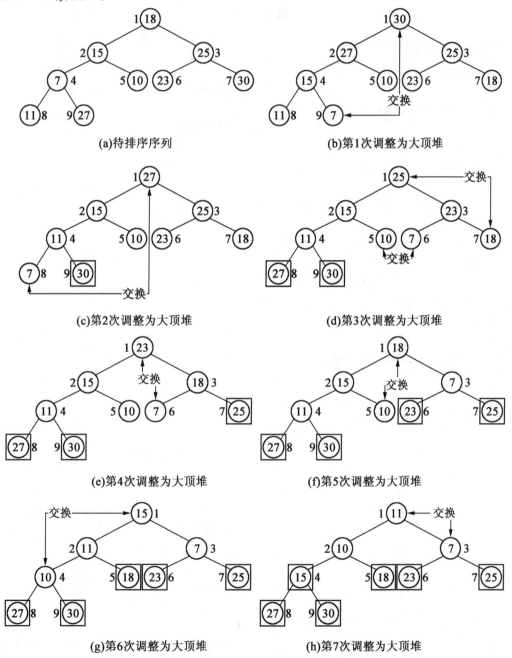

图 9–10 堆排序的过程

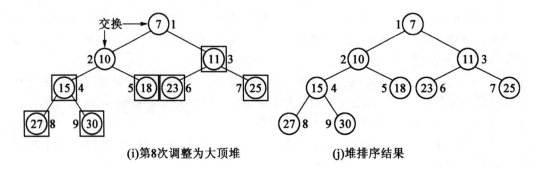

(i)第8次调整为大顶堆　　　**(j)堆排序结果**

续图 9 – 10

完整代码如下：

```
#include <stdio.h>
                                     //堆调整函数
void Heap_Adjust(int [], int, int);
                                     //堆排序函数
void Heap_Sort(int [], int);
int main(int argc, char *argv[])
{
int array[9] = {18, 15, 25, 7, 10, 23, 30, 11, 27};
  int i;
  Heap_Sort(array, 9);
  for (i = 0; i < 9; i ++)
    printf("% d  ", array[i]);
  printf(" \n");
  return 0;
}
void Heap_Adjust(int array[], int n, int i)
{
  int maxChild, temp;
  while (1)
  {
                                     //设 i 的左子为最大孩子
    maxChild = 2 * i + 1;
    if (maxChild > n – 1) return;
                                     //若 i 有右子,且右子大于等于左子,则标记右
                                     子为最大孩子
    if (maxChild +1 < = n – 1)
    {
      if (array[maxChild +1] > = array[maxChild])
      maxChild + +;
    }
                                     //若最大孩子小于父结点则返回,否则与父结点
                                     交换
```

```
    if (array[i] > array[maxChild]) return;
    temp = array[i];
    array[i] = array[maxChild];
    array[maxChild] = temp;
    i = maxChild;
  }
}

void Heap_Sort(int array[], int n)
{
  int i, j, temp;
                                          //建立大顶堆
  for (i = n /2 -1; i > = 0; i - -)
    Heap_Adjust(array, n, i);

                                          //反复进行堆顶与未排序的最后一个关键字的
                                          交换及调整操作

  for (j = n; j > 1; j - -)
  {
    temp = array[0];
    array[0] = array[j -1];
    array[j -1] = temp;
    Heap_Adjust(array, j -1, 0);
  }
}
```

堆排序不是稳定排序算法。该算法的时间主要消耗在建堆和换顶调整上,其中建堆的时间复杂度从形式上看为 $O(n\log_2 n)$,但实际可达 $O(n)$,而换顶调整的时间复杂度为 $O(\log_2 n)$,因此总体说来该算法的时间复杂度为 $O(n\log_2 n)$。由于堆排序对待排序序列是否有序并不敏感,因此该算法无论在最好、最坏和平均情况下,时间复杂度均为 $O(n\log_2 n)$。该算法需要一个辅助空间存放用于交换关键字的临时变量 temp,因此空间复杂度为 $O(1)$。

9.5　归并排序

归并排序(Merging Sort)就是将两个或两个以上的有序表合并成一个有序表的过程。称将两个有序表合并成一个有序表的过程为二路归并排序,其基本思想为:首先将含有 n 个关键字的待排序序列看成为 n 个有序的子序列,每个子序列的长度为 1;然后两两归并,从而得到 $\lceil n/2 \rceil$ 个长度为 2 或 1 的有序子序列;最后再两两归并……如此重复,直至得到一个长度为 n 的有序序列为止。值得注意的是,二路归并排序的核心操作为将待排序关键字序列中前后相邻的两个有序序列归并为一个有序序列。

例如,将无序序列{18, 15 , 25, 7, 10, 23, 30, 11, 27}通过两两合并排序后再合并,最终可以获得一个有序序列,二路归并过程如图 9 - 11 所示。

初始序列：   [18] [15] [25]   [7]   [10] [23] [30] [11] [27]
第1趟归并结果：   [15   18]   [7   25]   [10   23]   [11   30] [27]
第2趟归并结果：   [7   15   18   25]   [10   11   23   30] [27]
第3趟归并结果：   [7   10   11   15   18   23   25   30] [27]
第4趟归并结果：   [7   10   11   15   18   23   25   27   30]

图9-11 二路归并过程

【例9-8】 用归并排序法对关键字集合{6，9，8，7，5，3，4，1，2}进行排序。归并排序的过程如图9-12所示。

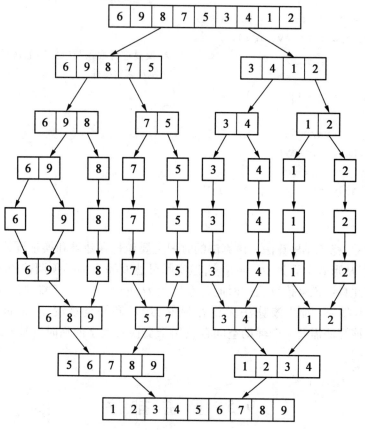

图9-12 归并排序的过程

完整代码如下：

```
#include <stdio.h>
void Merge(int [], int, int, int);
void Merging_Sort(int [], int, int);
void Merge(int array[], int low, int mid, int high)
{
  int i, j, k;
  int *temp;
```

//开辟临时存储归并结果的存储空间

```
      temp = (int *)malloc((high - low + 1) * sizeof(int));
      i = low;
      j = mid + 1;
      k = 0;
                                              //两个子序列中元素的比较归并
      while ((i < = mid) && (j < = high))
      {
        if (array[i] < = array[j])
        {
          temp[k] = array[i];
          i = i + 1;
        }
        else
        {
          temp[k] = array[j];
          j = j + 1;
        }
        k = k + 1;
      }
                                              //将剩余的关键字保存至 temp 数组
      while (i < = mid)
      {
        temp[k] = array[i];
        i = i + 1;
        k = k + 1;
      }
                                              //将剩余的关键字保存至 temp 数组
      while (j < = high)
      {
        temp[k] = array[j];
        j = j + 1;
        k = k + 1;
      }
                                              //将归并排序结果保存至原数组
      for (i = 0; i < k; i + +)
        array[low + i] = temp[i];
      free(temp);
    }
    void Merging_Sort(int array[], int low, int high)
    {
      int mid;
                                              //若只有 1 个关键字则不分割,否则根据关键字
                                              的数量的一半分割出两个子序列
      if (low = = high)
```

```
      return;
    else
    {
      mid = (low + high) /2;
      Merging_Sort(array, low, mid);
      Merging_Sort(array, mid +1, high);
                                          //归并两个子序列
      Merge(array, low, mid, high);
    }
}
int main(int argc, char *argv[])
{
  int array[9] = {6,9 , 8, 7, 5, 3, 4, 1, 2};
  int i;
  Merging_Sort(array,0,8);
  for (i = 0; i < 9; i + +)
    printf("% d  ", array[i]);
  printf("\n");
  return 0;
}
```

归并排序是稳定排序算法。对于 n 个关键字,该算法的排序趟数为 $\lceil \log_2 n \rceil$ 次。该算法在最好、最坏和平均情况下的时间复杂度均为 $O(n\log_2 n)$。该算法需要与待排序序列包含的关键字数量相等的辅助存储空间,因此其空间复杂度为 $O(n)$。

9.6　基　数　排　序

基数排序(Radix Sort)与前边介绍的各类排序算法不同,该算法不是基于关键字之间的比较,而是基于分配排序(Distribution Sort)算法,又称桶子法(Bucket Sort),是一种借助多关键字排序思想对单关键字进行排序的方法。其基本思想为:设置若干个桶子,首先顺序扫描待排序关键字,按关键字的个位数装桶,把个位数字为 k 的关键字全部装入第 k 个桶子里边,这一过程一般称为装桶分配;然后按桶子序号递增的顺序将各个非空桶子首尾相连,从而获得第一趟排序结果,这一过程一般称为收集;最后顺序扫描第一趟排序结果,按关键字的十位数装桶,收集后获得第二趟排序结果,依此类推,直至按数据的最高位装桶分配后收集的结果即为最终的排序结果。

9.6.1　多关键字排序

多关键字排序有两种方式:一种为最高位优先(MSD),即先按照最高位关键字将待排序序列排成若干子序列,再对子序列按照次高位排序,最后将所有子序列依次连接成一个有序序列;另一种为最低位优先(LSD),即先按最低位关键字进行排序,再按次低位关键字进行排序,依次重复,直至对最高位关键字进行排序,从而获得一个有序序列。

MSD 和 LSD 只规定按关键字高位或低位顺序来进行排序,而没有规定对每个关键字位进行排序时所用的方法。显而易见,若采用 MSD 方法,则必须将序列逐层分割成若干子序列,然后对各子序列分别进行排序;若采用 LSD 方法,则不必将待排序序列分割成子序列,对每个关键字都是整个序列参加排序,但对除最低位外的各关键字位进行排序时只能用稳定的排序方法。值得注意的是,按 LSD 方法进行排序时,在一定条件下可以不通过关键字之间的比较来实现排序,而采用若干次"装桶分配"和"收集"来实现排序。

例如,假设扑克牌的高位关键字为花色,花色的大小关系为"方块 < 梅花 < 红心 < 黑桃",低位关键字为面值,面值的大小关系为"2 < 3 < 4 < 5 < 6 < 7 < 8 < 9 < J < Q < K < A",分别用 MSD 和 LSD 方法对序列{红心 K, 黑桃 6, 方片 A, 梅花 3, 黑桃 5, 红心 8, 梅花 J, 方片 10, 红心 2}进行排序。

采用 MSD 方法进行排序的过程为:首先按照高优先级的关键字花色分成 4 组,可以想象为 4 个桶,把待排序的扑克牌按花色分别放入 4 个桶中;然后采用任意排序算法在每组内按照低位关键字面值进行排序;最后将各组扑克牌按顺序收集起来就完成排序了。采用 MSD 方法进行排序的过程如图 9 – 13 所示。

初始序列:

红心K	黑桃6	方片A	梅花3	黑桃5	红心8	梅花J	方片10	红心2

按花色分4组:

方片	梅花	红心	黑桃
方片A 方片10	梅花3 梅花J	红心K 红心8 红心2	黑桃6 黑桃5

组内排序:

方片	梅花	红心	黑桃
方片10 方片A	梅花3 梅花J	红心2 红心8 红心K	黑桃5 黑桃6

排序结果:

方片10	方片A	梅花3	梅花J	红心2	红心8	红心K	黑桃5	黑桃6

图 9 – 13 采用 MSD 方法进行排序的过程

采用 LSD 方法进行排序的过程:先按最低位关键字面值分 13 组,并将待排序扑克牌分别放入;然后进行收集;最后按最高位关键字花色分组并收集。采用 LSD 方法进行排序的过程如图 9 – 14 所示。

初始序列:	红心 K	黑桃 6	方片 A	梅花 3	黑桃 5	红心 8	梅花 J	方片 10	红心 2

	2	3	4	5	6	7	8	9	10	J	Q	K	A
按面值分 13组:	红心2	梅花3		黑桃5	黑桃6		红心8		方片10	梅花J		红心K	方片A

收集:	红心 2	梅花 3	黑桃 5	黑桃 6	红心 8	方片 10	梅花 J	红心 K	方片 A

	方片	梅花	红心	黑桃
按花色分 4组:	方片10 方片A	梅花3 梅花J	红心2 红心8 红心K	黑桃5 黑桃6

排序结果:	方片 10	方片 A	梅花 3	梅花 J	红心 2	红心 8	红心 K	黑桃 5	黑桃 6

图 9 - 14　采用 LSD 方法进行排序的过程

9.6.2　链式基数排序

基数排序的思想类似于 LSD 方法,是借助“分配”和“收集”操作对待排序序列进行排序的一种内排序方法。在一些情况下,可以将关键字看成由若干个关键字复合而成。例如,假设 n 条记录的关键字 K 为数值,且 K 在 0 ~ 999 之间,则可以将每个关键字 K 看成由 3 个关键字(K_0,K_1,K_2)组成。因此,对该待排序序列进行排序,可以采用多关键字“分配”和“收集”的方法进行排序。显而易见,K_0 为百位,K_1 为十位,K_2 为个位,且 K_0、K_1和 K_2 的取值范围均为 0 ~ 9,即共有 10 种可能的取值,这种分量关键字可能的取值个数一般被称为基,此时基为 10。

基数排序在具体实现时,一般采用链式基数排序。

【例 9 - 9】　用链式基数排序法对关键字集合{216, 998, 518, 716, 553, 003, 104, 021, 852}进行排序。

链式基数排序的过程为:首先按照最低位关键字即个位进行分配和收集;然后按照次低位关键字即十位进行分配和收集;最后按照最高位关键字即百位进行分配和收集。链式基数排序的过程如图 9 - 15 所示。

216 → 998 → 518 → 716 → 553 → 003 → 104 → 021 → 852

(a)初始序列

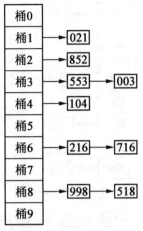

(b)第一趟分配结果

021 → 852 → 553 → 003 → 104 → 216 → 716 → 998 → 518

(c)第一趟收集结果

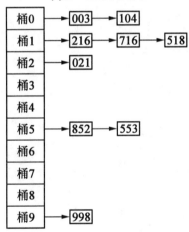

(d)第二趟分配结果

003 → 104 → 216 → 716 → 518 → 021 → 852 → 553 → 998

(e)第二趟收集结果

图 9-15 链式基数排序的过程

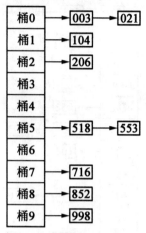

(f)第三趟分配结果

$$003 \rightarrow 021 \rightarrow 104 \rightarrow 216 \rightarrow 518 \rightarrow 553 \rightarrow 716 \rightarrow 852 \rightarrow 998$$

(g)第三趟收集结果

续图 9 - 15

完整代码如下:

```c
#include <stdio.h>
typedef struct
{
  int data;
  struct node * next
} node;
typedef struct
{
  node * front;
  node * rear;
} bucket;
int main(int argc, char * argv[])
{
  node * collect, * currentRear, * temp;
  bucket list[10];
  int array[9] = {216, 998 , 518, 716, 553, 3, 104, 21, 852};
  int i, k;
                                        //将 10 个桶清空
  for (i = 0; i < 10; i + +)
    list[i].front = list[i].rear = NULL;
                                        //第一趟分配
  for (i = 0; i < 9; i + +)
  {
    temp = (node * )malloc(sizeof(node));
    temp - >data = array[i];
```

```
    temp - >next = NULL;
    k = array[i]% 10;
    if (! list[k].rear)
      list[k].front = list[k].rear = temp;
    else
    {
      list[k].rear - >next = temp;
      list[k].rear = temp;
    }
  }
                                  //第一趟收集
collect = NULL;
for (i = 0; i < 10; i + +)
{
  if (! list[i].front) continue;
  if (! collect)
    collect = list[i].front;
  else
    currentRear - >next = list[i].front;
  currentRear = list[i].rear;
}
                                  //将 10 个桶清空
for (i = 0; i < 10; i + +)
  list[i].front = list[i].rear = NULL;
                                  //第二趟分配
for (i = 0; i < 9; i + +)
{   k = (collect - >data % 100) /10;
  if (! list[k].rear)
    list[k].front = list[k].rear = collect;
  else
  {
    list[k].rear - >next = collect;
    list[k].rear = collect;
  }
  collect = collect - >next;
}
                                  //第二趟收集
collect = NULL;
for (i =0; i <10; i + +)
{
  if (! list[i].front) continue;
  if (! collect)
    collect = list[i].front;
  else
```

```
      currentRear - >next = list[i].front;
    currentRear = list[i].rear;
  }
```
                                    //将 10 个桶清空
```
  for (i = 0; i < 10; i + +)
    list[i].front = list[i].rear = NULL;
```
                                    //第三趟分配
```
  for (i = 0; i < 9; i + +)
  {   k = collect - >data /100;
    if (! list[k].rear)
      list[k].front = list[k].rear = collect;
    else
    {
      list[k].rear - >next = collect;
      list[k].rear = collect;
    }
    collect = collect - >next;
  }
```
                                    //第三趟收集
```
  collect = NULL;
  for (i = 0; i < 10; i + +)
  {
    if (! list[i].front) continue;
    if (! collect)
      collect = list[i].front;
    else
      currentRear - >next = list[i].front;
    currentRear = list[i].rear;
  }
```
                                    //将排序结果保存至 array 并输出
```
  for (i = 0; i < 9; i + +)
  {
    array[i] = collect - >data;
    collect = collect - >next;
    printf("% d  ", array[i]);
  }
  printf(" \n");
  return 0;
}
```

　　基数排序是稳定排序算法。对于 n 个元素,假设每个元素含有 d 个关键字,每个关键字的取值范围即基数为 radix,则进行链式基数排序时,每一趟"分配"的时间复杂度为 $O(n)$,每一样"收集"的时间复杂度为 $O(\text{radix})$,因此该算法总的时间复杂度为 $O[d(n + \text{radix})]$。该算法需要 $(n + 2 * \text{radix})$ 个辅助空间,因此空间复杂度为 $O(n + \text{radix})$。

9.7　内部排序方法的比较

前面介绍的各种内部排序方法的比较见表9-1。

表9-1　各种内部排序方法的比较

排序方法	稳定性	时间复杂度	空间复杂度
直接插入排序	稳定	最优 $O(n)$，最坏 $O(n^2)$，平均 $O(n^2)$	$O(1)$
折半插入排序	稳定	最优 $O(n\log_2 n)$，最坏 $O(n^2)$，平均 $O(n^2)$	$O(1)$
希尔排序	不稳定	复杂	$O(1)$
冒泡排序	稳定	最优 $O(n)$，最坏 $O(n^2)$，平均 $O(n^2)$	$O(1)$
快速排序	不稳定	最优 $O(n\log_2 n)$，最坏 $O(n^2)$，平均 $O(n\log_2 n)$	$O(\log_2 n)$
直接选择排序	稳定	$O(n^2)$	$O(1)$
堆排序	不稳定	$O(n\log_2 n)$	$O(1)$
归并排序	稳定	$O(n\log_2 n)$	$O(n)$
基数排序	稳定	$O(d(n+\mathrm{radix}))$	$O(n+\mathrm{radix})$

9.8　外　部　排　序

外排序一般用于待排序数据量非常大的情况，无法一次性将全部数据载入内存，因此无法进行内排序。此时，需要在内外存之间进行多次数据交换，而外存数据处理的速度要比内存慢得多，因此时间的消耗主要体现在对外存的访问上。

9.8.1　外排序的基本过程

外排序主要由两个相对独立的阶段组成，分别为预处理阶段和合并阶段，即先按可用内存大小，将存储在外存上的含有 n 条记录的文件分批读入内存，并通过有效的排序方法使其成为若干个有序的子文件，再采用有效的合并方法将这些有序的子文件合并成一个有序文件。

9.8.2　预处理

将存储在外存的大文件分割并排序成若干个子文件的过程称为预处理，这些有序的子文件称为初始游程、归并段或顺串。为得到初始游程，一般可以选择一种有效的内排序方法，将存于外存的待排序的大文件尽可能多的载入内存进行排序。例如，若内存能容纳的数据规模为 m，则初始游程的长度不超过 m。为实现记录读写的并发，提升初始游程生成的效率，可以采用置换选择（Replacement Selection）方法，从而大大缩短初始游程的生成时间，同时生成的初始游程数量尽可能少，进而减少合并阶段的时间消耗。

例如,假设内存能存储 m 个记录,则预处理的过程如下。

1. 建立初始堆

(1)取 m 个记录,建立大小为 m 的堆。

(2)在外存中建立第一个空的初始游程文件。

2. 置换选择排序

(1)输出当前堆顶记录到当前初始游程文件中。

(2)取下一个记录。若该记录的关键字不小于刚输出记录的关键字,则由其取代堆顶记录,并调整当前堆;反之,若该记录的关键字小于刚输出记录的关键字,则由当前堆的堆底记录取代堆顶记录,然后将新纪录存放于原当前堆堆底的位置上,使其成为新堆成员。此时,若新堆的记录个数超过 $\lceil m/2 \rceil$,则应对新堆进行调整。当新堆记录达到 m 时,表示当前堆已经输出完毕,一个初始游程文件生成完毕。将新堆设置为当前堆,在外存中创建下一个空的初始游程文件。

(3)重复步骤(1)和步骤(2),直至存于外存中的所有待排序记录输入完毕。

3. 输出内存中剩余的记录

(1)输出当前堆中的剩余记录到初始游程文件中,注意每输出一个堆顶记录后均需要调整当前堆。

(2)若内存中有新堆,则为新堆创建最后一个空的初始游程文件,并将新堆记录输出到最后一个初始游程文件中,注意每输出一个堆顶记录后均需要调整当前堆。

9.8.3　多路归并

1. 二路归并与多路归并

二路归并为最简单的归并,但与内排序不同,由于存储空间的限制,因此不能将两个初始游程文件同时载入内存,只能将每个待排归并文件中的部分记录载入内存,并将这些记录有序地写入外存中的临时文件中。在进行二路归并时,每个记录被载入内存再被写回外存的过程称为一趟扫描,则归并趟数就是记录被扫描的次数。假设初始游程文件数量为 n,则二路归并的趟数为 $\lceil \log_2 n \rceil$。例如,对 8 个初始游程文件进行二路归并的趟数为3,其二路归并树如图 9 – 16 所示。

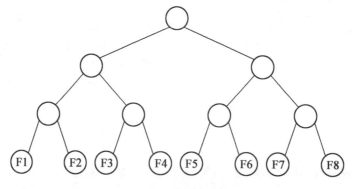

图 9 – 16　二路归并树

对 n 个初始游程文件进行 k 路归并,归并趟数为 $\lceil \log_k n \rceil$。显而易见,初始游程文件的数量越少,归并的趟数越少。另外,k 越大,归并趟数越少。值得注意的是,k 增大,虽然归并趟数减少,但每一趟的比较次数增加,可见趟数少并不表示多路归并的速度快,因此 k 值需要精心设置,才能对归并速度产生积极的影响。

2.竞赛树

竞赛树是一棵完全二叉树,分为胜者树和败者树。

(1)胜者树。

胜者树就是从竞赛树的基本形态出发,由下至上,层层比赛,关键字较小者胜,胜者入驻上层结点。一棵胜者树及其重构如图 9-17 所示。

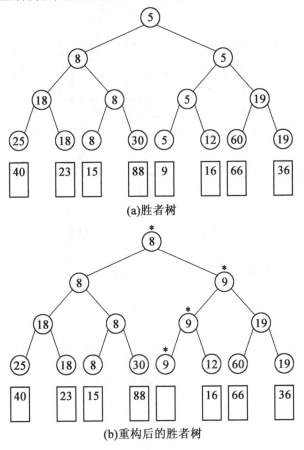

图 9-17　一棵胜者树及其重构

(2)败者树。

胜者树虽然直观,但效率不高。败者树能够简化重构过程,从而提升效率。所谓败者树,即在竞赛树的每个非叶子结点中,均存放其左右子树上两个最小值中的较大的那个关键字,并用一个额外的结点保存全胜者。一棵败者树及其重构如图 9-18 所示。

竞赛树的作用就是不断从 k 个记录中选择关键字最小的输出,每输出一个记录就需要对竞赛树进行一次重构,重构最多需进行 $\lceil \log_2 k \rceil$ 次比较。若进行一趟归并需要处理 t 个记录,并且 k 路合并 n 个初始游程的归并趟数为 $\lceil \log_k n \rceil$,则归并的时间复杂度为 $O(t\log_2 n)$。

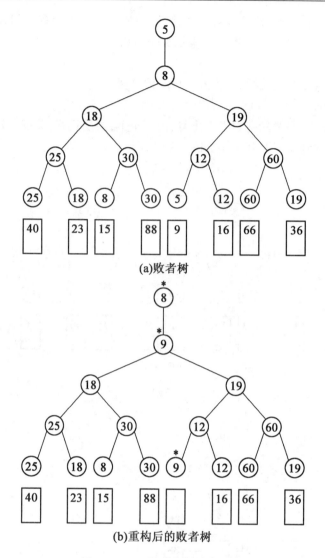

(a)败者树

(b)重构后的败者树

图 9-18　一棵败者树及其重构

9.8.4 最佳归并树

　　竞赛树可以提升多路归并的效率,但每一个记录的外存读写次数才是真正决定外排序时间消耗的关键。通过置换选择方法产生的初始游程文件的长度很可能不相等,这样在多路归并时,可能对外存读写次数产生较大影响。

　　最佳归并树是加权路径长度最小的树。构造最佳归并树的方法与哈夫曼树的构造过程类似。若将初始游程的长度看成是归并树中叶子结点的权值,则对长度不一的 n 个初始游程以 k 叉哈夫曼树的方式进行 k 路归并,可以使得在归并过程中所需的对外存读写次数最少。例如,三路归并树及其最佳归并树如图 9-19 所示。

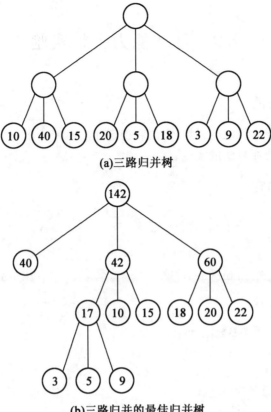

(a)三路归并树

(b)三路归并的最佳归并树

图 9 – 19　三路归并树及其最佳归并树

　　假如初始游程的数目 $n-1$ 不是归并路数 $k-1$ 的整数倍,则需附加长度为零的"虚游程"。按照哈夫曼树的构造原则,权值为零的叶子结点应离树根最远。若 $(n-1)\%(k-1)$ 不为 0,则需附加 $(k-1)-(n-1)\%(k-1)$ 个虚游程。只有 8 个初始游程的三路归并的最佳归并树如图 9 – 20 所示。

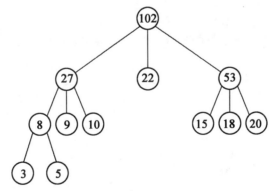

图 9 – 20　只有 8 个初始游程的三路归并的最佳归并树

9.9　基本能力上机实验

9.9.1　实验目的

(1)掌握常用内排序算法的思想、方法和稳定性。

(2)掌握常用内排序算法的实现。

9.9.2　实验内容

1. 直接插入排序

```c
#include <stdio.h>
void SI_Sort(int [], int);
int main(int argc, char *argv[])
{
  int array[11],i;
  printf("请输入10个整数: \n");
  for (i = 1; i <= 10; i++)
    scanf("% d",&array[i]);
  printf("待排序序列为: \n");
  for(i = 1;i <= 10;i++)
    printf("% d  ",array[i]);
  SI_Sort(array, 10);
  printf("\n已排序序列为: \n");
  for(i = 1; i <= 10; i++)
    printf("% d  ", array[i]);
  printf("\n");
  return 0;
}
void SI_Sort(int array[], int n)
{
  int i, j;
  for(i = 2; i <= n; i++)
  {
    array[0] = array[i];
    j = i - 1;
    while(array[0] < array[j])
    {
      array[j + 1] = array[j];
      j--;
    }
    array[j + 1] = array[0];
  }
```

```
}
```

2.折半插入排序

```c
#include <stdio.h>
void BI_Sort(int [],int);
int main(int argc, char *argv[])
{
  int array[10],i;
  printf("请输入10个整数:\n");
  for (i = 0; i < 10; i + +)
    scanf("% d",&array[i]);
  printf("待排序序列为:\n");
  for(i = 0;i < 10;i + +)
    printf("% d  ",array[i]);
  BI_Sort(array, 10);
  printf("\n已排序序列为:\n");
  for(i = 0; i < 10; i + +)
    printf("% d  ", array[i]);
  printf("\n");
  return 0;
}
void BI_Sort(int array[],int n){
  int i,j,low = 0,high = 0,mid;
  int temp = 0;
  for (i =1; i <n; i + +) {
    low = 0;
    high = i -1;
    temp = array[i];
    while (low < = high) {
      mid = (low + high) /2;
      if (array[mid] > temp) {
        high = mid -1;
      }else{
        low = mid +1;
      }
    }
    for (j = i; j > low; j - -) {
      array[j] = array[j -1];
    }
    array[low] = temp;
  }
}
```

3.希尔排序

```c
#include <stdio.h>
void DI_Sort(int [],int);
```

```c
int main(int argc, char *argv[])
{
  int array[11],i;
  printf("请输入 10 个整数: \n");
  for (i = 1; i <= 10; i++)
    scanf("% d",&array[i]);
  printf("待排序序列为: \n");
  for(i = 1;i <= 10;i++)
    printf("% d  ",array[i]);
  DI_Sort(array, 10);
  printf("\n 已排序序列为: \n");
  for(i = 1; i <= 10; i++)
    printf("% d  ", array[i]);
  printf("\n");
  return 0;
}
void DI_Sort(int array[], int n)
{
  int i, j, d;
  d = n /2;
  while(d >= 1)
  {
    for(i = d+1; i <= n; i++)
    {
      array[0] = array[i];
      j = i - d;
      while((j > 0) && (array[0] < array[j]))
      {
        array[j + d] = array[j];
        j = j - d;
      }
      array[j + d] = array[0];
    }
    d = d /2;
  }
}
```

4. 冒泡排序

```c
#include <stdio.h>
void Bubble_Sort(int [],int);
int main(int argc, char *argv[])
{
  int array[10],i;
  printf("请输入 10 个整数: \n");
  for (i = 0; i < 10; i++)
```

```
    scanf("% d",&array[i]);
  printf("待排序序列为: \n");
  for(i = 0;i < 10;i + +)
    printf("% d  ",array[i]);
  Bubble_Sort(array, 10);
  printf(" \n 已排序序列为: \n");
  for(i = 0; i < 10; i + +)
    printf("% d  ", array[i]);
  printf(" \n");
  return 0;
}
void Bubble_Sort(int array[], int n)
{
  int i, j, temp;
  for (j = 0; j < n -1; j + +)
  {
    for (i = 0; i < n - 1 - j; i + +)
    {
      if(array[i] > array[i + 1])
      {
        temp = array[i];
        array[i] = array[i + 1];
        array[i + 1] = temp;
      }
    }
  }
}
```

5. 快速排序

```
#include < stdio.h >
void Quick_Sort(int [], int, int);
int main(int argc, char * argv[])
{
  int array[11],i;
  printf("请输入 10 个整数: \n");
  for (i = 1; i < = 10; i + +)
    scanf("% d",&array[i]);
  printf("待排序序列为: \n");
  for(i = 1;i < = 10;i + +)
    printf("% d  ",array[i]);
  Quick_Sort(array, 0, 10);
  printf(" \n 已排序序列为: \n");
  for(i = 1; i < = 10; i + +)
    printf("% d  ", array[i]);
  printf(" \n");
```

```
    return 0;
  }
void Quick_Sort(int s[], int start, int end)
{
  int i, j;
  i = start;
  j = end;
  s[0] = s[start];
  while(i < j)
  {
    while(i < j && s[0] < s[j])
    j - -;
    if(i < j)
    {
      s[i] = s[j];
      i + +;
    }
    while(i < j && s[i] < = s[0])
      i + +;
    if(i < j)
    {
      s[j] = s[i];
      j - -;
    }
  }
  s[i] = s[0];
  if (start < i)
    Quick_Sort(s, start, j - 1);
  if (i < end)
    Quick_Sort(s, j + 1, end);
  return 0;
}
```

9.10 拓展能力上机实验

9.10.1 实验目的

(1)熟悉堆排序和归并排序算法的思想、方法和稳定性。

(2)熟悉堆排序和归并排序算法的实现。

9.10.2　实验内容

1. 堆排序

```c
#include <stdio.h>
void Heap_Adjust(int [],int, int);
void Heap_Sort(int [],int);
int main(int argc, char *argv[])
{
  int array[11],i;
  printf("请输入 10 个整数: \n");
  for(i = 1; i < = 10; i + +)
    scanf("% d",&array[i]);
  printf("待排序序列为: \n");
  for(i = 1;i < = 10;i + +)
    printf("% d  ",array[i]);
  Heap_Sort(array, 10);
  printf(" \n 已排序序列为: \n");
  for(i = 1; i < = 10; i + +)
    printf("% d  ", array[i]);
  printf(" \n");
  return 0;
}
void Heap_Adjust(int array[],int s,int m)
{
  int rc,j;
  rc = array[s];
  for(j = 2 * s; j < = m; j = j * 2)
  {
    if(j < m && array[j] < array[ j + 1])
      j + +;
    if(rc > array[j])
      break;
    array[s] = array[j];
    s = j;
  }
  array[s] = rc;
}
void Heap_Sort(int array[], int n)
{
  int temp, i, j;
  for(i = n /2; i > 0; i - -)
  {
    Heap_Adjust(array, i, n);
  }
```

```
    for(i = n; i > 0; i - -)
    {
      temp = array[1];
      array[1] = array[i];
      array[i] = temp;
      Heap_Adjust(array, 1, i - 1);
    }
}
```

2. 归并排序

```
#include < stdio.h >
void Merging_Sort( int [ ], int );
int main( int argc, char * argv[ ])
{
  int array[11],i;
  printf("请输入 10 个整数: \n");
  for (i = 0; i < 10; i + +)
    scanf("% d",&array[i]);
  printf("待排序序列为: \n");
  for(i = 0;i < 10;i + +)
    printf("% d  ",array[i]);
  Merging_Sort(array, 10);
  printf(" \n 已排序序列为: \n");
  for(i = 0; i < 10; i + +)
    printf("% d  ", array[i]);
  printf(" \n");
  return 0;
}
void Merging_Sort( int array[ ], int n)
{
  int step = 1;
  int l[n], r[n];
  while(step < n)
  {
    int start = 0;
    while(start < n - step)
    {
      int len_l, len_r;
      len_l = len_r = step;
      memcpy(l, array + start, sizeof(int) * len_l);
      if(start + 2 * step > n)
      {
        len_r = n - start - step;
      }
      memcpy(r, array + start + step, sizeof(int) * len_r);
```

```
    int i = 0, j = 0, k = start;
    while(i < len_l && j < len_r)
    {
      array[k++] = l[i] < r[j] ? l[i++] : r[j++];
    }
    while(i < len_l)
    {
      array[k++] = l[i++];
    }
    start += 2 * step;
  }
  step *= 2;
  }
}
```

9.11 习 题

一、选择题

1.假设待排序序列关键字个数为 n,则冒泡排序最多的比较次数为( )。

A.1   B. n

C. $n-1$ D. $n(n-1)/2$

2.假设待排序序列关键字个数为 n,快速排序在最坏情况下的时间复杂度为( )。

A. $O(n)$ B. $O(n^2)$

C. $O(log_2 n)$ D. $O(nlog_2 n)$

3.下列排序算法中,需要辅助空间最大的是( )。

A.冒泡排序   B.快速排序

C.归并排序   D.堆排序

二、应用题

1.写出采用直接插入排序方法对待排序列 $\{10, 20, 8, 15, 6, 13, 3, 9\}$ 进行排序的过程。

2.写出采用冒泡排序方法对待排序列 $\{10, 20, 8, 15, 6, 13, 3, 9\}$ 进行排序的过程。

3.写出采用快速排序方法对待排序列 $\{10, 20, 8, 15, 6, 13, 3, 9\}$ 进行排序的过程。

三、算法设计题

1.采用单链表实现直接选择排序。

2.设计算法输出 n 个元素中最小的前 $m(m<n)$ 个元素。

3.设计算法实现折半插入排序。

参 考 文 献

[1] 严蔚敏, 吴伟民. 数据结构(C 语言版)[M]. 北京: 清华大学出版社, 2018.

[2] MARK. 数据结构与算法分析: C 语言描述[M]. 北京: 机械工业出版社, 2019.

[3] 严蔚敏, 李冬梅, 吴伟民. 数据结构(C 语言版 附微课视频)[M]. 2 版. 北京: 人民邮电出版社, 2017.

[4] 陈越. 数据结构[M]. 2 版. 北京: 高等教育出版社, 2016.

[5] 李粤平, 王梅. 数据结构(Python 语言描述)(微课版)[M]. 北京: 人民邮电出版社, 2020.

[6] 王海艳. 数据结构(C 语言)慕课版[M]. 2 版. 北京: 人民邮电出版社, 2020.

[7] 张岩, 李秀坤, 刘显敏. 数据结构与算法[M]. 5 版. 北京: 高等教育出版社, 2020.

[8] JAY. 数据结构与算法图解[M]. 北京: 人民邮电出版社, 2019.

[9] 耿国华, 张德同, 周明金. 数据结构: 用 C 语言描述[M]. 2 版. 北京: 高等教育出版社, 2015.

[10] 张同珍. 数据结构: C 语言描述(慕课版)[M]. 北京: 人民邮电出版社, 2017.